普通高等教育"十四五"规划教材

冶金工业出版社

金属力学性能及工程应用

张 梅 张恒华 等编著

扫描二维码查看
本书数字资源

北 京
冶 金 工 业 出 版 社
2024

内 容 提 要

本书非常注重科研反哺教学。除常规的理论知识外，各章都融入了编著者们科研成果中与力学性能相关的工程应用案例，同时附有相关电子资源，包括线上/线下教学、实验教学、案例教学以及学生专题拓展等视频。全书共分 10 章。第 1 章绪论，第 2 章金属在单向静拉伸载荷下的力学性能，第 3 章金属在其他静载荷下的力学性能，第 4 章金属在冲击载荷下的力学性能，第 5 章金属的断裂类型和特征，第 6 章金属的断裂韧性及工程应用，第 7 章金属的疲劳及工程应用，第 8 章金属的应力腐蚀和氢脆，第 9 章金属的磨损及工程应用，第 10 章金属高温力学性能及工程应用。

本书可供大专院校师生使用，同时也可为相关专业的广大研发人员和科技工作者在实际工作中开发新材料、合理选材、用材以及材料优化等提供参考。

图书在版编目（CIP）数据

金属力学性能及工程应用/张梅等编著 . —北京：冶金工业出版社，2022.6（2024.8 重印）

普通高等教育"十四五"规划教材

ISBN 978-7-5024-9105-5

Ⅰ. ①金… Ⅱ. ①张… Ⅲ. ①金属材料—材料力学性质—高等学校—教材 Ⅳ. ①TG14

中国版本图书馆 CIP 数据核字（2022）第 049965 号

金属力学性能及工程应用

出版发行	冶金工业出版社	电　话	(010)64027926
地　址	北京市东城区嵩祝院北巷 39 号	邮　编	100009
网　址	www.mip1953.com	电子信箱	service@mip1953.com

责任编辑　夏小雪　美术编辑　彭子赫　版式设计　郑小利
责任校对　葛新霞　责任印制　窦　唯
北京虎彩文化传播有限公司印刷
2022 年 6 月第 1 版，2024 年 8 月第 2 次印刷
787mm×1092mm　1/16；16.5 印张；394 千字；243 页
定价 47.00 元

投稿电话　(010)64027932　投稿信箱　tougao@cnmip.com.cn
营销中心电话　(010)64044283
冶金工业出版社天猫旗舰店　yjgycbs.tmall.com
（本书如有印装质量问题，本社营销中心负责退换）

序

材料、能源和通信是人类社会文明发展的三大支柱，人类社会发展的历史就是一部认识材料、利用材料与创新材料的历史。材料科技水平和材料应用先进程度是一个国家发展水平的显著标志，每一种新材料的出现与应用都有效地促进了科技发展、社会进步和人民生活改善。因此，材料科学与工程领域的问题一直是人们的研究热点。

材料力学性能是关于材料在环境（介质、温度等）中受力（应力、应变、速率等）所表现出的抵抗变形、损伤与断裂的能力，同时也包含了上述因素的作用现象与机理。材料的力学性能与材料的物理性能、化学性能一样，是材料性能的重要组成部分，也是材料在实际应用中涉及的共性问题。一般来说，材料力学性能研究主要包括两个方面：一是建立物理模型并给出定量的描述；二是借助各种测试分析手段，探讨影响材料力学性能的关键要素，以便改善材料的力学性能。

材料可分为金属材料、无机非金属材料、有机高分子材料以及由它们构成的复合材料四大类。其中金属材料科学是材料中最古老的一门学科，其基本理论和原理有很大一部分可以移植或推广到其他材料学科中。金属材料是量大面广的材料，其综合性能优异，易于加工与回收利用，容易获得，因此在建筑设施、能源生产、交通运输、航空航天、船舶海工、武器装备、石油化工、人民生活等国民经济各领域得到了广泛应用。随着金属材料品质的持续提高，新型金属材料的出现与应用的拓展，迫切需要有反映出理论与工程应用紧密结合的书籍作为参考。

张梅老师及本教材编撰组成员具有丰富的金属材料理论知识与工程实践经验，她们根据金属材料科学与工程专业的特点，本着加强基础、拓宽专业面、注重能力与素质培养的原则，参考已有的材料力学性能书籍文献，结合自己的科研工作成果，编著了《金属力学性能及工程应用》一书。该书不但具有较深的理论知识，同时还有很强的工程应用背景，并在各章列出了相关的工程应用案例与思考题。同时编著过程中还注重建立与其他相关课程之间的联系。

  该书可为相关专业的广大科技人员和大专院校师生在实际工作中合理选材、用材及开发新材料等提供有益的指导。

董　瀚

科技部 973 项目首席科学家、冶金与钢铁材料教授

2021 年 11 月于上海

前　　言

金属力学性能是关于金属及其构件在载荷或载荷和环境因素联合作用下所表现出的变形、损伤或断裂行为规律的一门科学。材料的力学性能与材料的物理、化学性能一样，是材料性能的重要组成部分，也是各类材料在实际应用中都必须涉及的共性问题。

金属材料是材料领域的重要分支。由于金属材料量大面广，易于加工与回收，且综合性能优异，因此在国民经济各领域得到了广泛应用。《金属力学性能》课程是金属材料工程专业的专业基础课，课程内容既有较深的理论知识，同时又有很强的工程应用背景。在加强新工科专业建设背景下，根据金属材料科学与工程专业的特点，编著者本着加强基础、拓宽专业面、注重能力与素质培养的原则，特编著了教材《金属力学性能及工程应用》。在编撰过程中，编著者根据金属材料特性、工程应用背景以及金属材料专业的教学体系，在参考已有的金属力学性能等众多书籍的基础上，对全书章节进行了较大的增减，并增加了编著者各自科研成果中与力学性能相关的工程应用案例，同时在教材编著过程中还注重建立与其他相关课程之间的联系。教材共分10章，第1章绪论；第2章金属在单向静拉伸载荷下的力学性能；第3章金属在其他静载荷下的力学性能；第4章金属在冲击载荷下的力学性能；第5章金属的断裂类型和特征；第6章金属的断裂韧性及工程应用；第7章金属的疲劳及工程应用；第8章金属的应力腐蚀和氢脆；第9章金属的磨损及工程应用；第10章金属高温力学性能及工程应用。本教材可为学生今后在实际工作中全面、合理地选用、设计、优化材料和开发新材料打下良好的基础。

为了适应金属材料力学性能试验方法国家标准的更新要求，同时又兼顾原有力学性能指标应用的普遍性，因此书中涉及的力学性能试验方法大多进行了更新。由于在金属材料室温拉伸试验方法中，新旧标准指标、名称和符号差异很大，考虑到旧标准应用的广泛性，编者采用了过渡方法，即在书末附录D部分列出了 GB/T 228—2010《金属材料室温拉伸试验方法》中力学性能指标名称和符号对照表，供读者查阅参考。

　　本教材是上海大学金属材料工程专业系列教材之一，初稿于 2021 年 7 月完成。其中第 1~4 章、第 7 章由张梅编著；第 5~6 章由张恒华编著；第 8 章由陈业新编著；第 9 章由韦习成、郭军霞编著；第 10 章由张恒华、赵彦编著；硕士研究生甄彤和沈乔盛等协助绘制了插图和编校相关公式；全书由张梅统一定稿。教材编著得到了上海大学《金属力学性能》重点课程与精品课程建设，以及上海市教委重点课程建设等项目的资助；还获得了上海大学《金属力学性能及工程应用》教材建设项目的资助。特此向所有支持、帮助和关心本课程建设和教材编写工作的各级领导、专家和同仁表示衷心的感谢。

　　由于《金属力学性能及工程应用》涉及的内容极其广泛，而编者的专业范围和理论水平有限，书中难免存在错误和不当之处，敬请读者、教师和同学们批评指正，以便今后及时进行修改完善。

张　梅

2021 年 11 月于上海

本书主要符号

符　号	含　义
$A(\delta)$	伸长率
A_0	拉伸试样原始截面积
$A_{5.65}$	短试样的伸长率
$A_{11.3}$	长试样的伸长率
A_g	均匀伸长率，即最大力塑性伸长率
A_{gt}	最大力总伸长率
A_t	断裂总伸长率
a_0	晶面间距
a_c	临界裂纹尺寸
COD	裂纹尖端张开位移
d	晶粒平均直径
E	弹性模量
e	工程应变
d_i	第二相颗粒的平均粒径
F	载荷
F_{bc}	最大压缩载荷
G	切变模量
G_I	裂纹扩展能量释放率
G_{IC}	临界能量释放率或临界裂纹扩展力，线弹性条件下以能量形式表示的断裂韧度
H	硬度
HB	布氏硬度
HK	努氏硬度
HL	里氏硬度
HRC	洛氏硬度
HS	肖氏硬度
HV	维氏硬度
I_{SCC}	应力腐蚀敏感性
ΔK	应力（场）强度因子范围
KU/KV	U 型缺口试样和 V 型缺口试样冲击吸收功
K_I	I 型裂纹应力（场）强度因子
K_{II}	II 型裂纹应力（场）强度因子
K_{III}	III 型裂纹应力（场）强度因子

符　号	含　　义
K_{IC}	临界应力（场）强度因子或线弹性条件下以应力（场）强度因子表示的断裂韧度
K_{IH}	氢致延滞断裂临界应力强度因子
K_{ISCC}	应力腐蚀临界应力（场）强度因子或应力腐蚀门槛值
K_e	弹性变形功
K_d	裂纹失稳扩展功
K_f	疲劳缺口系数
K_F	裂纹亚稳扩展功
K_p	塑性变形功
K_t	理论应力集中系数
ΔL	拉伸试样伸长量
L_0	拉伸试样原始标距长度
L_b	均匀伸长量
L_c	颈缩后的集中伸长量
L_k	断后试样长度
L_t	拉伸试样 t 时刻的长度
M	最大弯矩
NDT	无塑性转变温度，以低阶能开始上升的温度定义的韧脆转变温度
N_f	疲劳循环周次
NSR	缺口敏感度
n	应变硬化指数
P_{cm}	冷裂纹敏感系数
R	工程应力
r	应力比
$R_e(\sigma_e)$	弹性极限
$R_{eL}(\sigma_s)$	屈服强度
R_p	比例极限
$R_{p0.2}(\sigma_{0.2})$	0.2%残留变形的应力
$R_m(\sigma_b)$	抗拉强度
$R_{mb}(\sigma_{bb})$	抗弯强度
$R_{mc}(\sigma_{bc})$	抗压强度
R_{mn}	缺口试样的抗拉强度
R_r	规定残余伸长应力
R_t	总伸长应力
SCC	应力腐蚀断裂
T	扭矩
T_m	最大扭矩
T_t	韧脆转变温度

续表

符　号	含　义
U_e	弹性能
W	试样抗弯截面系数
$Z(\psi)$	断面收缩率
α	晶格系数
γ	裂纹面上单位面积的表面能
ε	真实应变
$\dot{\varepsilon}$	应变速率
$\Delta\varepsilon_e$	弹性应变范围
$\Delta\varepsilon_p$	塑性应变范围
$\Delta\varepsilon_t$	总应变范围
ν	泊松比
ρ	位错密度
σ	真实应力
σ_{-1}	对称应力循环下的弯曲疲劳极限
σ_{-1N}	缺口试样在对称应力循环下的弯曲疲劳极限
σ_{-1P}	对称拉压疲劳极限
σ_a	应力振幅（应力幅）
$\sigma_D(\sigma_{-1})$	疲劳极限
σ_d	任意尺寸光滑试样的疲劳极限
σ_{d0}	标准尺寸光滑试样的疲劳极限
σ_f'	疲劳强度系数
σ_m	理论断裂强度或循环应力平均值
σ_k/σ_c	实际断裂强度
$\sigma_{\dot{\varepsilon}}^t$	在规定温度 t 下，以规定稳态蠕变速率 $\dot{\varepsilon}$ 表示的蠕变极限
$\sigma_{A/\tau}^t$	在规定温度 t 下和规定的试验时间 τ 内，使试样产生的蠕变总伸长率 A 不超过规定值的最大应力
σ_τ^t	在规定温度 t 下，达到规定的持续时间 τ 而不发生断裂的最大应力
$\Delta\sigma_D$	位错强化增量
$\Delta\sigma_G$	细晶强化增量
$\Delta\sigma_P$	沉淀强化增量
$\Delta\sigma_{SS}$	固溶强化增量
τ	切应力
τ_{-1}	对称扭转疲劳极限
τ_b	抗扭强度
$\tau_{p\text{-}n}$	派纳力
τ_s	扭转屈服强度
φ	扭角

目　　录

1 绪 论

1.1 材料及其分类

在人类历史发展的进程中，材料一直居于十分重要的地位。历史学家曾用材料来划分时代，如石器时代、陶器时代、青铜器时代、铁器时代、聚合物时代、半导体时代以及复合材料时代等，可见材料对人类文明发展的重要作用。每一种新材料的发现、发明和应用，都给社会生产和人们生活带来巨大的变化，从而将人类物质文明向前推进。这充分说明材料是人类赖以生存和发展、征服自然和改造自然的物质基础与先导，是人类社会进步的里程碑。

材料、信息、能源是人类社会文明发展的三大支柱，尽管随着科技的发展，不断有新的支柱出现，如航空、汽车、生物工程及电子工程等，但材料仍是科技进步不可缺少的支柱。这是由于材料是科学与工业技术发展的基础，人类文明的发展史其实也是一部学习利用材料及创新材料的历史。

目前，世界上材料有几十万种，而且材料的新品种正以每年大约5%的速率在增长。由于材料的多样性，其分类方法也没有一个统一的标准。通常，材料是按化学组成和结构特点进行分类的，材料可分为金属材料、无机非金属材料、高分子材料以及复合材料四大类。

（1）金属材料是指以金属键结合为主，宏观上具有明显塑性变形能力的一类材料，如黑色金属（Fe、Cr、Mn 及其合金）、有色金属（Al、Cu、Ni、Zn 等及其合金）和特种金属材料等。

（2）无机非金属材料则是以共价键、离子键为主要结合特征，无机非金属材料基本上不具备显著塑性变形能力，如陶瓷、玻璃、水泥和耐火材料等。

（3）高分子材料指的是以分子键作为主要结合特征，宏观上具有大量弹性变形能力的一类材料，如塑料、橡胶、纤维等。

（4）复合材料是指由两种或两种以上材料构成的具有综合特性的一大类材料，如 Co 基/碳化物复合材料、Fe 基/碳化物复合材料和 Al 基/碳化物复合材料等。

金属材料学科不仅是材料中最古老的一门学科，其基本理论、基本原理有很大一部分可以移植或推广到其他材料学科中，而且金属材料消耗量也处于领先的位置。

仅以我国钢产量演变为例，从 1890 年张之洞创办汉阳铁厂，直到 1949 年半个多世纪，中国产钢总量只有 760 万吨，远不足现在一个中型钢铁厂的年产量。1949 年，全国产钢 15.8 万吨，占世界钢产量的 0.1%，不到如今全国一天产钢量的 1/10。1996 年至今，我国钢产量年年超过 1 亿吨，成为世界第一产钢大国，2003 年超过 2 亿吨，2005 年超过 3 亿吨，2006 年超过 4 亿吨，2008 年超过 5 亿吨，2010 年超过 6 亿吨，2012 年超过 7 亿吨，2017 年、2018 年、2019 年和 2020 年粗钢产量迭创新高，分别达到创纪录的8.32 亿吨、9.24 亿吨、9.96 亿吨和 10.5 亿吨，占全球产量 50% 以上。图 1-1 所示为最近十余年我国粗钢产量变化。

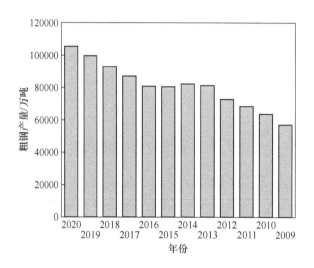

图 1-1　我国近年粗钢产量变化对比图

　　然而，由于我国钢铁企业的能耗大，产品品质不高，一些高附加值的优质钢材仍需进口，例如大飞机的发动机及其叶片、高铁的轴承、大型船舶、锅炉和桥梁等高品质板材、高品质汽车及高档家电等面板、食品包装用深冲镀锡板，以及高品质的工模具钢等。为此继续开展相关学科的研究，以及本科生相关课程的开设尤为必要。

1.2　金属材料特性及其应用

1.2.1　金属材料特性

　　金属材料是金属及其合金的总称。由于绝大多数金属材料具有金属键（在三维空间规则排列的原子核外分布着自由电子云），因此具有其他材料所无法获得的下列优异性能。

　　（1）具有相对良好的反射能力、金属光泽及不透明性。

　　（2）具有良好的力学性能，强度、硬度高，耐磨性好，广泛用于薄壳构造和结构材料。

　　（3）具有良好的导热、导电性能，一般纯金属的导电性能优于合金材料，且导电性能随温度下降而增强，部分金属甚至具有超导性。

　　（4）具有良好的工艺性能和优异的延展性，可应用铸造、锻造、焊接和切削等多种手段进行加工生产。

1.2.2　金属材料分类

　　金属材料通常分为黑色金属、有色金属和特种金属材料。

　　（1）黑色金属：又称钢铁材料，包括杂质总含量小于 0.2% 及含碳量不超过 0.0218% 的工业纯铁，含碳量为 0.0218% ~ 2.11% 的钢，含碳量大于 2.11% 的铸铁。广义的黑色金属还包括铬、锰及其合金。

（2）有色金属：是指除铁、铬、锰以外的所有金属及其合金，通常分为轻金属、重金属、贵金属、半金属、稀有金属和稀土金属等，有色合金的强度和硬度一般比纯金属高，并且电阻大、电阻温度系数小。如常用有色金属材料有：铝、铜、镁、锌、钛等及其合金。

（3）特种金属：包括不同用途的结构金属材料和功能金属材料。其中有通过快速冷凝工艺获得的非晶态金属材料，以及准晶、微晶、纳米晶金属材料等；还有隐身、抗氢、超导、形状记忆、耐磨、减振阻尼等特殊功能合金以及金属基复合材料等。

1.2.3 金属材料应用领域

金属材料由于具有优良的力学性能、物理性能和化学性能，因此是工农业生产中使用最为广泛的材料之一，人类文明的发展和社会的进步与金属材料关系十分密切。继石器时代之后出现的铜器时代、铁器时代，均以金属材料的应用为其时代的显著标志。现代，种类繁多的金属材料已成为人类社会发展的重要物质基础，其中，钢铁是人类生产和生活中最基本的结构材料，被称为"工业的骨骼"。虽然由于科学技术的进步，各种新型高分子材料和新型非金属材料的广泛应用，使钢铁的代用品不断增多，对钢铁的需求量相对下降。但迄今为止，钢铁在工业原材料构成中的主导地位还是难以取代的。

金属材料应用领域已遍布军工及国防、航天航空及交通领域、能源及电力、船舶及海洋探索、生物医学以及人们生活等所有领域。

1.3 金属材料性能及其影响因素

由于材料种类、结构和制备工艺的不同，材料的性能也有很大的区别。性能一词在这里还具有性质、行为、特征等一些含义。从理论上来讲，材料的性能可以分为工艺性能和使用性能。所谓工艺性能是指材料的可加工性，如铸造性能、切削加工性能、焊接性能、热处理性能、塑性成型性能等。而使用性能则是指材料或者零部件在服役过程中表现出来的一系列特性和性能，如强度、硬度、塑性、韧性、耐磨性、导电导热性以及耐蚀性等物理、化学和力学性能。在很多情况下我们更注重和提倡的是材料成为各种零部件以后的服役性能。

金属材料主要使用性能有：力学性能或称为机械性能（如强度、硬度、塑性、疲劳强度、蠕变极限等），物理性能（如声、光、磁、电、热等方面的性能）以及化学性能（如抗腐蚀、抗氧化、耐高温等）。

1.3.1 金属材料力学性能的概念与分类

材料力学性能是关于材料强硬度和塑韧性的一门科学，即关于材料在外加载荷（外力）作用下或载荷和环境因素（温度、介质以及加载速率）联合作用下表现的变形、损伤与断裂等行为规律的科学。

材料的力学性能，常用材料的力学性能指标来表述。材料的力学性能指标是指材料在载荷和环境因素作用下抵抗变形与断裂的量化因子，是评定材料质量的主要依据，是结构设计时选材的依据。由于一般情况下材料或构件的承载条件用各种力学参量表示，于是人们常把力学参量临界值或规定值称为力学性能指标。材料的主要力学性能指标如下：

（1）弹性：是指材料在外力作用下保持固有形状和尺寸，以及在外力去除后恢复固有形状与尺寸的能力。表征材料弹性的力学性能指标有弹性模量 E、切变模量 G、比例极限 σ_p 和弹性极限 σ_e 等。

（2）强度：是指材料对塑性变形和断裂的抗力，如材料的屈服强度 $R_{eL}(\sigma_s)$、抗拉强度 $R_m(\sigma_b)$、抗弯强度 $R_{mb}(\sigma_{bb})$、抗压强度 $R_{mc}(\sigma_{bc})$ 等。

（3）塑性：是指材料在外力作用下发生不可逆永久变形的能力，如伸长率 $A(\delta)$、断面收缩率 $Z(\psi)$ 等。

（4）韧性：是指材料在断裂前吸收塑性变形功和断裂功的能力，如冲击韧性 α_{KV} 和断裂韧性 K_{1C} 等。

（5）硬度：是指材料的软硬程度，如材料的布氏硬度(HB)、洛氏硬度(HRC)、维氏硬度(HV)等。

（6）耐磨性：是指材料抵抗磨损的能力，如质量或体积等磨损量、相对耐磨性等。

（7）疲劳极限：又称疲劳强度，疲劳强度用 $\sigma_D(\sigma_{-1})$ 表示，是指材料经受无数次应力循环都不发生断裂的最大应力。

（8）蠕变极限：是指金属材料在高温长时间载荷作用下的塑形变形抗力指标。

（9）应力腐蚀：是指金属材料在拉应力和腐蚀介质共同作用下，经过一段时间后所产生的低应力脆断现象。

正由于金属材料具有广泛而又综合的优异性能，因此在工农业生产中得到广泛的应用，并在数量及品种上占有绝对的主导地位，可见学好金属材料科学的基本知识、基本理论是非常重要的。

1.3.2 金属材料物理化学性能

金属材料的物理、化学性能主要是指材料的密度、熔点、导热性、导电性、热膨胀性、导磁性、耐腐蚀性及抗氧化性等。

1.3.2.1 物理性能

金属材料的物理性能主要有密度（单位体积物质所具有的质量）、熔点（纯金属和合金由固态转变为液态时的熔化温度）、热膨胀性（金属材料随着温度的变化而膨胀、收缩的特性）、导热性（金属材料传导热量的性能）、导电性（金属材料传导电流的能力）和磁性（金属材料在磁场中受到磁化的性能）等。由于机器零件的用途不同，对其物理性能要求也有所不同。例如，飞机零件常选用密度小的铝、镁、钛合金来制造；设计电机、电器零件时，常要考虑金属材料的导电性等。

金属材料的物理性能有时对加工工艺也有一定的影响。例如，高速钢的导热性较差，锻造时应采用低的速度来加热升温，否则容易产生裂纹，而材料的导热性对切削刀具的温升有重大影响。又如，锡基轴承合金、铸铁和铸钢的熔点不同，故所选的熔炼设备、铸型材料等均有很大的不同。

1.3.2.2 化学性能

金属材料的化学性能主要是指在常温或高温时，抵抗各种介质侵蚀的能力（金属材料抵抗各种介质，包含大气、酸、碱以及盐等侵蚀的能力），如耐酸性、碱性、抗氧化性

（金属材料在高温时抵抗氧化性气氛的能力）等。

对于在腐蚀介质中或在高温下工作的机器零件，由于比在空气中或室温时的腐蚀更为强烈，故在设计这类零件时应特别注意金属材料的化学性能，并采用化学稳定性良好的合金。如化工设备、医疗用具等常采用不锈钢来制造，而内燃机排气门和电站设备的一些零件则常选用耐热钢来制造。

1.3.3 金属材料性能的影响因素

金属材料成分、组织、工艺与性能之间的关系是密不可分的，成分和工艺可以极大地影响材料的性能，换言之，材料的成分和工艺会直接决定材料的性能好坏。而成分和组织之间的关系也是相互影响的，即不同性能来源于不同的材料和不同的组织。为了使材料形成某种特定的组织，人类就要确定对材料进行处理和加工的程序和手段。总而言之，性能是目的，成分是基础，组织是形态，工艺是手段。

常见工艺手段有：成分优化工艺、冶炼工艺、铸造工艺、各种成型与加工工艺、热处理工艺以及焊接工艺等。

1.4 金属材料工程应用

1.4.1 金属材料力学性能的典型工程应用

1.4.1.1 鸟巢

中国国家体育场（鸟巢，如图 1-2 所示）位于北京奥林匹克公园中心区南部，为2008 年北京奥运会的主体育场，占地 20.4 万平方米，建筑面积 25.8 万平方米，可容纳观众 9.1 万人。2008 年奥运会后成为北京市民参与体育活动及享受体育娱乐的大型专业场所，并成为地标性的体育建筑和奥运遗产。

图 1-2 鸟巢外观

鸟巢使用的钢结构总用量为 4.2 万吨，使用的钢材材质绝大部分为低合金高强度钢

Q345D 和 Q345GJD，局部受力大的部位采用了 Q460，抗拉强度在 550MPa 以上，同时还保有 17% 以上的伸长率，0℃时的冲击功为 34J。此外，钢材的厚度达到 110mm，这是中国首次自主生产出如此厚的 Q460 钢板。整个建筑，抛弃了传统意义的支撑立柱，而大量采用由钢板焊接而成的箱形构件。

1.4.1.2 上海中心

世界第二、中国第一高楼，上海地标建筑"上海中心"（如图 1-3 所示），总高 632m，其 118 层观光厅于 2017 年 4 月 26 日正式向公众开放。上海中心依靠 3 个相互连接的系统保持直立，其中第二个系统是钢材料"超级柱"构成的一个环，围绕钢筋混凝土芯柱，通过钢承力支架与之相连，这些钢柱负责支撑大楼，抵御侧力。

上海中心共计使用了约 10 万吨钢材，我国宝钢、河钢舞钢等钢厂均贡献了大量优质钢材——Q345GJ ~ Q390GJ 等高层建筑用钢材，其抗拉强度在 490 ~ 610MPa，同时伸长率在 20% 以上；而顶层水箱使用的 SUS444 不锈钢，抗拉强度在 410MPa 以上，伸长率达到 30%。

图 1-3 上海中心

1.4.1.3 港珠澳大桥

港珠澳大桥（如图 1-4 所示）作为世界上最大的钢结构桥梁，仅主梁钢板用量就达到了 42 万吨，相当于 10 座鸟巢，或者 60 座埃菲尔铁塔的用量。

图 1-4 港珠澳大桥雄姿

韶钢从 2012 年底至 2016 年底，为港珠澳大桥项目供应建筑钢材 17.86 万吨，所提供的螺纹钢、盘螺、高线占港珠澳大桥需求量的 70%。河钢提供含钒高强抗震螺纹钢筋及精品板材产品约 24 万吨，其中 13.5 万吨高强抗震螺纹钢筋用于海底隧道巨型沉管建设。

河钢舞钢提供桥梁用优质平台钢共 4 万余吨，包括 D36(Z35)、Q355NHD、Q345D 等高端钢种，均用于大桥钢箱梁等承重关键部位的建造。

1.4.1.4　汽车

我国目前生产的汽车材料组成大约 70% 为钢铁、10% ~ 15% 为有色金属，剩下的则为非金属材料。可见钢铁是汽车构成的重要组成部分，在汽车材料的选用中占据着主导地位，同时随着科技的进步，汽车中铸铁和中、低强度钢的选择不断减少，而高强度钢的使用量则不断增加，由最初能够承受屈服强度为 210MPa 以上的高强度钢逐渐转变为能够承受屈服强度为 550MPa 及以上的超高强度钢。

铝合金是目前使用量仅低于钢材的汽车金属材料，基于铝合金制造方式的不同，将铝合金划分为铸造铝合金及变形铝合金两类，而在现阶段汽车制造中，最常使用的是铸造铝合金，占使用量的 80% 左右，通常主要体现在发动机零件、底盘、壳体类零件的制造过程中，目前已经用于发动机缸体、缸盖、离合器壳、保险杠等零件的制造，近期汽车中变形铝合金的应用也在大幅增长。

1.4.1.5　飞机

我国的民航飞机和军用飞机制造业都受到国家的重大建设投入支持，大型客机 C919（如图 1-5 所示）也已经试飞成功。民航飞机上常用的金属材料主要有铝合金、钛合金、超高强度钢以及镁合金等。

图 1-5　民航飞机 C919

铝合金因密度低、耐蚀性好、比强度高且易加工成型，备受航空飞机结构建造者的青睐。随着飞机设计的要求提高，航空铝合金也在不断发展，与此同时铝合金也存在一些使用问题，如铝合金构件腐蚀、疲劳等。

钛合金材料的密度低，比强度是现今金属材料中最高的，耐腐蚀，耐高温，稳定性好，不易产生电化学腐蚀，具有优良的综合性能。所以现今飞机机身大量采用钛合金，减轻飞机重量。此外，钛合金还可以作为螺栓、铆钉等紧固件材料，也起到大幅度减重的作用。

超高强度钢在强度、刚性、韧性以及价格等方面具有很多优势，且拥有在承受极高载荷条件下保持高寿命和高可靠性的特点，在航空领域得到广泛使用。例如，飞机的起落架要承受冲击等复杂载荷，而且载荷巨大，同时起落架舱容积要求尽可能小，超高强度钢绝对强度高、稳定性好，因此成为起落架的首选材料。

镁合金有密度小、比强度高、抗震能力强、可承受较大的冲击载荷等特点。镁合金主要应用于飞机框架、座椅、发动机机匣、齿轮箱等，并且镁合金能较好地适应高温、腐蚀、震动和沙尘等较为恶劣的环境，能够在一定程度上增加飞机构件的使用寿命。

1.4.2　金属材料物理性能的典型工程应用

超高压电的传输（如图1-6所示）是能源领域关键环节，也是重点攻关领域。通常情况下，高压电线大多采用铝线，因为铜线虽然导电性及柔韧性都不错，但如果全部都用铜线，造价太高。而铝线导电性好，造价低。铝线如果用于地下，不能使用裸线，外层要加绝缘保护层才行。反之架空的高压铝线，电压较高，避免重量太重，都是采用裸线。如果高架跨度太大还可以外加钢缆悬挂或者钢芯线的方式增加强度。

1.4.3　金属材料化学性能的典型工程应用

1.4.3.1　稀土耐蚀钢

稀土耐蚀钢具有耐锈、免涂装、省工节能等特点，广泛应用在建筑、车辆、桥梁、塔架等长期暴露在大气中使用的钢结构，也可以用于制造集装箱、铁路车辆、石油井架、海港建筑、采油平台等结构件。目前，采用稀土合金化技术生产的稀土耐蚀钢在上海浦东、山东威海等地的钢结构装配式建筑、耐蚀螺丝、外挂装饰装修、厂房式标准实验室以及可移动集装箱等典型示范建筑上得到应用。

1.4.3.2　输油管道耐蚀性

输油管道（如图1-7所示），也称管线、管路，由油管及其附件所组成，并按照工艺流程的需要，配备相应的油泵机组，设计安装成一个完整的管道系统，用于完成油料接卸及输转任务。输油管道的管材一般为钢管，使用焊接和法兰等连接装置连接成长距离管道，并使用阀门进行开闭控制和流量调节。管道的腐蚀和如何防腐是管道养护的重要环节之一。长距离输送原油或成品油的管道，输送距离可达数百、数千公里，管径多在200mm以上，最大的为1220mm。

图1-6　超高压电传输　　　　　　　　　图1-7　输油管道

　　输油管道所用的管材主要为碳素钢管，按照其制造工艺又可分为无缝钢管和焊接钢管。无缝钢管具有强度高、规格多等特点，因此适用于腐蚀性较强的油品或者高温条件下的输送。无缝钢管又分为热轧和冷拔两种。由于冷拔加工会引起材料硬化，因此还需要依据管材的具体用途做相应的热处理。焊接钢管可分为对缝钢管和螺旋焊接管两种。由于碳素钢管的工艺特性导致了此种钢管在低温时候容易变脆，因此主要适用于常温管线，管材的使用温度也不宜超过300℃，一般而言普通碳素钢管使用温度介于0～300℃之间。若采用优质碳素钢管，则温度应用范围可放宽至 -40～450℃。

　　由于输送的油品中含有硫元素和酸性物质，外加管道裸露在露天，遭受风吹雨淋，导致管道易被腐蚀。管道腐蚀主要有以下几种：由原电池原理而导致的钢铁吸氧腐蚀；由于酸雨导致管道表面极具有酸性的硫化物（二氧化硫和硫化氢）而导致的析氢腐蚀；大气降水导致的二氧化碳酸性腐蚀；管道表面能够代谢硫酸盐的细菌导致的细菌腐蚀和管道内积水导致的腐蚀等，其中吸氧腐蚀是最多的腐蚀情况。

　　由于管道腐蚀的成因与条件不尽相同，因此管道防腐依据不同的腐蚀情况也有以下几种不同的方法：合理选材，依据不同的输送介质和环境条件选择不同种类的材料；阴极保护，就是外加直流电源，使原本为阳极的管道金属本身变为阴极而得到保护，或者可以将化学活性相对更为活泼的一种金属附加在管道上，使两者构成原电池，此时更活泼的金属被腐蚀而管道本身则得到保护；介质处理，包括除去介质中腐蚀性强的成分或调节其 pH 值；金属表面添加防腐涂层（如油漆）来隔绝钢制管道和空气中的氧气接触，以此达到保护效果；添加"缓蚀剂"，缓蚀剂是添加于金属设备中用于减缓腐蚀的一种专用添加剂，由于用量小、投资少和效果明显等优点，是管道及其他领域防腐技术的重点发展方向。缓蚀剂的防腐蚀原理可描述为反催化，即和化工生产中所使用的催化剂原理相反，缓蚀剂会提高化学反应所需的活化能，以此减慢腐蚀反应的发生速度。

1.5　本书的特点及内容编排

　　本课程涉及的内容量大面广，理论性和工程应用背景强，是一门专业主干课程。为了使学生更好地理解与掌握课程的基本概念、基本原理以及基本理论，应达到以下主要教学目的。

　　（1）掌握金属材料常见力学性能指标的含义、应用范围及其测试原理与方法。

　　（2）从微观组织结构等出发，深刻阐述金属材料在各种载荷作用下所表现出的力学性能的本质及基本原理。

　　（3）结合成分、工艺及组织形貌等分析金属构件在服役过程中所碰到的力学性能方面的问题，并能应用所学知识，针对出现的问题提出初步的解决方法或思路。如应用细晶强化、固溶处理以及相变等手段提高材料的强度和硬度；用热处理等改善材料的强韧性；用表面喷丸及形变处理等提升材料的疲劳强度。

　　（4）要求学生通过本课程的学习，不仅要掌握基本知识与原理，而且还要学会分析问题与解决问题，锻炼和提升这方面的能力。如在进行构件设计时，可根据构件的服役条件，并按力学性能理论确定满足使用要求的性能指标（如强度、塑性、韧性、硬度、韧脆转变温度等），然后再挑选出合适的材料。进而还可在材料力学性能理论的指导下，采用新的材料成分和结构，或新的加工和合成工艺，设计和开发出新材料，以满足对材料的更高需求。

思　考　题

1-1　简述材料分类及各类材料的特性。

1-2　简述金属材料的分类。

1-3　金属材料的优异性能有哪些？

1-4　金属材料的主要力学性能指标有哪些？

1-5　金属材料的主要物理性能和化学性能有哪些？

1-6　简述金属材料性能的影响因素。

参 考 文 献

[1]　束德林. 工程材料力学性能 [M]. 2 版. 北京：机械工业出版社，2011.

[2]　那顺桑. 金属材料力学性能 [M]. 北京：冶金工业出版社，2011.

[3]　王吉会. 材料力学性能 [M]. 天津：天津大学出版社，2006.

[4]　刘瑞堂. 工程材料力学性能 [M]. 哈尔滨：哈尔滨工业大学出版社，2001.

[5]　牛济泰，张梅. 材料和热加工领域的物理模拟技术 [M]. 2 版. 北京：国防工业出版社，2022.

[6]　孙晓霞. "超级工程" 港珠澳大桥背后的材料元素 [J]. 新材料产业，2018(12)：32～37.

[7]　胡锦达. 中国报废汽车材料的组成及再生技术现状分析 [J]. 时代汽车，2021(17)：172～173.

[8]　徐德祥，王睿谦，范增为，等. 稀土耐蚀钢耐蚀性能评价方法及产业应用 [J]. 上海金属，2020，42
　　　(6)：74～79.

[9]　鲍群，王强，罗根祥，等. 输油管道缓蚀剂现状与发展趋势 [J]. 化工文摘，2007(3)：56～59，62.

2 金属在单向静拉伸载荷下的力学性能

2.1 静态拉伸曲线及主要力学性能指标

2.1.1 拉伸载荷-伸长曲线及应力-应变曲线

静载荷拉伸是应用广泛的材料力学性能测试方法，这是由于静载荷拉伸方法相对简单，易操作，同时该方法所测定的材料力学性能，可以作为工程设计、评定材料和优选工艺的依据，具有重要的工程实际应用价值。静载荷拉伸试验通常是在室温和轴向缓慢加载条件下进行的，所用试样一般为光滑圆柱试样或板状试样，可用 3 种拉伸曲线表示金属材料在静拉伸载荷作用下的变化规律。图 2-1 ~ 图 2-3 分别为低碳钢退火态的拉伸载荷(F)-伸长(ΔL)曲线、工程应力(R)-工程应变(e)曲线和真实应力(σ)-真实应变(ε)曲线。

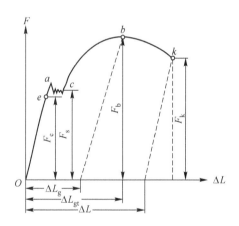

图 2-1　低碳钢退火态的拉伸载荷-伸长曲线
ΔL_g—最大力对应的塑性伸长量；
ΔL_{gt}—最大力对应的总伸长量；
ΔL—断后总伸长量；F_e—e 点的载荷；
F_s—屈服平台对应载荷；
F_b—最大载荷（b 点对应的载荷）；
F_k—断裂载荷

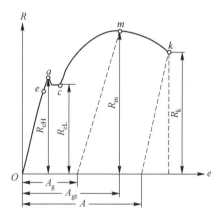

图 2-2　低碳钢退火态的工程应力-工程应变曲线
A_g—均匀伸长率；A_{gt}—最大力对应的总伸长率；
A—总伸长率；R_{eL}—下屈服强度；
R_{eH}—上屈服强度；R_m—抗拉强度；
R_k—工程断裂强度

图 2-1 曲线的纵坐标为载荷(F)，横坐标为绝对伸长量(ΔL)，由图可见，试样伸长随载荷增加而增加。在 Oe 阶段，试样受载时发生变形，卸载后变形能完全恢复，该区段为弹性变形阶段。当所加的载荷达到 a 点后，试样开始屈服，曲线上出现平台或锯齿，直至 c 点结束。继续增加载荷，试样进入均匀塑性变形阶段，达到最大拉伸载荷时，试样产

生不均匀塑性变形，并在局部区域产生缩颈，直至断裂。

由此可知，退火低碳钢在拉伸载荷作用下的变形过程可分为弹性变形、不均匀塑性变形（屈服）、均匀塑性变形、不均匀集中塑性变形（缩颈）和断裂几个阶段。正火、退火碳素结构钢和一般低合金结构钢，也都具有类似的拉伸载荷-伸长曲线，只是载荷的大小和变形量不同而已。但诸如退火低碳钢在低温下拉伸、普通灰铸铁或淬火高碳钢在室温下拉伸，它们的拉伸载荷-伸长曲线上只有弹性变形阶段；冷拔钢只有弹性变形和不均匀集中塑性变形阶段；面心立方金属在低温和高应变速率下拉伸时，其拉伸载荷-伸长曲线上只看到弹性变形和不均匀屈服塑性变形两个阶段。

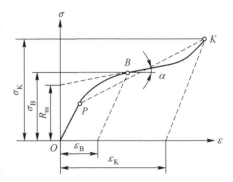

图 2-3   低碳钢退火态的真实应力-真实应变曲线

R_m—抗拉强度（最大载荷对应的工程应力）；

σ_B—最大载荷对应的真实应力；

σ_K—断裂瞬间的真实应力；

ε_B—最大载荷对应的真实应变；

ε_K—断裂瞬间的真实应变

将图 2-1 拉伸载荷-伸长曲线的纵、横坐标分别用拉伸试样的原始截面积 A_0 和原始标距长度 L_0 去除（如式（2-1）和式（2-2）所示），则得到如图 2-2 所示的工程（条件）应力-工程应变曲线（简称工程应力-应变曲线）。

$$R = F/A_0 \tag{2-1}$$

$$e = \Delta L/L_0 \tag{2-2}$$

式中 R——工程应力，MPa；

      e——工程应变；

      F——载荷，N；

      A_0——拉伸试样原始截面积；

      ΔL——拉伸试样伸长量；

      L_0——拉伸试样原始标距长度。

用式（2-3）和式（2-4）得到的真实应力（σ）和真实应变（ε）曲线，则称为真实应力-真实应变曲线，如图 2-3 所示。

$$\sigma = F/A_t \tag{2-3}$$

$$\varepsilon = \int d\varepsilon = \int_{L_0}^{L_f} dL/L_t \tag{2-4}$$

式中 σ——真实应力，MPa；

      ε——真实应变；

      F——载荷，N；

      A_t——拉伸试样 t 时刻的截面积；

      dL——拉伸试样伸长量微分；

      L_t——拉伸试样 t 时刻的长度；

      L_f——在拉伸断裂（fracture）时刻试样标距段的长度。

由于图 2-1 的拉伸载荷（F）-伸长（ΔL）曲线过于定性描述，图 2-3 的真实应力（σ）-真实应变(ε)曲线中 R_m 为最大力对应的工程应力（抗拉强度），σ_B 为最大力对应的真实应力，σ_K 为断裂瞬间的真实应力。真实应力-真实应变曲线虽然能够定量描述金属材料在静拉伸载荷作用下的变化规律，但该曲线实际测定相对复杂，而图 2-2 的工程应力(R)-工程应变(e)曲线测定相对简单，且又可以定量描述相关工程规律，因此本书后续部分均以图 2-2 的工程应力-应变曲线作为分析对象，并根据该曲线建立金属材料在静拉伸条件下的力学性能指标。

2.1.2 拉伸的主要力学性能指标

图 2-2 的工程应力(R)-工程应变(e)曲线可分为弹性阶段(Oa)、屈服阶段(ac)、均匀塑性变形阶段(cm)和非均匀塑性变形阶段(mk)及断裂(k点）。从该曲线上可得到以下一些重要的力学性能指标。

2.1.2.1 屈服强度

原则上，材料的屈服强度应理解为开始塑性变形时的应力值，对于有明显屈服平台的曲线，屈服平台对应的强度即为屈服强度。但对于无屈服平台，即连续屈服的材料，屈服强度标定相对复杂。工程上采用规定一定的残留变形量的方法来确定屈服强度，主要有以下 3 种方法。

（1）比例极限：应力-应变曲线上符合线性关系的最高应力值为比例极限，用 R_p 表示，超过 R_p 时，即认为材料开始屈服。

（2）弹性极限：试样加载后再卸载，可以满足胡克定理的最大应力，即弹性极限 R_e，超过 R_e 时，即认为材料开始屈服。

（3）屈服强度：以规定发生一定的残留变形为标准，如通常以 0.2% 残留变形的应力作为屈服强度，用 $R_{r0.2}$ 表示。

上述定义都是以残留变形为依据的，彼此区别在于规定的残留变形量不同。现行国家标准将屈服强度规范为 3 种情况。

（1）规定非比例伸长应力(R_p)，即试样在加载过程中，标距长度内的非比例伸长量达到规定值（以%表示）的应力，如 $R_{p0.2}$、$R_{p0.01}$、$R_{p0.05}$ 等。

（2）规定残余伸长应力(R_r)，即试样卸载后，其标距部分的残余伸长达到规定比例时的应力，常用的为 $R_{r0.2}$，即规定残余伸长率为 0.2% 时的应力值。

（3）规定总伸长应力(R_t)，即试样标距部分的总伸长（弹性伸长与塑性伸长之和）达到规定比例时的应力。应用较多的规定总伸长率为 0.5%，相应地，规定总伸长应力记为 $R_{t0.5}$。

在上述屈服强度的测定中，R_p 和 R_t 是在试样加载时直接从应力-应变曲线上测量的，而 R_r 则要求卸载后测量。由于实际生产中，大部分工程构件在服役过程中不允许发生过量的塑性变形，因此，屈服强度是工程应用中最为重要的力学性能指标之一。为防止因塑性变形而导致机件失效，在设计和选材时以屈服强度作为衡量的指标。一方面，提高材料对起始塑性变形的抗力，有利于提高设计应力。但另一方面，提高材料的屈服强度，使屈服强度与抗拉强度之比增大，又不利于某些应力集中部位应力重新分布，极易引起脆性断裂，使金属材料的塑性与韧性下降。因此，对于具体的机件选材时，屈服强度要求多大的数值为佳，原则上应根据机件的形状及其所受的应力状态、应变速率等决定。若机件截面形状变化较大，应力状态较硬，应变速率较高，则应取较低屈服强度值的材料。

2.1.2.2　抗拉强度

材料的极限承载能力用抗拉强度表示。拉伸试验时，与最高载荷 F_b 对应的应力值（ R_m ）即为抗拉强度。

$$R_m = F_b/A_0 \tag{2-5}$$

对于脆性材料和不形成颈缩的塑性材料，其拉伸最高应力就是断裂应力，因此，其抗拉强度也代表断裂强度和断裂抗力。对于形成颈缩的塑性材料，其抗拉强度代表产生最大均匀变形的抗力，也表示材料在静拉伸条件下的极限承载能力。对于钢丝绳等零（构）件来说，抗拉强度是一个重要力学性能指标。

2.1.2.3　实际断裂强度

拉伸断裂时的应力除以断口处真实截面面积所得的应力值称为实际断裂强度 σ_k 。实际断裂强度按下式计算：

$$\sigma_k = F_k/A_k \tag{2-6}$$

这里采用的是试样断裂时的真实截面面积，σ_k 也是真实应力，其意义是表征材料对断裂的抗力，因此，有时也称为断裂真实应力。

2.1.2.4　屈强比

材料的屈服强度与抗拉强度的比值称为屈强比。

2.1.2.5　塑性指标及其意义

材料塑性变形的能力，常用伸长率和断面收缩率来表示。

A　伸长率

试样拉伸前测定的标距为 L_0 ，拉断裂后测得的标距为 L_k ，然后按下式计算出伸长率。

$$A = \frac{L_k - L_0}{L_0} \times 100\% \tag{2-7}$$

式中　A——断后伸长率；

　$L_k(L_f)$——断后试样长度；

　　L_0——试样原始长度。

对于形成颈缩的材料，其伸长量 $\Delta L_k = L_k - L_0$ ，包括颈缩前的均匀伸长 L_b 和颈缩后的集中伸长 L_c ，即 $\Delta L_k = L_b + L_c$ 。因此，伸长率也相应地由均匀伸长率 A_b 和颈缩伸长率 A_c 组成，即：

$$A = A_b + A_c \tag{2-8}$$

研究表明，均匀伸长率取决于材料的冶金因素，而颈缩伸长率与试样几何尺寸有关。另外，对同一材料进行拉伸实验，短试样的伸长率（ $A_{5.65}$ ）要大于长试样的伸长率（ $A_{11.3}$ ）。

B　断面收缩率

拉伸时试样的截面积不断减小。试样拉断后，断口处横截面面积的最大缩减量与原始横截面面积的百分比，称为断面收缩率，计算公式如下：

$$Z = \frac{S_0 - S_k}{S_0} \times 100\% \tag{2-9}$$

式中　S_k——试样断口处的最小截面面积。

与伸长率一样，断面收缩率也由两部分组成：均匀变形阶段的断面收缩率和集中变形阶段的断面收缩率。与伸长率不同的是，断面收缩率与试样尺寸无关，只决定于材料性质。

C　塑性指标的意义

伸长率和断面收缩率也是金属材料的重要性能指标。在实际工程应用时，不但要对材料提出强度要求，以进行强度计算，同时还要提出对材料塑性的要求。如应用齿轮钢、轴承钢以及热作模具钢等生产的设备均需要合理的强塑性。

2.1.2.6　强塑积（静力韧度）

材料的抗拉强度与总伸长率的乘积称为强塑积（或静力韧度）。

2.1.2.7　应变硬化指数 n 值

应变硬化指数 n 反映了金属材料抵抗均匀塑性变形的能力，是表征金属材料应变硬化行为的性能指标。

真实应力与真实应变曲线符合 Hollomon 关系式：$\sigma = K\varepsilon^n$，可以通过双对数坐标系中均匀塑性变形段真实应力与真实应变的线性拟合得到金属材料的应变硬化指数 n 值。具体参见 2.3.4 节。

2.1.2.8　塑性应变比 r 值

塑性应变比即 r 值是评价金属薄板深冲性能的最重要参数。将板条试样在拉伸试验机上，使之产生 20% 的拉伸变形，这时的板宽方向真实应变与板厚方向真实应变的比值，就称之为塑性应变比，又称 Lankford 值或 r 值。它反映金属薄板在某平面内承受拉力或压力时，抵抗变薄或变厚的能力。r 值的定义式为：

$$r = \frac{\varepsilon_b}{\varepsilon_a}$$

式中

$$\varepsilon_b = \ln\frac{b_1}{b_0}$$

$$\varepsilon_a = \ln\frac{a_1}{a_0}$$

式中　b_0、a_0——试样原始宽度和厚度；

　　　b_1、a_1——拉伸后试样宽度和厚度。

金属薄板存在各向异性，不同取样方向上 r 值不同，通常所用塑性应变比为金属薄板平面上 0°、45°和90°三个方向所测 r 值的加权平均值。平均塑性应变比 $\bar{r}$ 按下式计算：

$$\bar{r} = (r_{0°} + 2r_{45°} + r_{90°})/4$$

2.2　弹 性 变 形

2.2.1　弹性变形本质

弹性变形是原子体系在外力作用下从平衡位置达到新的瞬时平衡状态的过程，是一种可逆变形，因此，对弹性变形的讨论必须从原子结合力模型开始。如图 2-4 所示，在没有外加载荷作用时，金属中的原子 N_1、N_2 在其平衡位置附近产生振动。相邻两个原子之间的作用力（曲线3）由引力（曲线1）与斥力（曲线2）叠加而成。引力与斥力都是原子间距的函数，合力曲线3在原子平衡位置处为零。当两原子因受力而接近时，斥力开始缓慢增加，而后迅速增加；而引力则随原子间距减小增加缓慢。当原子间相互平衡力因受外力作用而受到破坏时，原子的位置必须做相应调整，即产生位移，以期外力、引力和斥力三者达到新的平衡。原子的位移总和在宏观上就表现为变形。外载荷去除后，原子依靠彼此之间的作用力又回到原来的平衡位置，位移消失，宏观上变形也就消失。这就是弹性变形的可逆性。

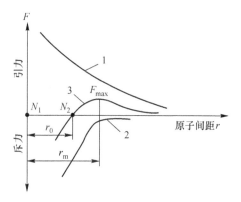

图 2-4　双原子模型
1—引力；2—斥力；3—合力

　　金属弹性变形量比较小，一般不超过 1%。在弹性变形过程中，不论在加载期还是卸载期内，应力与应变之间都保持单值线性关系，即遵循胡克定律。

2.2.2　胡克定律

2.2.2.1　单向拉伸

材料在弹性状态下应力与应变之间的关系用胡克定律描述，其常见形式为：

$$R = E \cdot e \tag{2-10}$$

式中　R——外加应力，MPa；
　　　E——弹性模量，MPa；
　　　e——应变。

　　该式所表达的是各向同性体在单轴加载方向上的应力 R 与弹性应变 e 之间的关系。而在加载方向上的变形，例如伸长，必然导致与载荷垂直方向上的收缩。对于复杂应力状态以及各向异性体上的弹性变形，情况更要复杂，这需要用广义胡克定律描述。

2.2.2.2　剪切与扭转

材料在弹性状态下剪切应力与剪切应变之间的关系用胡克定律描述，其常见形式为：

$$\tau = G \cdot \gamma \tag{2-11}$$

式中　τ——切应力；
　　　G——切变模量；
　　　γ——切应变。

2.2.2.3　E、G 及 ν（泊松比）之间的关系

E、G 及 ν 之间关系符合式 (2-12)：

$$G = \frac{E}{2(1+\nu)} \tag{2-12}$$

2.2.2.4　常用弹性常数

各种材料弹性行为的不同，表现在弹性常数的差异上。其中，弹性模量 E 表征为材

料抵抗正应变的能力；切变弹性模量 G 表征为材料抵抗剪切变形的能力；泊松比 ν 表示材料受力后横向正应变与受力方向上正应变之比。泊松比 ν 为材料常数，在 $0 \sim 0.5$ 之间变化。大多数材料的 ν 值在 $0.2 \sim 0.5$ 之间，如果材料在拉伸时体积不变，则 $\nu = 0.5$，属于不可压缩材料。一些金属材料在常温下的弹性模量见表 2-1。

表 2-1　几种金属材料在常温下的弹性模量

金属材料	E/MPa
铁	2.17×10^5
铜	1.25×10^5
低碳钢	2.00×10^5
铸铁	$(1.70 \sim 1.90) \times 10^5$
低合金钢	$(2.00 \sim 2.10) \times 10^5$
奥氏体不锈钢	$(1.90 \sim 2.00) \times 10^5$

　　工程上弹性模量被称为材料的刚度，表征金属材料对弹性变形的抗力，其值越大，则表示在相同应力下产生的弹性变形就越小。机器零件或构件的刚度与材料刚度不同，前者除与材料刚度有关外，尚与其截面形状和尺寸以及载荷作用的方式有关。刚度也是金属材料重要的力学性能指标之一。单晶体金属的弹性模量在不同晶体学方向上是不一样的，表现出弹性各向异性。多晶体金属的弹性模量为各晶粒弹性模量的统计平均值，呈现伪各向同性。

　　由于弹性变形是原子在外力作用下可逆变化的过程，即弹性模量与原子间作用力以及原子间距有关，故弹性模量主要决定于金属原子本性和晶格类型。合金化、显微组织、塑性变形、温度以及加载速率等对弹性模量的影响较小，所以，金属材料的弹性模量是一个对组织不敏感的力学性能指标。

　　弹簧是典型的弹性零件，其重要作用是减振和储能驱动，还可控制运动和测量载荷等。因此，弹簧材料应具有较高的弹性比功和良好的弹性。生产上，弹簧钢含碳比较高，并加入 Si、Mn、Cr、V 等合金元素以强化铁素体基体和提高钢的淬透性，经淬火加中温回火获得回火屈氏体组织，以及冷变形强化等，可以有效地提高弹性极限，使弹性比功和弹性增加，满足各种钢制弹簧的技术性能要求。仪表弹簧因要求无磁性，常用铍青铜或磷青铜等软弹簧材料制造。

2.2.2.5　非理想弹性体

　　理想弹性体应该是加载时立即变形，卸载时立即恢复原状，应力-应变曲线上表现为加载线与卸载线完全重合，即应力与应变同步，变形值大小与时间无关。但是实际上，弹性变形时加载线与卸载线并不重合，应变落后于应力，即存在着滞弹性及 Bauschinger 效应等，这些现象属于弹性变形中的非弹性问题，称为弹性的不完整性，也即为非理想弹性体。非理想弹性现象有滞弹性、弹性滞后环和包申格效应。

A　滞弹性

　　试验发现，当突然施加一低于弹性极限的应力于拉伸试样时，试样立即沿 OA 线（如图 2-5 所示）产生瞬

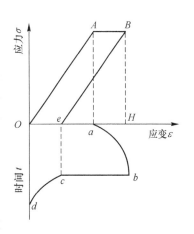

图 2-5　滞弹性示意图

时应变 Oa，保持外加载荷不变(AB)，随时间的延长应变继续增加(aH)，产生应变落后于应力的现象。快速卸载时也有类似现象。这种在弹性范围内快速加载或卸载过程中，随时间延长产生附加弹性应变的现象称为滞弹性。滞弹性应变量与材料成分、组织有关，也与试验条件有关。材料组织越不均匀，滞弹性越明显。

B　弹性滞后环

由于实际金属材料具有滞弹性，因此在弹性区内单向快速加载、卸载时，加载线与卸载线不重合，形成一封闭回线，如图2-6所示的滞弹性示意图。

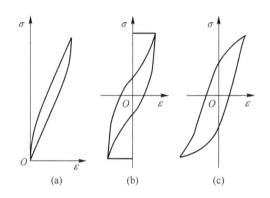

图 2-6　滞后环的类型

(a) 单向加载弹性滞后环；(b) 交变加载弹性滞后环；(c) 交变加载塑性滞后环

金属材料在交变载荷（振动）下吸收不可逆变形功的能力，称为金属的循环韧性，也叫金属的内耗。严格说来，循环韧性与内耗是有区别的：前者是指金属在塑性区内加载时吸收不可逆变形功的能力；后者是指金属在弹性区内加载时吸收不可逆变形功的能力。

生产上为了降低机械噪声，抑制高速机械的振动，防止共振导致疲劳断裂，对有些机件应选用循环韧性高的材料制造，以保证机器稳定运转。如机床床身、发动机缸体、底座等选用灰铸铁制造，这是由于灰铸铁机床床身具有吸震好、制造成本低等优点。但对仪表和精密机械，在选用重要传感元件的材料时，要求材料的循环韧性（滞弹性）低，以保证仪表具有足够的精度和灵敏度，如乐器（簧片、琴弦等）所用金属材料的循环韧性越小，其音质越佳。

C　包申格（Bauschinger）效应

金属材料经过预先加载产生少量塑性变形，卸载后再同向加载，弹性极限或屈服强度增加；反向加载，弹性极限或屈服强度降低的现象，称为包申格效应。图2-7所示为20钢包申格效应的拉伸、压缩应力-应变曲线。由图2-7可见，室温下预先拉伸（应变约为2%），屈服强度约为300MPa；再反向压缩加载，压缩屈服强度仅为100MPa左右。α黄铜、铝等有色金属、高低碳钢、管线钢、双相钢等都有包申格效应。

度量包申格效应的基本指标是包申格应变，它是指在给定应力下，正向加载与反向加载两应力-应变曲线之间的应变差（如图2-8所示）。在图2-8中，b 点为拉伸应力-应变曲线上给定的流变应力，c 点为压缩应力-应变曲线上给定的同样流变应力，$\beta = bc$ 即为包申格应变。

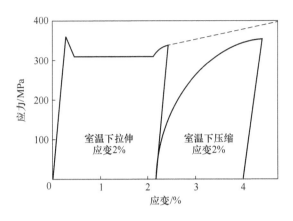

图 2-7 显示低碳钢包申格效应的应力-应变曲线

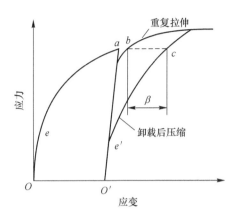

图 2-8 包申格应变

包申格效应与金属材料中位错运动受阻有关。在金属预先受力产生少量塑性变形时，位错沿某滑移面运动，遇林位错受阻，局部位错密度增加，形成位错缠结或胞状组织。因此，如果此时卸载并随后同向加载，位错同向运动阻力变大，宏观上表现为强度增加。但如卸载后施加反向载荷，位错作反向运动，像位错缠结或胞状组织这类障碍数量较少，故位错可以在较低应力下移动较大距离，即强度降低。

另外，工程上有些材料要通过成形工艺制造构件，也要考虑包申格效应，如大型输油和输气管线，希望所用材料具有非常小的或几乎没有包申格效应，以免管子成型后强度损失。在有些情况下，人们也可以利用包申格效应，如薄板反向弯曲成型、拉拔的钢棒经过轧辊压制校直等。

消除包申格效应的方法是：预先进行较大的塑性变形，或在第二次反向受载荷前先使金属材料于回复或再结晶温度下退火，如钢在 400～500℃ 退火，铜合金在 250～270℃ 退火。

2.3 塑 性 变 形

2.3.1 塑性变形形式

金属晶体塑性变形的主要类型为滑移和孪生。

2.3.1.1 滑移

滑移是指晶体在切应力作用下沿一定的晶面和晶向进行切变的过程。发生滑移的晶面和晶向分别称为滑移面和滑移方向。滑移面和滑移方向常是晶体中的原子密排面和密排方向，如面心立方点阵中(111)面、$[1\bar{1}0]$方向，体心立方点阵中(011)、(112)和(123)面，[111]方向，密排六方点阵中(0001)面、$[11\bar{2}0]$方向。滑移面和滑移方向的组合称为滑移系，一般来说，滑移系越多，金属的塑性越好。

根据位错理论可知，滑移是通过滑移面上的位错运动来实现的。在滑移面上，使晶体滑移所需的切应力必须达到一定值后，晶体才能进行滑移。晶体沿滑移面开始滑移的切应

力叫作临界切应力 τ_c。它反映了晶体滑移的阻力，实际是位错运动的阻力，因此 τ_c 是晶体的一个性能，表示晶体滑移的切变抗力。

2.3.1.2　孪生

除滑移之外，塑性变形的另一种重要变形方式是孪生变形。滑移变形的产物是滑移线和滑移带，而孪生变形的产物则是孪晶。当晶体的一部分与另一部分呈镜像时，称为孪晶，对称面称为孪晶面。

孪生是发生在金属晶体内局部区域的一个切变过程，切变区域宽度窄，切变后晶体取向与未切变区成镜面对称，点阵类型相同。孪生也是金属材料在切应力作用下的一种塑性变形方式。面心立方(fcc)、体心立方(bcc)和密排六方(hcp)三类金属材料都能以孪生方式产生塑性变形，但 fcc 金属只在很低的温度下才能产生孪生变形。bcc 金属（如 α-Fe 及其合金）只在冲击载荷或低温下发生孪生变形。hcp 金属及其合金由于滑移系少，并且在 c 轴方向没有滑移矢量，因而更易产生孪生变形。孪生变形也是沿特定晶面和特定晶向进行的，但所需的临界切应力要远大于滑移所需的临界切应力。

孪生可以提供的变形量是有限的，如镉（Cd）孪生变形只提供约 7.4% 的变形量，而滑移变形量可达 300%。但是，孪生可以改变晶体取向，以便启动新的滑移系，或者使难于滑移的取向变为易于滑移的取向。

孪生与滑移都是晶体切变塑性变形的方式，但两者还是有本质区别的。第一，在晶体取向上，孪生变形产生孪晶，形成的是镜像对称晶体，晶体的取向发生了改变，而滑移之后，沿滑移面两侧的晶体在取向上没有发生任何变化；滑移线或滑移带是在材料表面上出现，经抛光可去除。而孪晶则呈薄片状或透镜状存在于晶体中，抛光腐蚀后仍可见到。第二，切变情况不同。滑移是一种不均匀的切变，其变形主要集中在某些晶面上进行。孪生是一种均匀的切变，其每个晶面位移量与到孪晶面的距离成正比。即滑移的切变是不均匀的，孪生的切变是均匀的。第三，变形量不同。如前所述，孪生的变形量很小，并且很易于受阻而引起裂纹，而滑移的变形量可达百分之百乃至数千。值得注意的是，孪生变形量虽然小，但对材料塑性变形的贡献是不可低估的，这是由于一旦滑移变形受阻，晶体可以通过孪生使滑移转向，转到有利于滑移继续进行的方向上来，从而使滑移得以继续进行。因此，孪生对滑移有协调作用。

2.3.2　塑性变形特点

不同晶体材料在不同条件下变形可能以不同方式或几种方式同时进行。但最常见的晶体材料在一般条件下的塑性变形都是按滑移与孪生方式进行的，并以滑移为主。

2.3.2.1　单晶体材料塑性变形特点

单晶体材料塑性变形特点有：

（1）引起塑性变形的外力在滑移面上的分切应力必须大于晶体在该面上的临界分切应力时，滑移才能开始。

（2）晶体的临界分切应力是各向异性的。其中以沿着原子排列最密排面与最密排方向上的临界分切应力最小。

（3）变形（加工）硬化及硬化回复。

2.3.2.2 多晶体材料塑性变形特点

多晶体材料塑性变形特点有：

（1）多晶粒变形不均匀性和不同时性。金属材料大多是多晶体材料，各晶粒的空间取向是不同的，晶粒间通过晶界联结起来。这种结构决定了多晶体材料塑性变形的下列特点。

变形的不同时性和不均匀性常常是相互联系的。多晶体由于各晶粒取向不同，在受外力时，某些取向有利的晶粒优先开始滑移变形，而那些取向不利的晶粒可能仍处于弹性状态，由于此时材料内部还处于连续性，变形与未变形晶粒发生转动，致使原先取向不利的晶粒转到有利取向，使滑移从某些晶粒传播到另外一些晶粒，从而产生宏观塑性变形。如果金属材料是多相合金，那么由于各相晶粒彼此之间力学性能的差异，以及各晶粒之间应力状态不同，那些位向有利且相强度低的晶粒首先产生塑性变形。显然，各相性质差异越大，组织越不均匀，变形的不同时性越明显，变形的不均匀性越严重。

（2）各晶粒变形的相互协调性。多晶体金属作为一个连续体，晶粒变形受到制约，否则必将造成晶界开裂，这就要求各晶粒之间能协调变形。为此，每个晶粒必须能同时沿几个滑移系进行滑移，即能进行多系滑移，或在滑移同时进行孪生变形。冯·米赛斯（Von Mises）指出，每个晶粒至少必须有 5 个独立的滑移系开动，才能确保产生任何方向不受约束的塑性变形，并维持体积不变。由于多晶体金属塑性变形需要进行多系滑移，因而多晶体金属的应变硬化速率比相同的单晶体金属要高。

（3）变形（加工）硬化及硬化回复。

2.3.3 屈服现象及其本质

2.3.3.1 屈服现象

在进行拉伸试验过程中，当外力不增加（或保持恒定）时试样仍能够继续伸长，或外力增加到一定数值后突然下降，然后在外力不增加或上下波动时，试样仍继续伸长的现象称为屈服现象。

2.3.3.2 屈服本质

材料在拉伸过程中出现的屈服现象是材料开始产生宏观塑性变形的一种标志。材料在实际应用中，一般要求在弹性状态下工作，而不允许发生塑性变形。在设计构件时，把开始塑性变形的屈服视为失效。因此，研究屈服现象的本质和规律，对于提高材料的屈服强度、避免材料失效和研究新材料等具有重要意义。屈服现象不仅在退火、正火、调质的中碳钢、低碳钢、低合金钢和其他一些金属及合金中出现，也在其他材料中被观察到，最常见的是含微量间隙原子（如碳、氮溶于钼、铌、钽）的体心立方金属和面心立方金属（如氮溶于镉和锌中）。这说明屈服现象带有一定的普遍性，同时它又反映材料内部的某种物理过程，故可称为物理屈服。

在进行拉伸试验过程中，当出现屈服现象时，在试样表面可以看到约成 45°方向的细滑移线，称为吕德斯（Lüders）线或屈服线。屈服线在试样表面是逐步出现的，开始只在试样局部出现，其余部分仍处于弹性状态。随后屈服的部分应变不再增加，未屈服的部分陆续产生滑移线，这说明屈服变形的不均匀性和不同时性。当整个试样都屈服之后，开始进入均匀塑性变形阶段，并伴随着形变强化。

目前都用位错增殖理论来解释屈服现象。根据这一理论，要出现明显的屈服，必须满足两个条件：材料中原始的可动位错密度少和应力敏感系数 m 小。金属材料塑性应变速率($\dot{\varepsilon}$)与可动位错密度 ρ、位错运动速率(v)及柏氏矢量(b)的关系式为：

$$\dot{\varepsilon} = b\rho v \tag{2-13}$$

而位错运动速率 v 又决定于应力的大小，其关系式为：

$$v = (\tau/\tau_0)^m \tag{2-14}$$

式中 τ——沿滑移面的切应力；

τ_0——产生单位位错滑移速度所需的应力；

m——位错运动速率的应力敏感系数。

可见，要增大位错运动速率，必须有较高的外应力，于是就出现了上屈服点，接着材料发生塑性变形，位错大量增殖，ρ 增大。为适应原先的形变速率 $\dot{\varepsilon}$，位错运动速率必然大大降低，相应地，应力也就突然降低，出现了屈服降落现象。

2.3.4　形变强化

绝大多数金属材料在出现屈服后，要使塑性变形继续进行，必须不断增大应力，在真实应力-真实应变曲线上表现为流变应力不断上升，这种现象称为形变强化。

形变强化的幅度除了取决于塑性变形量外，还取决于材料的形变强化性能。在金属整个变形过程中，当应力超过屈服强度后，塑性变形并不像屈服平台那样连续变形下去，而是需要连续增加外力才能继续变形。这说明材料有一种阻止继续塑变的抗力，这种抗力就是形变强化性能。一般用应力-应变曲线上的斜率表示变形强化速率，也称加工硬化速率(n)。显然，这个强化速率数值的高低反映金属材料继续塑性变形的难易程度，同时也表示材料形变强化效果的大小。

在金属材料拉伸真实应力-真实应变曲线上的均匀塑性变形阶段，应力与应变之间符合 Hollomon 关系式：

$$\sigma = K\varepsilon^n \tag{2-15}$$

式中 σ——真实应力；

ε——真实应变；

n——应变硬化指数；

K——硬化系数（强度系数），是真实应变等于 1.0 时的真实应力。

n 值反映了金属材料抵抗继续塑性变形的能力，是表征材料应变强化的性能指标。在极限情况下，$n=1$，表示材料为完全理想的弹性体；$n=0$ 时，表示材料没有应变强化能力。大多数金属材料的 n 值在 0.1~0.5 之间。

n 值的测定一般常用作图法求得，对式（2-15）两边取对数得到如下关系：

$$\lg\sigma = \lg K + n\lg\varepsilon \tag{2-16}$$

式（2-16）为直线关系，测量几组应力应变值(σ_i, ε_i)，然后作图求出直线斜率，即为 n 值。

2.3.5　颈缩

多数韧性材料在单向拉伸后期会出现颈缩现象，并最终断裂。颈缩是拉伸试验中的一种特殊现象。一般认为，试样在拉伸塑性变形时，变形强化和截面缩小是同时进行的。实际拉伸试样由于加工和材质问题，沿整个长度上，截面不可能是等应力和等强度的，总会存在局部薄弱部位。因此，当外加应力大于材料抗拉强度后，变形集中于薄弱部位处进行，便形成颈缩现象。拉伸试样出现颈缩及其应力状态示意图如图 2-9 所示。

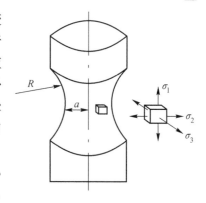

图 2-9　颈缩及其应力状态示意图

应力-应变曲线上的应力达到最大值时开始颈缩。颈缩前，试样的变形在整个试样长度上是均匀分布的，颈缩开始后，变形便集中于颈部区域。在应力-应变曲线的最高点处有：

$$dF = \sigma dA + A d\sigma = 0 \qquad (2\text{-}17)$$

式中　F——外力载荷；

　　　σ——拉伸真实应力；

　　　A——拉伸试样瞬时横截面积。

式 (2-17) 表明，在拉伸过程中，一方面试样横截面积不断减小，使 $dA < 0$，σdA 表示试样承载能力的下降；另一方面，材料在形变强化，使 $d\sigma > 0$，$A d\sigma$ 表示试样承载能力升高。当 $dF = 0$ 时，式 (2-17) 变为：

$$d\sigma / d\varepsilon = \sigma \qquad (2\text{-}18)$$

式 (2-18) 即所谓颈缩判据。此式说明颈缩开始于应变强化速率 ($d\sigma/d\varepsilon$) 与真实应力 (σ) 相等的时刻。

对式 (2-15) 两边微分可得：

$$d\sigma / d\varepsilon = n\sigma / \varepsilon \qquad (2\text{-}19)$$

把颈缩条件式 (2-18) 代入式 (2-19) 可得：

$$n = \varepsilon_b \qquad (2\text{-}20)$$

式 (2-20) 说明在颈缩开始时的真实应变 (ε_b) 在数值上与应变硬化指数 n 相等。利用这一关系，可以大致估计材料的均匀变形能力。

颈缩前的变形是在单向应力条件下进行的，颈缩开始以后，颈部的应力状态由单向应力变为三向应力，除轴向应力外，还有径向应力和切向应力。颈部形状这种几何特点导致的三向应力状态，使变形变得更加困难，按式 (2-15) 计算得到的真实应力比实际的真实应力低，随着颈缩过程的发展，三向应力状态加剧，计算真实应力的误差越来越大，为了扣除这种几何因素造成的误差，对颈缩后的真实应力应引入颈缩修正。

2.4　金属材料强塑性的影响因素

金属材料一般为多晶及多相组织，因此，要综合考虑位错增殖和运动受阻程度、晶粒尺寸、化学成分、第二相以及外界环境等诸多因素对金属材料强塑性的影响。

影响金属材料强度的因素分为内在因素和外在因素，具体如下。

2.4.1　影响屈服强度的内在因素

2.4.1.1　金属本性及晶格类型

金属的塑性变形是外力作用于晶体,使位错滑移而产生的切变。位错密度增大,位错运动所受的阻力也增大,屈服强度也随之提高。滑移阻力由下列因素构成:

晶格的内摩擦力是在 20 世纪 40 年代后期由 Peierls 和 Nabarro 提出的,故通常称为"派纳力"(派纳力 τ_{p-n}),又称为晶格阻力。纯金属单晶体的屈服强度从理论上来说是使位错开始运动的临界切应力,其值由位错在滑移面上启动的晶格摩擦力决定。

τ_{p-n} 与位错宽度及柏氏矢量有关,两者又都与晶体结构有关。

$$\tau_{p-n} = \frac{2G}{1-\nu} \exp \frac{-2\pi a}{b(1-\nu)} = \frac{2G}{1-\nu} \exp \frac{-2\pi w}{b} \qquad (2\text{-}21)$$

式中　τ_{p-n}——派纳力;

　　　G——切变模量;

　　　ν——泊松比;

　　　a——滑移面的晶面间距,即垂直于滑移方向的原子间距;

　　　b——柏氏矢量的模,即沿滑移方向的原子间距;

　　　w——位错半宽度。

派纳力指出了位错滑移通常在最密排的滑移面和滑移方向进行的,即变形沿阻力最小的原子面和阻力最小的晶体方向进行。

位错间交互作用产生的阻力有两种类型:一种是平行位错间交互作用产生的阻力;另一种是运动位错与林位错间交互作用产生的阻力。两者都正比于 Gb 而反比于位错间距离 L,即都可用下式表示:

$$\tau = \frac{\alpha Gb}{L} \qquad (2\text{-}22)$$

式中　α——比例系数。

因为位错密度 ρ 与 $1/L^2$ 成正比,故式(2-22)又可写为:

$$\tau = aGb\rho^{1/2} \qquad (2\text{-}23)$$

由式(2-23)可见,ρ 增加,τ 也增加,即屈服强度提高。

2.4.1.2　晶粒大小和亚结构

在一个晶粒内部,只有塞积足够数量的位错才能克服晶界的阻碍,使相邻晶粒中的位错源开动并产生宏观塑性变形。因此减小晶粒尺寸将增加位错运动障碍的数目,同时减小晶粒内位错塞积数量,使屈服强度提高(细晶强化)。许多金属与合金的屈服强度 R_{eL} (σ_s)与晶粒大小的关系均符合霍尔-佩奇(Hall-Petch)公式,即:

$$\sigma_s = \sigma_i + k_y d^{-1/2} \qquad (2\text{-}24)$$

式中　σ_i——位错在基体金属中运动的总阻力(包括派纳力),又称为摩擦阻力,决定于晶体结构和位错密度;

　　　k_y——度量晶界对强化贡献大小的钉扎常数;

　　　d——晶粒平均直径。

对于铁素体钢，晶粒大小在 $0.3 \sim 400\mu m$ 之间符合这一关系。奥氏体钢也适用这一关系，但其 k_y 值较铁素体的小1/2，这是因为奥氏体中位借的钉扎作用较小所致。亚晶界的作用与晶界类似，也阻碍位错运动，因此霍尔-佩奇公式也完全适用于亚晶粒。

2.4.1.3　溶质元素

固溶体合金中溶质原子引起原子周围的晶格发生畸变，产生应力场，与位错应力场相互作用，使位错运动受阻，从而使屈服强度提高，称为固溶强化。无论是置换溶质原子还是间隙溶质原子，都能够不同程度地造成强化。除了由于原子尺寸不同使晶格原子排列致密情况发生变化外，还通过其他一系列途径造成位错运动阻力。间隙原子造成的强化比置换原子造成的强化程度大很多。铁素体钢中各元素固溶强化效果如图 2-10 所示。

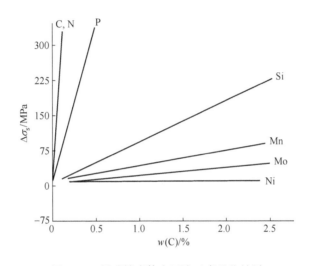

图 2-10　低碳铁素体中固溶元素强化效果

2.4.1.4　第二相

工程上的金属材料，特别是高强度合金，其显微组织一般是多相的，第二相对屈服强度也有影响。第二相质点的强化效果与质点本身在屈服变形过程中能否变形有很大关系。据此可将第二相质点分为不可变形的（如钢中细小碳化物与氮化物等）和可变形的（如时效铝合金中 GP 区、半共格析出物 θ'' 相及粗大的碳化物等）两类。这些第二相质点都比较小，有的可用粉末冶金法获得（由此产生的强化叫弥散强化），有的则可用固溶处理和随后的沉淀析出获得（由此产生的强化叫沉淀强化或析出强化）。

第二相的强化效果还与其尺寸、形状和数量，以及第二相与基体的强度、塑性和应变硬化特性、两相之间的晶体学配合和界面能等因素有关。

实际金属材料的强化往往是多种强化机理共同发挥用。如经热处理的 18Ni 马氏体时效钢的屈服强度可达 2000MPa，是沉淀强化、晶界与亚晶强化共同贡献的结果；而经热处理的 40CrNiMo 钢，其屈服强度也达 1380MPa，为固溶强化、相变强化、晶界与亚晶共同作用的结果。

2.4.2　影响屈服强度的外在因素

影响屈服强度的外在因素有温度、应变速率和应力状态。

2.4.2.1　温度影响

一般来说，温度升高，屈服强度下降；反之，屈服强度增大（低温脆性）。不同晶体结构屈服强度随温度不同的变化趋势不一样，如图 2-11 所示。

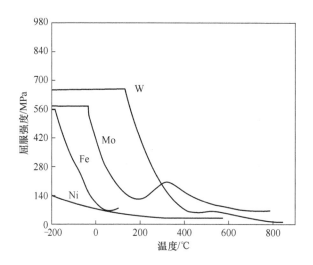

图 2-11　W、Mo、Fe、Ni 的屈服强度与温度的关系

由图 2-11 可见，bcc 金属的屈服强度对温度敏感：温度下降，屈服强度急剧升高，如铁由室温降到 -196℃，屈服强度提高 4 倍。fcc 金属的屈服强度温度效应则较小：如镍由室温下降到 -196℃，屈服强度只升高 0.4 倍。hcp 金属屈服强度的温度效应与 bcc 金属类似。绝大多数常用结构钢是 bcc 结构的 Fe-C 合金，因此，其屈服强度也有强烈的温度效应，这便是这类钢低温变脆的原因。

2.4.2.2　应变速率影响

应变速率增大，金属材料的强度增加（如图 2-12 所示），且屈服强度随应变速率的变化较抗拉强度的变化要明显得多。这种因应变速率增加而产生的强度提高效应，称为应变速率硬化现象。

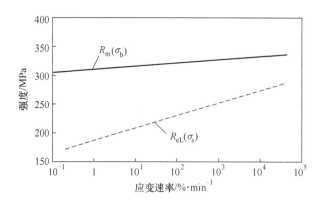

图 2-12　应变速率对低碳钢强度的影响

2.4.2.3 应力状态

应力状态也影响屈服强度，切应力分量越大，越有利于塑性变形，屈服强度则越低，所以扭转比拉伸的屈服强度低，拉伸要比弯曲的屈服强度低，但三向不等拉伸下的屈服强度为最高。必须指出，不同应力状态下材料屈服强度不同，并非材料性质变化，而是材料在不同条件下表现的力学行为不同而已。

总之，金属材料的屈服强度既受各种内在因素影响，又因外在条件不同而变化，因此可以根据人们的要求予以改变，这在机件设计、选材、拟订加工工艺和使用时都必须考虑到。

2.4.3 影响金属材料塑性的因素

2.4.3.1 内在因素

（1）化学成分：一般地，金属材料添加合金元素，材料强硬度增加，但韧塑性下降。

（2）晶体结构：金属材料的晶体结构越对称，滑移系越多，如面心立方晶体，其塑性越好。

（3）晶粒大小和亚结构：金属材料的晶粒或亚结构越细小，工件塑性变形越均匀，材料塑性增加。

（4）第二相：一般来讲，金属材料中存在第二相，有利于提升强度，但其塑性会降低。

（5）夹杂物：金属材料中的夹杂物会明显降低材料的强塑性。

2.4.3.2 外在因素

一般规律下，金属构件随环境温度提高以及承受压应力载荷，其塑性均会提高。

2.5 金属强化理论在微合金钢研发中的工程应用

2.5.1 微合金钢工程应用

微合金钢（micro-alloyed steel）是在普通软钢和普通高强度低合金钢基体中添加了微量合金元素（主要是强烈的碳化物形成元素，如 Nb、V、Ti 等）的一类钢，合金元素的添加量不大于 0.20%。添加微量合金元素后，使钢的一种或几种性能得到明显的改善。典型的微合金钢有 15MnVN 和 06MnNb 等。

最早引起人们注意的微合金元素是钒（V）。1916 年，美国试验了添加 0.12% ～ 0.20% 钒的软钢。1934 年，发展了含 0.10% ～0.18% 钒的碳锰钢。钢中加铌约在 1939 年开始发展，美国在 20 世纪 50 年代后期，进行了含铌半镇静钢的工业试验。钛在钢中的应用约始于 1944 年，当时美国研究了低碳锰铜钛钢板，1957 年联邦德国发表了轧态和正火态钢的性能数据，20 世纪 60 年代初，联邦德国推荐含 0.06% ～0.15% 钛的碳锰钢用于制造型钢和钢板。过去控制钢中含钛量在 0.01% ～0.20% 是困难的，20 世纪 80 年代初，由于钢包喷吹技术的发展，这个难题已基本解决。

微合金钢的发展与低合金高强度钢的发展有密切联系。20 世纪初，钢材设计的依据是抗拉强度，较少考虑钢材的韧性和焊接性，因此，钢的碳含量较高，约为 0.3%。采用焊接代替铆接后，钢中碳含量降低。在第二次世界大战期间，焊接油轮的脆断事故使人们认识到，钢中碳含量要进一步降低、锰碳比要高、晶粒度要细，这些措施才能提高钢的韧性。

微合金钢主要强化机理是细晶强化和析出强化等，但由于影响强韧化因素多且相互交叉作用，因此，微合金钢研究方向体现在：

（1）从单一微合金化转变到复合微合金化。复合微合金化的原理是利用钒、铌、钛等的碳化物、氮化物在奥氏体中的溶解和析出行为以及它们对相变的影响，使钢材的综合性能优化。复合微合金化会带来一些新挑战，如对析出相要更精确地定性和定量测定，要在动力学效应的情况下考虑析出相的析出顺序。

（2）从主要研究微合金钢的成分转变到主要研究微合金钢的成分与工艺的交互作用。由于微合金碳、氮化物会在奥氏体和铁素体中析出，而且形变会改变析出行为，形变后的冷却速度会改变析出的数量，研究成分与工艺的交互作用是较难的，因此复合微合金化后，这两者的交互作用常需要借助计算机进行预测。

（3）从生产板材扩展到棒材和锻件。过去微合金钢主要用于生产板材。20世纪70年代中期以后，微合金钢锻件和棒材的研究和应用有很大进展，但棒材和锻件热加工后的快速冷却或直接淬火的控制方法以及冷却速度对成品（尤其是截面不同的锻件）性能的影响仍需深入研究。

微合金钢由于屈服强度高、韧性好、焊接性和耐大气腐蚀性好，可用于大型桥梁建筑，制造各类车辆的冲压构件、安全构件、抗疲劳零件及焊接件，它也是锅炉、高压容器、输油和输气管线，以及工业和民用建筑的理想材料。

2.5.2　Nb/Mo 微合金钢强化机理理论探讨

2.5.2.1　钢的成分及力学性能

实验选择三种 Nb/Mo 微合金钢，其化学成分见表 2-2。三种微合金钢经过相同热处理后，拉伸测得相关力学性能（平均值）见表 2-3。通过对比发现，在含 Nb 微合金钢中添加 Mo 元素后，其屈服强度与抗拉强度均得到提高，且 Mo 元素含量越高，相应强度的增量也越大。然而，随着 Mo 含量的增多，断裂伸长率略有下降，但变化不明显，屈强比稍有提高，但也仅在 0.67~0.70 范围。

表 2-2　实验用钢的实际成分（质量分数）　　　　　　（%）

钢　种	C	Si	Mn	Nb	Mo	Fe
Nb 钢	0.097	0.199	1.350	0.104	—	余量
Nb-0.15Mo 钢	0.107	0.200	1.350	0.101	0.151	余量
Nb-0.25Mo 钢	0.110	0.204	1.380	0.104	0.223	余量

表 2-3　三种实验微合金钢的室温拉伸性能平均值

钢　种	R_{eL}/MPa	R_m/MPa	A/%	屈强比
Nb 钢	327	489	30.6	0.67
Nb-0.15Mo 钢	341	498	29.1	0.69
Nb-0.25Mo 钢	355	509	28.8	0.70

2.5.2.2 理论屈服强度分析

对于低碳铁素体-珠光体型微合金钢，其屈服强度主要通过细晶强化、固溶强化、位错强化和析出强化来提供，但各类强化方式带来的强化效果可能有所差异，因此有必要对各种强化方式的强化效果进行理论量化分析。Nb 微合金钢的屈服强度 $R_{eL}(\sigma_s)$ 可用以下理论强度公式来表述：

$$\sigma_s = \sigma_0 + \Delta\sigma_{SS} + \Delta\sigma_G + \Delta\sigma_D + \Delta\sigma_P \tag{2-25}$$

式中 σ_0——纯铁在室温下位错运动的点阵阻力，一般为 53MPa；

$\Delta\sigma_{SS}$——固溶强化增量；

$\Delta\sigma_G$——细晶强化增量；

$\Delta\sigma_D$——位错强化增量；

$\Delta\sigma_P$——沉淀强化增量。

固溶强化增量可表示为：

$$\Delta\sigma_{SS} = 4750[C] + 37[Mn] + 83[Si] + 11[Mo] + 81[Nb] \tag{2-26}$$

式中，[C]表示固溶在铁素体中的 C 元素的质量分数（其他元素表示相同）；Si 元素是铁素体形成元素固溶于基体中；Mn 元素除了参与形成合金渗碳体之外，也基本固溶在基体中；而 Mo 元素在铁素体中的固溶度很高；Nb 的碳化物在铁素体中的固溶度积很低，所以 Nb 元素基本以沉淀方式析出；根据 Nb 微合金元素在钢中的固溶度积公式，得到固溶碳元素的质量分数约为 0.01%。故可以算出三种 Nb 微合金钢的固溶强化增量。

细晶强化增量可表示为：

$$\Delta\sigma_G = K_y d^{-\frac{1}{2}} \tag{2-27}$$

式中 K_y——强化系数，在微合金钢中一般为 17.4MPa/mm$^{1/2}$；

d——晶粒尺寸，三种钢铁素体平均晶粒尺寸分别为 13.56μm、11.67μm、10.92μm，可直接计算出细晶强化增量。

位错强化增量可表示为：

$$\Delta\sigma_D = \alpha M G b \sqrt{\rho} \tag{2-28}$$

式中 α——晶格系数，体心立方取值 0.4；

M——施密特位向因子，体心立方接近于 2；

G——铁素体的切变模量，80650MPa；

b——柏氏矢量，α-Fe 中为 0.248nm；

ρ——位错密度，等温退火转变的铁素体基体中的位错密度一般为 $10^9 cm^{-2}$。

因此，位错强化增量约为 50.6MPa。

沉淀强化有切过机制与 Orowan 绕过机制两种类型，相关理论表明第二相粒子尺寸很小时以切过机制为主，而越大时以 Orowan 绕过机制为主，但随着第二相粒子尺寸的增大，该强化作用将减弱。NbC 的两种机制临界尺寸约为 1.5nm，而本实验中析出相尺寸均大于该值，故可由 Orowan 绕过机制描述沉淀强化增量：

$$\Delta\sigma_P = 0.538 \frac{Gbf^{-\frac{1}{2}}}{d_i} \ln\left(\frac{d_i}{2b}\right) \tag{2-29}$$

式中 f——第二相的体积分数；

　　　d_i——第二相颗粒的平均粒径。

表 2-4 给出了三种钢的屈服强度理论值与各强化方式增量，各强化方式增量可直接线性叠加，其与实验值的对比情况如图 2-13 所示。

表 2-4   三种钢的理论屈服强度值与各强化分量值

钢　种	各强化分量值/MPa					理论屈服强度/MPa
	σ_0	$\Delta\sigma_{SS}$	$\Delta\sigma_G$	$\Delta\sigma_D$	$\Delta\sigma_P$	
Nb 钢	53.0	119.6	47.3	50.6	39.9	310.4
Nb-0.15Mo 钢	53.0	121.0	50.9	50.6	55.6	331.1
Nb-0.25Mo 钢	53.0	122.4	52.7	50.6	59.2	337.9

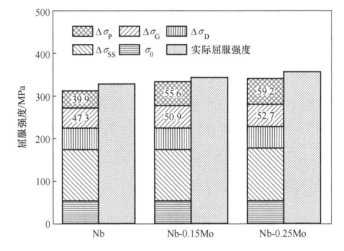

图 2-13   三种钢不同强化方式叠加分析

可以看出，随着 Mo 元素含量的增加，Nb-Mo 钢理论估算的屈服强度值明显升高，这主要是由于 Mo 添加导致铁素体晶粒的细化以及第二相的弥散析出。通过对比可以发现，Mo 含量的变化对各强化机制影响最大的是沉淀强化，其增量占总增量的 70.2% ~ 75.8%；其次是细晶强化，其增量占总增量的 17.4% ~ 19.6%；而固溶强化的影响则十分有限。屈服强度的理论估算值均略小于拉伸试验测量值，但其总体趋势一致，且相差较小。该差值部分可能是由于未考虑组织中少量的珠光体对屈服强度的影响。前人研究表明，对于复相基体组织而言，屈服强度主要取决于基体中软相的屈服强度，珠光体组织作为硬质相主要影响基体的抗拉强度，而本实验中三种钢的组织中珠光体的体积分数均很低，故理论屈服强度分析时可以忽略珠光体组织的影响。

2.6   强韧化理论在中锰钢研发中的工程应用

大型船舶用钢板
的研发案例

有相变诱导塑性（transformation induced plasticity，TRIP）效应的中锰钢由于具备优良的综合力学性能以及合金成本较低等优点，因而得到越来越广泛的工业应用，也是备受关注的汽车第三代高强韧钢。然而中锰钢力学性能受到钢的化学成分、相组成和残余奥氏体晶粒尺寸、形貌、成分以及含量等影响，因此应用相关强韧化工艺来提高中锰钢综合力学性能尤为重要。

2.6.1　中锰钢成分及研究方法

上海大学张梅指导的孙晓云博士的论文《15Mn7中锰钢变形特性、奥氏体稳定性调控及力学性能研究》及发表的期刊论文中应用"热变形 + 深冷处理 + 临界退火"复合工艺，调控中锰钢的奥氏体稳定性及组织形貌和力学性能，并借助扫描电镜（SEM）与透射电镜（TEM）及其能谱分析（EDS）、背散射电子衍射（EBSD）、X射线衍射（XRD）、单轴拉伸及数字图像相关技术（DIC）、纳米压痕等组织形貌表征技术和变形分析手段，系统地研究中锰钢的奥氏体稳定性、变形过程中的塑性失稳行为、机理及其影响因素，以期为15Mn7中锰钢的工艺优化和组织性能调控提供理论基础。

实验用中锰钢化学成分见表2-5，热轧、中间退火及冷轧实验工艺如图2-14所示。

表2-5　15Mn7钢的化学成分（质量分数）　　　　（%）

C	Mn	Si	P	S	Al	Fe
0.15	7.46	0.20	0.03	0.02	0.03	其余

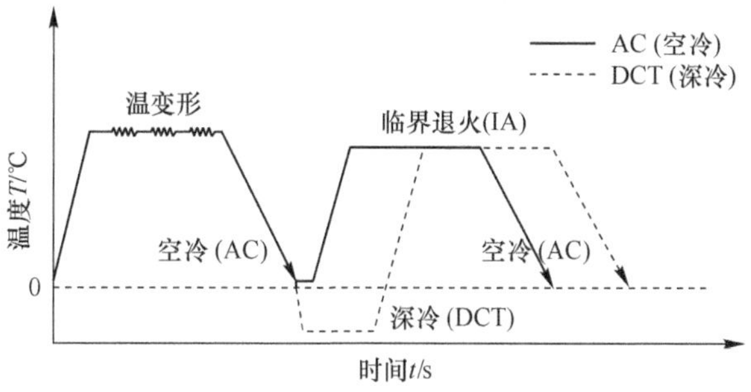

图2-14　15Mn7钢温变形(+ 深冷处理) + 临界退火工艺

2.6.2　中锰钢温变形 + 深冷处理 + 临界退火处理

经温变形后，15Mn7钢采用了两组热处理工艺，如图2-14所示。第一组：空冷后的试样浸入液氮中进行17h深冷处理，然后从液氮中取出放置室温，再进行临界退火，分别在600℃、615℃、630℃、645℃和660℃温度下退火4h。第二组：温变形后的空冷试样直接进行临界退火（IA：intercritical annealing），分别在600℃、630℃、660℃温度下退火4h。为了便于后面的讨论，经过深冷处理并退火的试样命名为DCT + IA(600,615,630,645,660)。而第二种工艺，空冷后（AC：air-cooled）常规处理并退火试样，简称为AC + IA(600,630,660)。

2.6.3　中锰钢深冷处理的组织演变

中锰钢温变形后深冷和常规处理试样在不同温度下退火4h的SEM照片如图2-15

所示。对比图2-15(a)、(b)、(c)和(d)，深冷处理试样的晶粒尺寸、碳化物尺寸和含量远小于或低于常规处理试样。对比深冷处理试样（图2-15(b)、(d)、(e)和(f)）不同温度退火后的显微组织发现，随临界温度的升高，碳化物含量减少，显微组织的主导形貌开始发生转变，在660℃时呈块状，而在645℃以下则呈片层状。在645℃时获得的块状组织数量最少，整体层状结构为获得较好的力学性能组合提供微观组织基础。

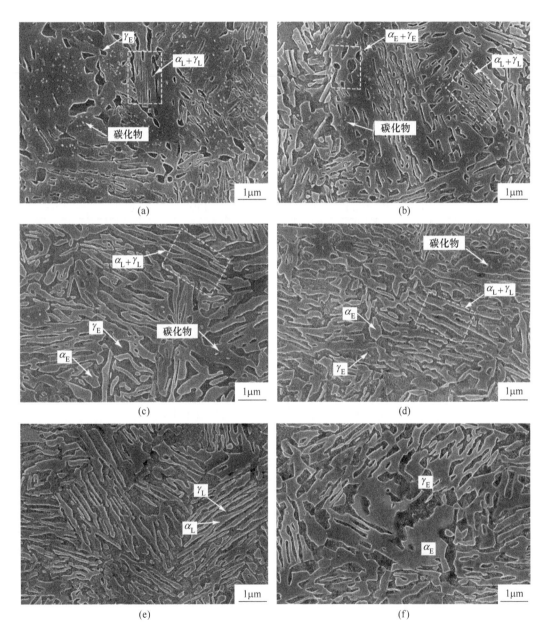

图2-15　15Mn7钢深冷或常规处理退火4h的SEM照片

(a) AC+IA600；(b) DCT+IA600；(c) AC+IA630；(d) DCT+IA630；
(e) DCT+IA645；(f) DCT+IA660

2.6.4　中锰钢深冷处理后的力学性能

温变形 15Mn7 钢经过深冷处理及常规处理后的力学性能见表 2-6。

表 2-6　深冷处理对温变形中锰钢临界退火后力学性能影响

工　艺	屈服强度 /MPa	抗拉强度 /MPa	伸长率 /%	强塑积 /GPa·%
AC + IA600	827	958	20	19.2
DCT + IA600	860	986	37	36.5

对比表 2-6 中结果可见，DCT + IA600 试样的强塑积是 AC + IA600 试样的近 2 倍，表明温变形 15Mn7 钢经过深冷处理，其强塑积要明显高于常规处理后的强塑积。这是由于深冷处理引入高密度位错及晶格畸变，从而细化最终组织，叠加双峰奥氏体的 TRIP 效应，促使实验钢综合力学性能显著提升。

桥梁用稀土耐候钢案例

学习成果展示：AHSS 生产工艺及其强韧化方法

学习成果展示：汽车高强度钢生产工艺及其强韧化方法

学习成果展示：如何提高船板的强度和韧性

思 考 题

2-1　试样拉伸，在均匀塑性变形阶段，推导下列公式：
$$\sigma = R \times (1 + e)$$
$$\varepsilon = \ln(1 + e)$$
式中 σ、ε 分别为真实应力与真实应变；R、e 分别为工程应力及工程应变。

2-2　什么是滑移面及滑移方向？

2-3　为什么滑移面（方向）常是最密面（方向）？

2-4　什么是单晶？什么是多晶？

2-5　证明 $n = \varepsilon_b$，即应变硬化指数 n 在数值上等于形成缩颈时的最大真实均匀应变量 ε_b。

2-6　对于塑性好的材料，试样拉伸为何会出现缩颈现象？

2-7　为何细化晶粒可以同时提高材料的强度与塑性？

2-8　同样试样进行拉伸实验，为何短试样伸长率要大于长试样的伸长率？

2-9　为何面心立方晶体的塑性一般要大于密排六方及体心立方晶体？

2-10　在均匀塑性变形阶段，试样轴向为何一直能够保持为等截面？

2-11　理论上讲，夹杂也能阻止位错运动，因此可以提高材料的强度，但实际是夹杂一般均使材料的强度下降，为什么？

2-12　工程金属材料的应力-应变曲线有几种典型形式？其主要特征如何？

2-13　何谓形变强化？其工程意义如何？

2-14　试比较弹性极限、屈服强度和抗拉强度的异同。

2-15 说明强度指标和塑性指标在机械设计中的作用。

2-16 金属的弹性模量主要取决于什么因素？为什么说它是一个对组织不敏感的力学性能指标？

2-17 试述退火低碳钢、中碳钢和高碳钢的屈服现象在拉伸应力-应变曲线上的区别。为什么？

2-18 试举出几种能够强化金属而又不降低其塑性的方法。

2-19 简述物理屈服现象的本质。

2-20 简述颈缩的条件与过程。

2-21 直径为 10mm，标距为 50mm 的正火态 65Mn 拉伸试样，其拉伸数据见表 2-7（$d = 9.9$mm 为屈服平台刚结束时试样的直径，此时对应的载荷是 38.8kN）。

表 2-7 65Mn 钢的拉伸数据

F/kN	0	39.5	43.5	47.6	52.9	55.4	54.0	52.4	48.0	43.1
d/mm	10.00	9.91	9.87	9.81	9.65	9.21	8.61	8.21	7.41	6.78

问：

（1）绘制出均匀塑性变形阶段的工程应力-应变曲线和真实应力-应变曲线；

（2）求屈服强度、R_m、ε_b、e_b、Z_b、Z_k；

（3）求 n 和 K。

参 考 文 献

[1] 束德林. 工程材料力学性能 [M]. 2 版. 北京：机械工业出版社，2011.

[2] 那顺桑. 金属材料力学性能 [M]. 北京：冶金工业出版社，2011.

[3] 王吉会. 材料力学性能 [M]. 天津：天津大学出版社，2006.

[4] 刘瑞堂. 工程材料力学性能 [M]. 哈尔滨：哈尔滨工业大学出版社，2001.

[5] 程汉. Mo 对含 Nb 微合金钢析出相及力学性能影响的研究 [D]. 上海：上海大学，2020.

[6] 钢铁研究总院. GB/T 228.1—2010 金属材料拉伸试验 第 1 部分：室温试验方法 [S]. 北京：中国标准出版社，2010.

[7] 钢铁研究总院. GB/T 10623—2008 金属材料力学性能试验术语 [S]. 北京：中国标准出版社，2008.

[8] 牛济泰，张梅. 材料和热加工领域的物理模拟技术 [M]. 2 版. 北京：国防工业出版社，2022.

[9] 孙晓云. 15Mn7 中锰钢变形特性、奥氏体稳定性调控及力学性能研究 [D]. 上海：上海大学，2021.

[10] Sun Xiaoyun, Zhang Mei, Wang Yang, et al. Effect of deep cryogenic pretreatment on microstructure and mechanical properties of warm-deformed 7 Mn steel after intercritical annealing [J]. Materials Science & Engineering A, 2019, 764: 138202.

3 金属在其他静载荷下的力学性能

研究金属材料在常温静载荷下的力学性能时，除采用单向静拉伸试验方法外，有时还选用压缩、弯曲、扭转等试验方法，这是由于：

（1）很多机件或工具在实际服役时常承受弯矩、扭矩或轴向压力的作用，或其上有螺纹、空洞、台阶等引起应力集中的部位，所以有必要测定制造这类机件或工具材料在相应承载条件下的力学性能指标，作为设计和选材的依据。

（2）不同的加载方式在试样中将产生不同的应力状态。金属材料在不同应力状态下所表现的力学行为不完全相同。如当金属所受的最大切应力 τ_{max} 达到屈服强度 τ_s 时，产生屈服；当 τ_{max} 达到切断强度 τ_k 时，产生剪切型断裂；当最大正应力 σ_{max} 达到正断强度时，产生正断型断裂。因此，选用不同应力状态的试验方法，便于研究材料相应力学性能的变化。

硬度是衡量材料软硬程度的一种力学性能指标。材料的硬度试验方法在工业生产及材料研究中应用极为广泛。由于常用的布氏硬度、洛氏硬度和维氏硬度等试验方法属于静载压入试验，因此本章也介绍硬度测试试验。

3.1 应力状态软性系数

根据材料力学理论，任何复杂应力状态都可用 3 个主应力 σ_1、σ_2、$\sigma_3(\sigma_1 > \sigma_2 > \sigma_3)$ 来表示。根据这 3 个主应力，可以计算出最大切应力（τ_{max}）、最大正应力（σ_{max}）以及最大切应力与最大正应力比值，称为应力状态软性系数（α）：

$$\tau_{max} = (\sigma_1 - \sigma_3)/2 \tag{3-1}$$

$$\sigma_{max} = \sigma_1 - \nu(\sigma_2 + \sigma_3) \tag{3-2}$$

式中 ν——泊松比。

对于金属材料，ν 取 0.25，则 α 值为：

$$\alpha = \frac{\tau_{max}}{\sigma_{max}} = \frac{\sigma_1 - \sigma_3}{2\sigma_1 - 0.5(\sigma_2 + \sigma_3)} \tag{3-3}$$

常用的几种静加载方式的应力状态软性系数见表 3-1。

表 3-1 不同加载方式的应力状态软性系数

加载方式	主 应 力			应力状态软性系数
	σ_1	σ_2	σ_3	α
三向不等拉伸	σ	$(8/9)\sigma$	$(8/9)\sigma$	0.1
单向拉伸	σ	0	0	0.5
扭转	σ	0	$-\sigma$	0.8
二向等压缩	0	$-\sigma$	$-\sigma$	1
单向压缩	0	0	$-\sigma$	2
三向不等压缩	$-\sigma$	$-(7/3)\sigma$	$-(7/3)\sigma$	4

注：1. 表中三向不等拉伸和三向不等压缩中的 σ_2 和 σ_3 值是假定的。

2. $\nu = 0.25$。

α 值越大的试验方法，试样中最大切应力分量越大，表示应力状态越 "软"，材料越易于产生塑性变形和韧性断裂。反之，α 值越小的试验方法，试样中最大正应力分量越大，应力状态越 "硬"，材料越不易产生塑性变形而易于产生脆性断裂。

由表 3-1 可见，单向静拉伸的应力状态较硬，一般适用于塑性材料的试验。扭转和压缩时应力状态较软，材料易产生塑性变形，一般适用于那些在单向拉伸时容易发生脆断而不能反映其塑性性能的所谓脆性材料（如淬火高碳钢、灰铸铁及陶瓷材料）。材料的硬度试验是在工件表面施加压力，其应力状态相当于三向不等压缩应力，应力状态非常软，因此硬度试验可在各种材料上进行。

3.2　材料的压缩、弯曲及扭转

3.2.1　压缩

3.2.1.1　压缩试验的特点

（1）单向压缩试验的应力状态软性系数大，主要用于脆性的金属材料力学性能测定，以显示这类材料在塑性状态下的力学行为（如图 3-1 所示）。

（2）塑性好的材料在压缩时只发生压缩变形而不会断裂（如图 3-2 所示）。

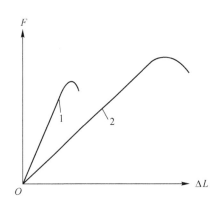

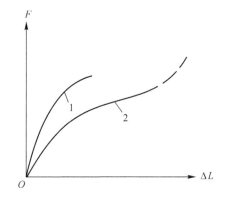

图 3-1　脆性金属材料在拉伸
和压缩载荷下的力学行为
1—拉伸力-伸长曲线；2—压缩力-变形曲线

图 3-2　金属压缩力-变形曲线
1—脆性材料；2—塑性材料

脆性金属材料在拉伸时产生垂直于载荷轴线的正断，塑性变形量几乎为零；而在压缩时除能产生一定的塑性变形外，常沿与轴线呈 45°方向产生断裂，具有切断特征。

3.2.1.2　压缩试验

压缩试验用的试样其横截面为圆形或正方形，试样长度一般为直径或边长的 2.5 ~ 3.5 倍（高径比 2.5 ~ 3.5）。在有侧向约束装置以防试样屈曲的条件下，也可采用板状试样。

通过压缩试验主要测定脆性材料的抗压强度 R_{mc}，如果在试验时金属材料产生明显屈服现象，还可测定压缩屈服 R_{eLc}。

试样压至破坏过程中的最大应力称为抗压强度。从压缩曲线上确定最大压缩载荷 F_{bc}（或直接从试验机的测量盘上读出），然后按下式计算：

$$R_{mc} = F_{bc}/A_0 \qquad\qquad (3\text{-}4)$$

式中 A_0——压缩试样的原始横截面积。

3.2.2 弯曲

3.2.2.1 弯曲试验的特点

金属杆状试样承受弯矩作用后，其内部应力主要为正应力，但由于杆件截面上的应力分布不均匀，表面最大，中心为零，且应力方向发生变化，因此，金属在弯曲加载下所表现的力学行为与拉应力或压应力作用下的不完全相同。对于承受弯曲载荷的机件如轴、板状弹簧等，常用弯曲试验测定其力学性能，以作为设计或选材的依据。

弯曲试验与拉伸试验相比还有以下特点：

（1）弯曲试验试样形状简单、操作方便。同时，弯曲试验不存在拉伸试验时的试样偏斜对试验结果的影响，并可用试样弯曲的挠度显示材料的塑性。因此，弯曲试验方法常用于测定铸铁、铸造合金、工具钢及硬质合金等脆性与低塑性材料的强度和显示塑性的差别。

（2）弯曲试样表面应力最大，可较灵敏地反映材料表面缺陷。因此，常用来比较和鉴别渗碳和表面淬火等化学热处理及表面热处理机件的质量和性能。

3.2.2.2 弯曲试验

弯曲试验时，将圆柱形或矩形试样放置在一定跨距 L_s 的支座上，进行三点弯曲（如图 3-3（a）所示）或四点弯曲（如图 3-3（b）所示）加载，通过记录弯曲载荷 F 和试样挠度 f 之间的关系曲线，确定金属在弯曲载荷作用下的力学性能。弯曲试验所用圆形截面试样的直径 d 为 $5 \sim 45mm$，矩形截面试样 $a \times b$ 为 $5mm \times 7.5mm$（或 $5mm \times 5mm$）$\sim 30mm \times 40mm$（或 $30mm \times 30mm$）。试样的跨距 L_s 为直径的 16 倍。要求试样有一定的加工精度，但铸铁弯曲试样表面可不加工。

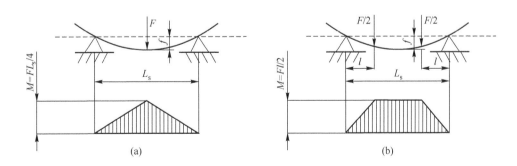

图 3-3 弯曲试验加载方式

（a）三点弯曲加载；（b）四点弯曲加载

几种典型材料的弯曲曲线如图 3-4 所示。对高塑性材料，弯曲试验不能使试样发生断裂，其曲线的最后部分可延伸很长，如图 3-4 中曲线 1 所示。因此，弯曲试验难以测得塑性材料的强度，而且试验结果的分析也很复杂，故塑性材料的力学性能由拉伸试验测定，而不采用弯曲试验测定。弯曲试验主要测定脆性或低塑性材料的抗弯强度。对脆性材料，根据图 3-4 中曲线 2 和曲线 3，试样在弹性范围内弯曲时，受拉侧表面的最大弯曲应力 σ，按下式计算：

$$\sigma = M/W \tag{3-5}$$

式中 M——最大弯矩，对三点弯曲加载，$M = \dfrac{FL}{4}$，对四点弯曲加载，$M = \dfrac{FL}{2}$；

         W——试样抗弯截面系数，对于直径为 d 的圆柱试样，$W = \dfrac{\pi d^3}{32}$，对宽度为 b、高度

为 h 的矩形试样，$W = \dfrac{bh^2}{6}$。

试样弯曲至断裂前达到的最大弯曲载荷，按弹性弯曲应力公式（3-5）计算的最大弯曲应力，称为抗弯强度，计为 σ_{mb}。从图 3-5 所示的曲线上 B 点读取最大弯曲力 F_{bb}，即 F_{max}，或从试验机测量盘上直接读出然后计算断裂前的最大弯矩，再按式（3-5）计算抗弯强度。

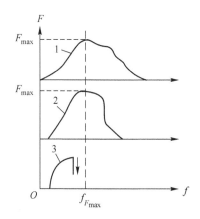

图 3-4   典型材料的弯曲曲线

1—塑性材料；2—低塑性材料；3—脆性材料

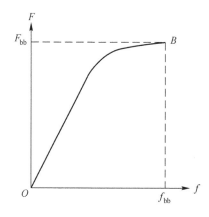

图 3-5   弯曲力-挠度曲线示意图

弯曲试验还可测定弯曲弹性模量、规定非比例弯曲应力 σ_{pb} 及断裂挠度 f_{bb} 等力学性能指标。

3.2.3 扭转

3.2.3.1 扭转试验特点

当圆柱试样承受扭矩 T 进行扭转时，试样表面的应力状态如图 3-6（a）所示。在与试样轴线呈 45°的两个斜截面上分布最大与最小正应力 σ_1 与 σ_3，在与试样轴线平行和垂直的截面上分布最大切应力 τ_{max}，两种应力的比值接近于 1。在弹性变形阶段，试样横截面上的切应力和切应变沿半径方向呈线性分布，中心处切应力为零，表面处最大，

如图 3-6(b)所示。表层产生塑性变形后，心部切应力的分布仍保持线性关系，但表层切应力因塑性变形而有所降低，不再呈线性分布，如图 3-6(c)所示。随着扭转试验的进行，试样最终会发生断裂。如扭转沿横截面断裂，则为切应力下的切断；如扭转断口与轴线成 45°角，则为最大正应力下的脆断。

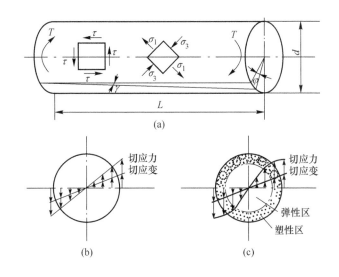

图 3-6 扭转试样中的应力与应变

(a) 试样表面应力状态；(b) 弹性变形阶段横截面上切应力与切应变分布；

(c) 弹塑性变形阶段横截面上切应力与切应变分布

根据上述应力状态及分布，可以看出扭转试验具有如下特点：

(1) 扭转的应力状态软性系数比拉伸的大，可用来测定脆性或低塑性材料（如淬火高碳钢、工具钢、灰铸铁和球墨铸铁等）的强度和塑性。

(2) 圆柱形试样扭转时，整个长度上塑性变形是均匀的，没有缩颈现象，所以能实现大塑性变形下的试验。扭转试验时，试样截面的应力分布不均匀，表面最大，越往心部越小。因此，扭转试验能较敏感地反映出材料表面缺陷及表面硬化层的性能。利用这一特性，可对表面强化工艺进行研究并对机件热处理表面质量进行检验。

(3) 扭转时试样中的最大正应力与最大切应力在数值上大体相等，而生产实际上所使用的大部分金属材料的正断强度大于切断强度。所以，扭转试验是测定这些材料切断强度的最可靠方法。

(4) 根据扭转试样的宏观断口特征，还可明确区分金属材料最终断裂方式是正断还是切断。塑性材料的断裂面与试样轴线垂直，断口平整，有回旋状塑性变形痕迹（如图 3-7(a)所示），这是由切应力造成的切断。脆性材料的断裂面与试样轴线成 45°角，呈螺旋状（如图 3-7(b)所示），这是在正应力作用下产生的正断。图 3-7(c)所示为木纹状断口，断裂面顺着试样轴线形成纵向剥层或裂纹，这是因为金属中存在较多的非金属夹杂物或偏析，并在轧制过程中使其沿轴向分布，降低了试样轴向切断强度造成的。

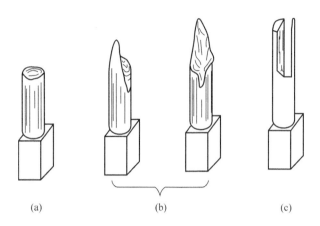

(a)   (b)   (c)

图 3-7   扭转试样的宏观断口

(a) 切断断口；(b) 正断断口；(c) 木纹状断口

3.2.3.2   扭转试验

扭转试验主要采用直径 $d_0 = 10\text{mm}$，标距长度 L_0 分别为 50mm 或 100mm 的圆柱形试样。试验时，对试样不断增加扭矩 T，试样标距间的两个横截面不断产生相对转动，用相对扭角 φ（单位为 rad）表示。金属扭转时的扭矩-扭角（T-φ）曲线（扭转曲线）如图 3-8 所示。试样在弹性范围内表面的切应力 τ 和切应变 γ 为：

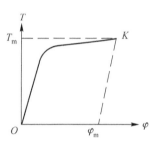

图 3-8   扭矩-扭角曲线

$$\left.\begin{array}{l} \tau = \dfrac{T}{W} \\[2mm] \gamma = \dfrac{\varphi d_0}{2L_0} \end{array}\right\} \tag{3-6}$$

式中 W——试样抗扭截面系数，圆柱试样为 $(\pi d_0^3)/16$。

扭转试验可测定下列主要性能指标：

（1）切变模量 G，在弹性范围内，切应力与切应变之比称为切变模量。测出扭矩增量 ΔT 和相应的扭角增量 $\Delta\varphi$，可由下式求得：

$$G = \frac{32\Delta T L_0}{\pi \Delta\varphi d_0^4} \tag{3-7}$$

（2）扭转屈服强度，从扭转曲线或扭矩度盘上读出屈服时的扭矩 T_s，按下式可计算出扭转屈服强度 τ_s。

$$\tau_s = \frac{T_s}{W} \tag{3-8}$$

（3）抗扭强度 τ_m，试样在扭断前承受的最大扭矩（T_m），利用式（3-9）计算的切应力称为抗扭强度，即：

$$\tau_m = \frac{T_m}{W} \tag{3-9}$$

T_m 可从扭转曲线上求出或从试验机扭矩度盘上读出。

3.2.4　几种静载荷试验方法的比较

不同静载力学性能测试方法的应力分布、应力状态软性系数、技术指标和脆性材料的载荷-变形图等见表 3-2。由表 3-2 可见，每种试验方法的特点、适用材料和主要的力学性能指标有异同点。

表 3-2　几种静载荷试验方法的比较（对脆性材料）

项　目		试　验　方　法			
		拉伸	压缩	弯曲	扭转
横截面上的应力分布					
		均匀分布		不均匀分布，最大应力出现在表面层	
应力状态软性系数		0.5	2		0.8
主要的技术指标	模量	弹性模量			切变模量
	强度	比例极限 屈服强度 抗拉强度	抗压强度	抗弯强度	扭转比例极限 扭转屈服极限 抗扭强度
	塑性	伸长率 断面收缩率	相对压缩率 断面扩张率	最大挠度	扭转相对残余应变
淬火钢的载荷-变形曲线					

3.3　缺口试样静载荷下的力学性能试验

3.3.1　缺口效应

前面介绍的拉伸、压缩、弯曲、扭转等静载荷试验方法，都是采用横截面均匀的光滑试样，但实际生产中的机件，绝大多数都不是截面均匀而无变化的光滑体，往往存在截面的急剧变化，如键槽、油孔、轴肩、螺纹、退刀槽及焊缝等。这种截面变化的部位可视为"缺口"。由于缺口的存在，在静载荷作用下，缺口截面上的应力状态将发生变化，产生所谓"缺口效应",从而影响金属材料的力学性能。

3.3.1.1 缺口试样在弹性状态下的应力分布

设一薄板的边部开有缺口,并承受拉应力 σ 作用。当板材处于弹性范围内时,其缺口截面上的应力分布如图3-9所示。由图3-9可见,轴向应力 σ_y 在缺口根部最大,随着离开根部距离的增大, σ_y 不断下降。其最大应力决定于缺口的几何参数(形状、深度、角度及根部曲率半径)。

缺口引起的应力集中程度通常用理论应力集中系数 K_t 表示:

$$K_t = \sigma_{max}/\sigma \qquad (3\text{-}10)$$

式中, K_t 值与材料性质无关,只决定于缺口几何形状,可从有关手册中查到。

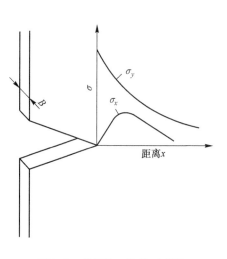

图3-9 薄板缺口拉伸时弹性
状态下的应力分布

由图3-9可见,开有缺口的薄板承受拉伸应力后,缺口根部内侧还出现了横向拉应力 σ_x ,它是由于材料横向收缩引起的。 σ_x 在缺口截面上的分布是先增后减,这是由于在缺口根部金属能自由收缩,此处 $\sigma_x = 0$ 。自缺口根部向内,收缩变形阻力增大,因此 σ_x 逐渐增加。当增大到一定数值后,随着 σ_y 的不断减小, σ_x 也随之下降。

对于薄板,在垂直于板面方向可以自由收缩变形,于是 $\sigma_z = 0$ 。这样,具有缺口的薄板受拉伸后,其中心部分是两向拉伸的平面应力状态。但在缺口根部($x = 0$ 处), $\sigma_x = 0$,为单向拉伸应力状态。

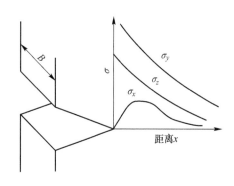

图3-10 厚板缺口拉伸时弹性
状态下的应力分布

如果在厚板上开有缺口,则受拉伸载荷作用后,在垂直于板厚方向的收缩变形受到约束,即 $\varepsilon_z = 0$,故 σ_z 不是0。厚板缺口拉伸时弹性状态下的应力分布如图3-10所示。由图3-10可见,在缺口根部为两向拉伸应力状态,缺口内侧为三向拉伸的平面应变状态,且 $\sigma_y > \sigma_z > \sigma_x$ 。

综上可知,缺口会引起应力集中,并改变缺口处的应力状态,使缺口试样或机件中所受的应力由原来的单向应力状态改变为两向或三向应力状态。

两向或三向不等拉伸的应力状态软性系数小于0.5,使金属难以产生塑性变形。脆性材料或低塑性材料进行缺口试样拉伸时,很难通过缺口根部极为有限的塑性变形使应力重新分布,往往直接由弹性变形过渡到断裂,且抗拉强度必然比光滑试样的低。

3.3.1.2 缺口试样在塑性状态下的应力分布

对于塑性好的金属材料,若缺口根部产生塑性变形,应力将重新分布,并随载荷的增大塑性区逐渐扩大,直至整个截面上都产生塑性变形。

现以厚板为例，讨论缺口截面上应力重新分布的过程（如图 3-10 和图 3-11 所示）。根据屈雷斯加判据，金属屈服的条件是 $\sigma_{max} = \sigma_y - \sigma_x = \sigma_s$（$\sigma_{max}$ 为最大正应力）。在缺口根部，$\sigma_x = 0$，因此缺口根部将最先屈服发生塑性变形，使应力松弛而降低。

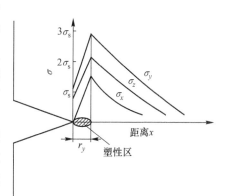

图 3-11　厚板缺口塑性变形
状态下的应力分布

因此，当缺口内侧截面上局部区域产生塑性变形后，最大应力已不在缺口根部，而在其内侧一定距离 r_y 处。该处 3 个方向的应力分量最大。越过交界处，弹性区内的应力分布与前述弹性变形状态的应力分布基本相似。

由此可见，在存在缺口的条件下由于出现了三向应力状态，并产生应力集中，厚板试样的屈服应力比单向拉伸时高，产生了所谓"缺口强化"现象。"缺口强化"并不是金属内在性能发生变化，纯粹是由于三向拉伸应力约束了塑性变形所致。但由于缺口约束塑性变形，故使塑性降低，增加材料的变脆倾向。

综上所述，无论脆性材料或塑性材料，其机件上的缺口都因造成两向或三向应力状态和应力应变集中而产生变脆倾向，降低了使用的安全性。为了评定不同金属材料的缺口变脆倾向，必须采用缺口试样进行静力学性能试验。

3.3.2　缺口试样静拉伸试验

缺口试样静拉伸试验分为轴向拉伸和偏斜拉伸两种。缺口拉伸试样的形状及尺寸如图 3-12 所示。

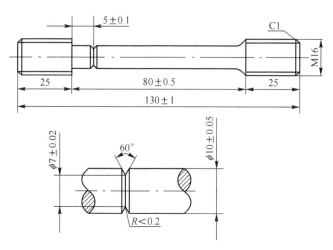

图 3-12　缺口静拉伸试样（单位：mm）

金属材料的缺口敏感性指标用缺口试样的抗拉强度 R_{mn} 与等截面尺寸光滑试样的抗拉强度 R_m 比值表示，称为缺口敏感度 NSR（notch sensitivity ratio）。

$$NSR = R_{mn}/R_m \tag{3-11}$$

NSR 越大，缺口敏感性越小。脆性材料如铸铁、高碳钢的 *NSR* 总是小于 1，表明缺口根部尚未发生明显塑性变形时就已经断裂，对缺口很敏感。

3.3.3 缺口试样静弯曲试验

缺口静弯曲试验也可显示材料的缺口敏感性，由于缺口和弯曲所引起的应力不均匀性叠加，使试样缺口弯曲的应力应变分布的不均匀性较缺口拉伸时更复杂。

缺口静弯曲试验可采用图 3-13 所示的试样及装置。也可采用尺寸为 10mm × 10mm × 55mm、缺口深度为 2mm、夹角为 60°的 V 型缺口试样。试验时记录弯曲曲线（试验载荷 *F* 与挠度 *f* 关系曲线），直至试样断裂。

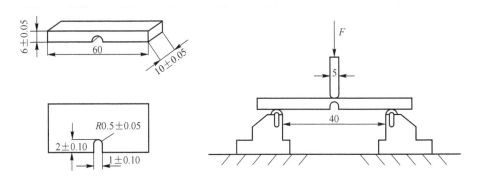

图 3-13   缺口静弯曲试验的试样及装置（单位：mm）

图 3-14 所示为某种金属材料的缺口试样静弯曲曲线。试样在 F_{max} 时形成裂纹，在 F_1 时裂纹扩展到临界尺寸随即失稳扩展而断裂。曲线所包围的面积分为弹性区 Ⅰ、塑性区 Ⅱ 和断裂区 Ⅲ。各区所占面积分别表示弹性变形功、塑性变形功和断裂功的大小。塑性好的材料，塑性变形功和断裂功增大，裂纹扩展慢。

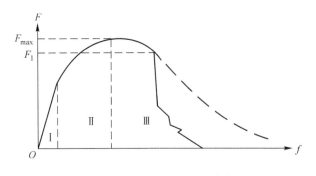

图 3-14   缺口试样静弯曲曲线

3.4 硬 度

3.4.1 金属硬度的意义及硬度试验的特点

硬度是衡量材料软硬程度的一种力学性能指标，其定义为在给定的载荷条件下，材料对形成表面压痕（刻痕）的抵抗能力。

　　硬度试验方法很多，大体上分为弹性回跳法（如肖氏硬度等）、压入法（如布氏硬度、洛氏硬度、维氏硬度等）和划痕法（如莫氏硬度）三类。不同硬度种类其物理意义也不同。例如，划痕法硬度值主要表征金属切断强度；回跳法硬度值主要表征金属弹性变形功的大小；压入法硬度值则表征金属塑性变形抗力的大小。

　　硬度试验由于设备简单，操作方便、迅速，同时又能敏感地反映出金属材料的化学成分和组织结构的差异，因此，硬度试验特别是压入法硬度试验在生产及科学研究中得到了广泛的应用。

3.4.2　布氏硬度试验

布氏硬度试验

3.4.2.1　布氏硬度的试验原理和方法

　　布氏硬度试验是1900年由瑞典工程师 J. B. Brinel 提出的，是应用最广泛的压入法硬度试验之一。布氏硬度的测定原理是：用一定大小的载荷 $F(\mathrm{kgf}\,●)$ 将直径为 $D(\mathrm{mm})$ 的淬火钢球或硬质合金球压入试样表面（如图 3-15(a)所示），保持规定的时间后卸除载荷，于是在试样表面留下压痕（如图 3-15(b)所示）。测量试样表面残留压痕的直径(d)，计算出压痕面积(A)。将单位压痕面积所承受的压力定义为布氏硬度(HBW)，计算式如下：

$$\mathrm{HBW} = \frac{0.102F}{A} = \frac{0.204F}{\pi D(D - \sqrt{D^2 - d^2})} \tag{3-12}$$

式中　h——压痕凹陷的深度；

　　　　A——压痕的表面积。

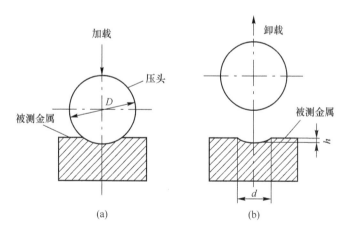

图 3-15　布氏硬度试验原理图

(a) 压头压入试样表面；(b) 试样表面残留压痕

　　布氏硬度的单位为 $\mathrm{kgf/mm^2}$ ❷，但一般不标注单位。如载荷的单位用牛顿(N)，则布氏硬度的单位变为 MPa。

---

❶　$1\mathrm{kgf} = 9.80665\mathrm{N}$。

❷　$1\mathrm{kgf/mm^2} = 9.80665\mathrm{N/mm^2}$。

对于厚薄以及软硬不同的试样，为了使测得的硬度具有可比性，则在选配压头球直径 D 及试验载荷 F 时，应保证得到几何相似的压痕，即压痕直径 d 应控制在 $(0.24 \sim 0.6)D$ 之间，为此，应使：

$$F_1/D_1^2 = F_2/D_2^2 = \cdots = F_n/D_n^2 = F/D^2 = 常数$$

式中，常数（比值）有 30、15、10、5、2.5 和 1 六种，其中 30、15、2.5 三种最常用。

布氏硬度试验用的压头球直径 D 有 10mm、5mm、2.5mm 和 1mm 四种，主要根据试样厚度选择，应使压痕深度小于试样厚度的 1/8。当试样厚度足够时，应尽量选用 10mm 的压头球。表 3-3 为根据材料和硬度值范围选择 F/D^2 的规定。

表 3-3　不同材料的试验载荷-压头球直径平方的比值

材　　料	布氏硬度 （HB）	试验载荷-压头球直径平方的比值 F/D^2
钢、镍合金、钛合金		30
铸铁[①]	< 140	10
	> 140	30
铜及铜合金	< 35	5
	35 ~ 200	10
	> 200	30
轻金属及合金	< 35	2.5
	35 ~ 80	5
		10
		15
	> 80	10
		15
铅、锡		1

① 对铸铁的试验，压头的直径一般为 2.5mm、5mm 和 10mm。

压头材料不同，表示布氏硬度值的符号也不同。当压头为硬质合金球时，用符号 HBW 表示，适用于测量布氏硬度值为 450 ~ 650 的材料；当压头为淬火钢球时，用符号 HBS 表示，适用于测量布氏硬度值低于 450 的材料。布氏硬度值的表示方法为，硬度值 + 硬度符号（HBW 或 HBS）+ 压头直径/载荷/保载时间。例如，600HBW5/30/20 表示用直径 5mm 的硬质合金球在 30kgf 试验载荷下保持 20s 测得的布氏硬度值为 600。

3.4.2.2　布氏硬度的优缺点

布氏硬度试验时由于采用直径较大的压头球，因而所得压痕面积较大，其硬度值能反映金属在较大范围内各组成相的平均性能。因此，布氏硬度试验特别适用于测定灰铸铁、轴承合金等具有粗大晶粒或组成相金属材料的硬度。压痕较大的另一个优点是试验数据稳定，重复性好。布氏硬度试验的缺点是对不同材料需更换不同直径的压头球和改变试验载荷，压痕直径的测量也较麻烦。

试验证明，在一定的条件下，布氏硬度 HB 与抗拉强度 R_m 存在如下的经验关系：

$$R_m = k \cdot HB \tag{3-13}$$

式中 k——经验常数，随材料不同而异。

表 3-4 列出了常见金属材料的抗拉强度 R_m（MPa）与 HB（kgf/mm^2）的比例常数。因此，只要测定了布氏硬度，便可估算出材料的抗拉强度。

表 3-4 不同状态下金属材料的 R_m 与 HB 的比例常数

材 料	HB 范围	R_m/HB
退火、正火碳钢	125 ~ 175	3.4
	>175	3.6
淬火碳钢	<250	3.4
淬火合金钢	240 ~ 250	3.3
常用镍铬钢	—	3.5
锻轧钢材	—	3.6
锌合金	—	0.9
退火黄铜及黄铜	—	5.5
加工黄铜及黄铜	—	4.0
冷加工青铜	—	3.6
软铝	—	4.1
硬铝	—	3.7
其他铝合金	—	3.3

3.4.3 洛氏硬度试验

洛氏硬度试验

1919 年美国的 S. P. Rockwell 和 M. Rockwell 提出了直接用压痕深度作为标志硬度值高低的洛氏硬度试验。洛氏硬度也是目前最常用的硬度试验方法之一。

3.4.3.1 洛氏硬度的试验原理和方法

洛氏硬度是以一定的压力将压头压入试样表面，以残留于表面压痕的深度来表示材料的硬度。测定洛氏硬度的原理和过程如图 3-16 所示。

洛氏硬度试验所用的压头有两种：一种是圆锥角为 120° 的金刚石圆锥体，适用于测定淬火钢材等较硬的材料；另一种是一定直径的淬火钢球或硬质合金球，适用于测定退火钢、有色金属等较软材料的硬度。

为保证压头与试样表面接触良好，试验时先加初始试验载荷，在试样表面得一压痕，深度为 h_0，此时，测量压痕深度的指针在表盘上调零（如图 3-16(a)所示）。然后加上主载荷，压头压入深度为 h_1，表盘上指针以逆时针方向转动到相应刻度位置（如图 3-16(b)所示）。试样在总载荷作用下产生的总变形包括弹性变形与塑性变形。当将主载荷卸除后，总变形中的弹性变形恢复，压头回升一段距离 (h_1-h)（如图 3-16(c)所示）。这时试样

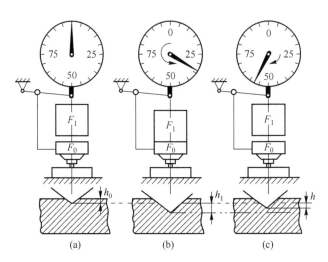

图 3-16　洛氏硬度试验原理与试验过程示意图
（a）加预载荷；（b）加主载荷；（c）卸主载荷

表面残留的塑性变形深度(h)即为压痕深度，而指针顺时针方向转动停止时所指的数值就是洛氏硬度值。采用不同的压头并施加不同的压力，可组成 15 种不同的洛氏硬度标尺，见表 3-5。生产上常用的有 A、B 和 C 三种标尺，分别记为 HRA、HRB 和 HRC，其中又以 HRC 标尺使用最广泛普遍。

表 3-5　洛氏硬度种类及应用

标尺	压头类型	主试验力/N	总试验力/N	常数 K	硬度范围	应用举例
A	金刚石圆锥体	500	600	100	60 ~ 85	高硬度薄件及硬质合金等
B	φ1.588mm 钢球	900	1000	130	25 ~ 100	有色金属、可锻铸铁等材料
C	金刚石圆锥体	1400	1500	100	20 ~ 67	热处理结构钢、工具钢
D	金刚石圆锥体	900	1000	100	40 ~ 77	表面淬火钢
E	φ3.175mm 钢球	900	1000	130	70 ~ 100	塑料
F	φ1.588mm 钢球	500	600	130	40 ~ 100	有色金属
G	φ1.588mm 钢球	1400	1500	130	31 ~ 94	珠光体钢、铜、镍、锌合金
H	φ3.175mm 钢球	500	600	130	—	退火钢合金
K	φ3.175mm 钢球	1400	1500	130	40 ~ 100	有色金属、塑料
L	φ6.350mm 钢球	500	600	130		
M	φ6.350mm 钢球	900	1000	130		
P	φ6.350mm 钢球	1400	1500	130		
R	φ12.70mm 钢球	500	600	130	—	钛金属、非金属软材料

注：初始试验力为 100N。

洛氏硬度值就是以压痕深度 h 来计算的。同一载荷作用下，压痕深度 h 越大，则硬度值越低。具体硬度值的计算式为：

$$HR = \frac{k-h}{0.002} \qquad (3\text{-}14)$$

式中 HR——洛氏硬度。

当使用金刚石圆锥压头时，k 取 0.2；当使用淬火钢球或硬质合金球压头时，k 取 0.26。

实际使用的洛氏硬度计，其测量压痕深度的百分表表盘上的刻度，已按式（3-14）换算为相应的硬度值，因此试验时可根据指针的指示值直接读出硬度值。洛氏硬度表示方法是：硬度值、符号 HR、标尺字母。如 60HRC 表示用 C 标尺测得的洛氏硬度值为 60。

由于洛氏硬度试验所用试验力较大，不能用来测定极薄试样以及金属表面硬化层等硬度。为此，人们应用洛氏硬度试验的原理，提出了表面洛氏硬度试验方法，共有 6 种标尺，表 3-6 为各标尺的试验规范。

表 3-6 表面洛氏硬度种类及其应用

标尺	硬度符号	压头类型	主试验力 F1/N	总试验力/N	测量硬度范围	应用举例
15N	HR15N	金刚石圆锥	117.7	147.1	70~94	渗氮、渗碳钢、极薄钢板、刀刃、零件边缘部分、表面镀层
30N	HR30N		264.8	294.2	42~86	
45N	HR45N		411.9	441.3	20~77	
15T	HR15T	ϕ1.588mm 球	117.7	147.1	67~93	低碳钢、铝合金、铜合金等薄板
30T	HR30T		264.8	294.2	29~82	
45T	HR45T		411.9	441.3	1~72	

注：初始试验力为 29.42N。

表面洛氏硬度表示方法是：硬度值、符号 HR、总试验载荷、标尺。如 70HR30N 表示用总试验载荷 294.2N 的 30N 标尺测得的表面洛氏硬度值为 70。

3.4.3.2 洛氏硬度试验的优缺点

洛氏硬度试验避免了布氏硬度试验所存在的缺点，它的优点是：

（1）因有硬质、软质两种压头，故适于各种不同硬度材料的检验，不存在压头变形问题；

（2）因为硬度值可从硬度计的表盘上直接读出，故测定洛氏硬度更为简便迅速；

（3）对试件表面造成的损伤较小，可用于成品零件的质量检验；

（4）因加有预载荷，可以消除表面轻微的不平度对试验结果的影响。

洛氏硬度的缺点是：

（1）洛氏硬度存在人为的定义，使得不同标尺的洛氏硬度值无法相互比较，不像布氏硬度可以从小到大统一起来；

（2）由于压痕小，所以洛氏硬度对材料组织的不均匀性很敏感，测试结果比较分散，重复性差，因而不适用具有粗大组成相（如灰铸铁中的石墨片）或不均匀组织材料的硬度测定。

3.4.4　维氏硬度试验

3.4.4.1　维氏硬度试验方法

维氏硬度试验法是 1925 年由英国人 R. L. Smith 和 G. E. Sandland 提出的。第一台按照此方法制作的硬度计是由英国 Vickers 公司研制成功的，于是称之为维氏硬度试验法。

维氏硬度的试验原理与布氏硬度相同，也是根据压痕单位面积所承受的试验载荷计算硬度值。所不同的是维氏硬度试验的压头不是球体，而是两相对面间夹角为 136°的金刚石四棱锥体，如图 3-17 所示。压头在试验载荷 $F(\mathrm{N})$ 作用下将试样表面压出一个四方锥形的压痕，经一定保持时间后卸除试验载荷，测量压痕对角线平均长度 $d(d = (d_1 + d_2)/2)$，用以计算压痕表面积 $A(\mathrm{mm}^2)$。维氏硬度值（HV）为试验载荷 F 除以压痕表面积 A 所得的商，即：

$$\mathrm{HV} = \frac{0.102F}{A} = \frac{0.204F\sin(136°/2)}{d^2} = 0.1891\frac{F}{d^2} \tag{3-15}$$

维氏硬度的单位为 $\mathrm{kgf/mm}^2$，但一般不标注单位。

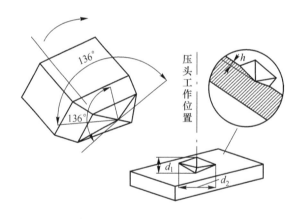

图 3-17　维氏硬度压头及压痕示意图

维氏硬度试验时，所加的载荷为 50N、100N、200N、300N、500N 及 1000N 六种。当载荷一定时，即可根据 d 值，列出维氏硬度表。试验时，只要测量压痕两对角线长度的平均值，即可查表求得维氏硬度值。维氏硬度的表示方法与布氏硬度的相同。例如，640HV30/20 前面的数字为硬度值，后面的数字依次为所加载荷（kgf）和保持时间。维氏硬度特别适用于表面硬化层和薄片材料的硬度测定，选择载荷时，应使硬化层或试样的厚度大于 1.5d。

3.4.4.2　维氏硬度的优缺点

与布氏、洛氏硬度试验比较起来，维氏硬度试验具有许多优点：

（1）由于维氏硬度测试采用了四方金刚石角锥体压头，在各种载荷作用下所得的压痕几何相似，因此载荷大小可以任意选择，所得硬度值均相同，不受布氏硬度法那种载荷

F 和压头直径 D 规定条件的约束，也不存在压头变形问题。

（2）维氏硬度法测量范围较宽，软硬材料都可测试，又不存在洛氏硬度法那种不同标尺的硬度无法统一的问题，并且比洛氏硬度法能更好地测定薄件或薄层的硬度，因而常用来测定表面硬化层以及仪表零件等的硬度。

（3）由于维氏硬度的压痕为一轮廓清晰的正方形，其对角线长度易于精确测量，故精度较布氏硬度法高。

（4）维氏硬度试验的另一特点是，当材料的硬度小于450HV时，维氏硬度值与布氏硬度值大致相同。

维氏硬度试验的缺点是需通过测量对角线后才能计算（或查表）出来，因此检测效率没有洛氏硬度高。

3.4.5 显微硬度试验

显微硬度试验

前面介绍的布氏、洛氏及维氏三种硬度试验法由于施加的载荷较大，只能测量材料组织的平均硬度值。但是如果要测定极小范围内物质，如某个晶粒、某个组成相或夹杂物的硬度，或者研究扩散层组织或硬化层深度以及极薄板等硬度，这三种硬度法就难以适用了。此外，上述三种硬度也不能测定像陶瓷等脆性材料的硬度，因为陶瓷材料在如此大的载荷作用下容易发生破裂，所以要应用测试载荷小于2N的显微硬度。常用的显微硬度有显微维氏硬度和显微努氏硬度两种。

3.4.5.1 显微维氏硬度

显微维氏硬度试验，实质上就是小载荷下的维氏硬度试验，其测试原理和维氏硬度试验相同，故硬度值仍可用式（3-15）计算。但由于测试载荷小，载荷与压痕之间的关系就不一定像维氏硬度试验那样符合几何相似原理。因此测试结果必须注明载荷大小，以便能进行有效的比较。如340HV0.2表示用1.961N（即0.2kgf）载荷测得的维氏显微硬度为340。

3.4.5.2 显微努氏硬度

努氏（Knoop）硬度试验是维氏硬度试验方法的发展，属于低载荷压入硬度试验的范畴。其试验原理与维氏硬度相同，所不同的是四角菱锥金刚石压头的两个对面角不相等（如图3-18所示），在纵向上锥体的顶角为172°30′，横向上锥体的顶角为130°。在试样上得到长对角线长度为短对角线长度7.11倍的菱形压痕。测量压痕长对角线的长度 l，按单位压痕投影面积上承受的载荷计算材料的努氏硬度值，即：

$$HK = \frac{F}{A} = \frac{14.22F}{l^2} \qquad (3-16)$$

式中 A——压痕的投影面积，而不是压痕表面积；

F——测试所用的载荷，通常为 $1 \sim 50N$。

努氏硬度试验由于压痕细长，而且只测量长对角线的长度，因而精确度较高，特别适合极薄层（表面淬火或化学热处理渗层、镀层）、极薄零件、丝、带等细长零件以及硬而脆的材料（如玻璃、玛瑙、陶瓷等）的硬度测量。

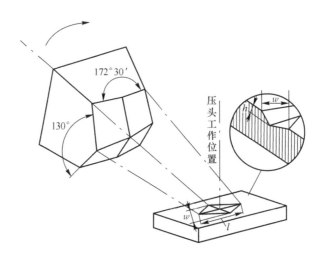

图 3-18　努氏硬度试验示意图

3.4.6　肖氏硬度试验和里氏硬度试验

与上述各种压入法硬度试验不同，肖氏硬度试验是一种动载荷试验法。其测定原理是将一定重量的金刚石圆头或钢球的标准冲头（重锤）从一定高度 h_0 自由下落到试样表面，然后由于试样的弹性变形使其回跳到某一高度 h，用这两个高度的比值来计算肖氏硬度值（HS），因此肖氏硬度又叫回跳硬度。计算公式为：

$$HS = K' \frac{h}{h_0} \tag{3-17}$$

式中　HS——肖氏硬度值；

　　　　K'——肖氏硬度系数，对于 C 型肖氏硬度计，$K' = 10^4/65$，对于 D 型肖氏硬度计，K' 取 140。

肖氏硬度具有操作简便、测量迅速、压痕小、携带方便等优点，可在现场测量大件金属制品的硬度，如大型冷轧辊的验收标准就是肖氏硬度值。其缺点是测定结果受人为因素影响较大，精确度较低。

里氏硬度试验也是一种动载荷试验法。其测定原理是用规定质量的冲头（碳化钨球）在弹力作用下以一定速度冲击试样表面，用冲头的回弹速度表征金属的硬度值。里氏硬度的符号为 HL。

3.4.7　硬度与其他力学性能指标的关系

在第 2 章和第 3 章的前两节中，介绍了材料的弹性极限、屈服强度、抗拉强度及材料的抗扭强度、抗弯强度、抗压强度等力学性能指标。测定这些力学性能指标不仅需要制备特定形状的试样，而且是破坏性的。由于材料的硬度试验方法简便迅速，无需专门加工试样，且对试样的损伤较小。因此，人们一直都在探讨如何通过所测定的硬度值来评定材料的其他力学性能指标。可遗憾的是，至今没有从理论上确定材料硬度与其他力学性能指标的内在联系，只是根据大量试验确定了硬度与某些力学性能指标之间的对应关系。

试验证明，金属的布氏硬度与抗拉强度之间成正比关系，即公式 $R_m = k \cdot HB$。不同的金属材料其 k 值不同；同一类金属材料经不同热处理后，尽管强度和硬度都发生了变化，其 k 值仍基本保持不变；但若通过冷变形提高硬度时，k 值不再是常数。

此外，有人设想找出硬度与疲劳极限(σ_{-1})之间的近似定量关系，试图通过测定材料的硬度来估算材料的疲劳极限。表 3-7 列出了某些退火金属 HB、R_m、σ_{-1} 的试验数据。由表可见，黑色金属基本上满足上述的经验关系。

表 3-7 退火金属 HB、R_m、σ_{-1} 的关系

金属及合金名称		HB	R_m/MPa	$k(R_m/HB)$	σ_{-1}/MPa	$\alpha(\sigma_{-1}/HB)$
有色金属	铜	47	220.30	4.68	68.40	1.45
	铝合金	138	445.70	3.30	162.68	1.18
	硬铝	116	454.23	3.91	144.45	1.24
黑色金属	工业纯铁	87	300.76	3.45	159.54	1.83
	20 钢	141	478.53	3.39	212.66	1.50
	45 钢	182	637.98	3.50	278.02	1.52
	T8 钢	211	753.42	3.57	264.30	1.25
	T12 钢	224	792.91	3.53	338.78	1.51
	1Cr18Ni9	175	902.28	5.15	364.56	2.08
	2Cr13	194	660.81	3.40	318.99	1.64

3.5 工 程 应 用

3.5.1 空心芯棒减薄极限的理论估算与实践验证

芯棒是轧制生产无缝钢管的重要构件之一，为了进一步节约用材，降低生产成本，一般采用空心芯棒轧制无缝钢管。然而由于连续热轧过程中，空心芯棒表面会出现诸如黏着、剥落坑、龟裂以及变形等缺陷，导致芯棒无法正常使用。通过将空心芯棒表面减薄一小薄层后便可重新使用，如此循环，以达到空心芯棒的最大化利用。

随着空心芯棒壁厚越来越薄，最终会承受不了轧制压力导致寿命的终止。为此根据实际生产无缝钢管的工艺与参数，理论评估空心芯棒的极限壁厚，对于安全且最大化利用空心芯棒是非常必要的。

3.5.1.1 空心芯棒承载最大压应力的理论计算

假设空心芯棒在轧制过程中，每道次轧机的 3 个呈 120°分布的轧辊施加在轧管上的应力 F_1 是相等的，同时也是均匀分布在轧管圆形截面周围，那么同理轧管也以相同的方式将 F_2 作用在空心芯棒上，如图 3-19 所示。

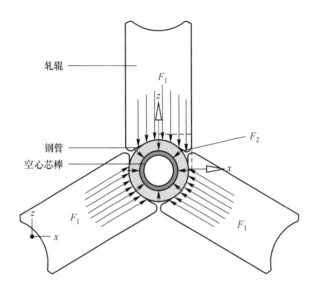

图 3-19 轧制钢管过程中空心芯棒受力图

根据文献，薄壁钢管（空心芯棒）可承受的最大径向压应力 σ_{max} 为：

$$\sigma_{max} = \frac{2t}{D}R_{eL} \qquad (3\text{-}18)$$

式中　t——薄壁钢管（空心芯棒）壁厚；

　　　D——空心芯棒外径；

　　　R_{eL}——薄壁钢管（空心芯棒）的屈服强度。

根据德国标准 DIN50150，表 3-8 是常用钢材抗拉强度与维氏硬度、布氏硬度、洛氏硬度的对照表。综合第一和第二批次空心芯棒的表面硬度为 36~39HRC，根据表 3-8 和《合金钢手册》上册第三分册，得到 30Cr3MoV 的屈服强度 R_{eL} 约为 1150MPa。

表 3-8　钢材抗拉强度与维氏硬度、布氏硬度、洛氏硬度的对照表

抗拉强度 R_m/MPa	维氏硬度（HV）	布氏硬度（HB）	洛氏硬度（HRC）
1030	320	304	32.2
1060	330	314	33.3
1095	340	323	34.4
1125	350	333	35.5
1115	360	342	36.6
1190	370	352	37.7

文献中提到，在绝大多数工程实际和实验研究中的普通钢管混凝土柱和复式钢管混凝土柱采用的钢管均满足径厚比 $D/t \geq 20$，即式（3-18）的适用范围是钢管的径厚比 $D/t \geq 20$。而此例的空心芯棒 $D = 279.9$mm，$t = 42.5$mm，那么 $D/t = 6.6$。所以对于厚壁空心芯棒，其径向受力不能直接运用式（3-18）来计算。为此采取下面两种方法来进行计算。

A 微分法估算

假设厚壁空心芯棒是无数个薄壁钢管拼在一起，如图 3-20 所示，那么可以先对每个薄壁钢管的承载能力进行计算，最终通过叠加可以得到厚壁空心芯棒的承载能力。

假设 dt 为厚壁管中的一层极薄的钢管，那么内径为 t 壁厚为 dt 的薄壁管的承载应力(σ_t)为：

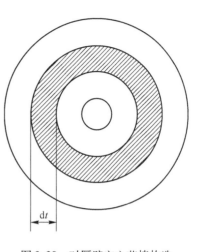

$$\sigma_t = \frac{2R_{eL}}{t + 2dt}dt \qquad (3\text{-}19)$$

因为 $dt \to 0$，那么：

$$\sigma_t = \frac{2R_{eL}}{t}dt \qquad (3\text{-}20)$$

故对于内径为 t_1，外径为 t_2 的厚壁空心芯棒来说，其总承载能力(σ)为：

图 3-20 对厚壁空心芯棒构造进行的假设示意图

$$\left.\begin{array}{c} \sigma = \displaystyle\int_{t_1}^{t_2} \frac{2R_{eL}}{t}dt \\[3mm] \sigma = 2R_{eL}\ln\dfrac{t_2}{t_1} \end{array}\right\} \qquad (3\text{-}21)$$

根据式（3-21），$\phi 279.9\text{mm} \times 42.5\text{mm}$ 空心芯棒可以承受 832.5MPa 应力。

B 平面应变法估算

首先对厚壁空心芯棒的受力问题进行界定。平面应变问题应具有以下几个特征：

（1）几何特征。一个方向的尺寸比另两个方向的尺寸大得多，且沿长度方向几何形状和尺寸不变化。

（2）外力特征。外力（体力、面力）平行于横截面作用，且沿长度 z 方向不变化。

（3）变形特征。如图 3-19 建立坐标系：以任一横截面为 xy 面，任一纵线为 z 轴。设工件纵向（z 方向）为无限长，则 $\varepsilon_z = 0$，ε_x 和 ε_y 变形很小，为弹性体。

首先，空心芯棒的 z 向长度要远远大于其 x 和 y 向厚度，满足几何特征。

其次，在服役过程中，最终来自轧辊的外力通过钢管传递给芯棒，其方向是平行于芯棒的横截面，故受力也基本满足外力特征。

最后，在轧制过程中，空心芯棒相当于模具，故在服役过程中的变形很微小，可以看作弹性体甚至刚性体，所以变形特征也满足。

式（3-18）是针对薄壁钢管而言，薄壁钢管显然在第三条变形特征上不能满足。因为当钢管壁很薄并且受到相同量级的轧制力时，其必然会产生较大的 z 向应变，这时的受力问题就是平面应力问题。所以要对厚壁空心芯棒进行径向受力计算，必须对式（3-18）进行修正。

参考束德林《工程材料力学性能》一书中对裂纹扩展区塑性区的讨论得知，在平面应力情况下，其塑性区要比平面应变情况下的塑性区大很多，前者的塑性区宽度大约是后者的 6 倍。因此，在平面应力状态下，有效屈服强度(σ_f)取 $\sigma_f = R_{eL}$，而在平面应变状态下，取 $\sigma_f = 2.4R_{eL}$。那么式（3-18）应修正为：

$$\sigma_{\max} = \frac{2t_1}{D_1} \times 2.4 R_{\text{eL}} \tag{3-22}$$

根据式（3-22），对 $\phi 279.9\text{mm} \times 42.5\text{mm}$ 的空心芯棒来说，其承载能力 $R_{\text{eL}} = 838.2\text{MPa}$。该结果与积分法得到的结果基本一致。

3.5.1.2　空心芯棒极限壁厚的理论估算与验证

根据式（3-22），考虑到生产使用安全，设安全系数 $n = 2$，相应地空心芯棒壁厚 t 为：

$$t = \frac{\sigma_{\max} D}{n R_{\text{eL}}} = \frac{\sigma_{\max} D}{2 R_{\text{eL}}} \tag{3-23}$$

下面根据上述的两种方法来分别计算空心芯棒壁厚在 42.5 ~ 37.5mm 时所能承受的应力，结果见表 3-9。

表 3-9　两种方法计算得到减薄后空心芯棒所能承受的最大应力

壁厚 /mm	外径 /mm	应力（微分法） /MPa	应力（平面应变法） /MPa	应力（安全系数 = 2） /MPa	模拟应力结果 /MPa
42.5	279.9	833	838	416 ~ 419	372
40.0	274.9	791	803	396 ~ 402	371
37.5	269.9	749	767	374 ~ 384	365

由表 3-9 可见，理论估算的空心芯棒可承受的最大径向受压应力与模拟结果基本一致，进而可得，外径为 279.9mm、壁厚为 42.5mm（279.9mm × 42.5mm）的空心芯棒壁厚可以减薄至 269.9mm × 37.5mm，该结论在工厂实际的钢管轧制过程中得到验证。

3.5.2　微合金钢 Q345D 的压缩变形行为

Q345D 钢是一种低合金高强度工程结构钢，具有良好的塑性、韧性、耐低温性能、加工工艺性能和焊接性能等，被广泛应用于石油、车辆、船舶、建筑和压力容器等领域。在 Q345D 钢的塑性加工过程中，其变形抗力是确定塑性加工参数的重要基础，也是 Q345D 钢的主要力学性能指标。因此，建立 Q345D 钢的变形抗力模型可为 Q345D 钢塑性加工过程控制提供理论基础，从而优化生产工艺，提高产品质量。李海阳等的《Q345D 钢的热变形抗力研究》一文借助于 Gleeble-3500 热-力模拟试验机，对 Q345D 钢进行高温单道次压缩试验，分析 Q345D 钢塑性加工的变形参数，即变形温度、变形速率和变形程度对 Q345D 钢变形抗力的影响，建立 Q345D 钢的塑性变形抗力模型。

3.5.2.1　实验材料及其实验方法

实验用钢化学成分见表 3-10。试验材料取自尺寸 600mm × 600mm 的 Q345D 钢坯，加工成 $\phi 10\text{mm} \times 15\text{mm}$ 的圆柱体试样，采用 Gleeble-3500 热模拟试验机进行单道次压缩试验，压缩工艺如图 3-21 所示。

表 3-10　实验钢的化学成分（质量分数）　　　　　　　　（%）

C	Si	Mn	P	S	Al	Nb	Ti	Ceq
0.16	0.33	1.48	0.009	0.002	0.03	0.017	0.013	0.42

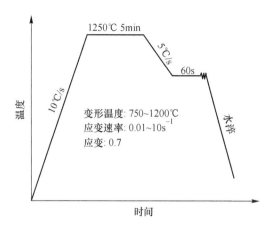

图 3-21   Q345D 钢单道次压缩工艺

3.5.2.2   实验结果与分析

图 3-22（a）为 Q345D 钢在应变速率为 $0.1s^{-1}$、不同变形温度下的真实应力-真实应变曲线，图 3-22（b）为 Q345D 钢在 1000℃ 变形温度、不同应变速率下的真实应力-真实应变曲线。由图 3-22 可以看出，在一定的应变速率下，随着变形温度的升高，变形抗力逐渐减小，真实应力-真实应变曲线由加工硬化型向动态再结晶型转变；在一定变形温度下，随着应变速率的升高，变形抗力逐渐增大，真实应力-真实应变曲线由动态再结晶型向加工硬化型转变。由 Q345D 钢的真实应力-真实应变曲线可知，降低变形温度和提高应变速率，均可增大试验钢的变形抗力，且只有在较低的变形速率和较高的变形温度下，Q345D 钢才易发生动态再结晶。

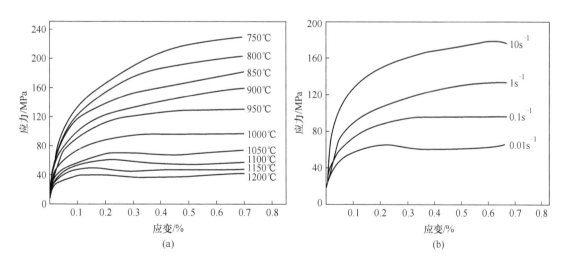

图 3-22   Q345D 钢真实应力-真实应变曲线

（a）$\dot{\varepsilon} = 0.1s^{-1}$；（b）$T = 1000℃$

综合考虑变形温度、变形速率以及变形程度对变形抗力的影响，并利用周-管数学模型，对试验数据进行非线性回归，可得出如下 Q345D 钢的变形抗力数学模型表达式（3-24）。式（3-24）可以指导 Q345D 钢实际高温变形工艺，实现优化变形工艺及其参数，同时提高变形钢的力学性能。

$$\sigma = 167.639 \times \exp\left(-2.079 \times \frac{T}{1000} + 2.668 \right) \times \left(\frac{\dot{\varepsilon}}{10} \right)^{\left(0.299 \times \frac{T}{1000} - 0.248 \right)} \times$$

$$\left[1.646 \times \left(\frac{\varepsilon}{0.4} \right)^{0.470} + 0.646 \times \left(\frac{\varepsilon}{0.4} \right) \right] \tag{3-24}$$

式中　σ——变形抗力，MPa；

　　　　T——变形温度，℃；

　　　　ε——变形量，即变形程度；

　　　　$\dot{\varepsilon}$——变形速率，s^{-1}。

思 考 题

3-1　解释下列名词：

（1）应力状态软性系数；（2）缺口效应；（3）缺口敏感度；（4）布氏硬度；（5）洛氏硬度；
（6）维氏硬度；（7）努氏硬度；（8）肖氏硬度；（9）里氏硬度。

3-2　说明下列力学性能指标的意义：

（1）R_{mc}；（2）R_{mb}；（3）τ_s；（4）τ_m；（5）R_{mn}；（6）HBW；（7）HRA；（8）HRB；（9）HRC；
（10）HV。

3-3　为什么拉伸试验时所得的工程应力-应变曲线位于真实应力-应变曲线之下，而压缩试验时恰恰相反？

3-4　为反映脆性材料的塑性行为，应该采用哪些试验方法？为什么？

3-5　试述脆性材料弯曲试验的特点及其应用。

3-6　根据扭转试样的断口特征，如何判定断裂的性质和引起断裂的应力？它与拉伸试样的断裂性质有什么区别？

3-7　缺口试样拉伸时应力分布有何特点？

3-8　试综合比较单向拉伸、扭转、弯曲和压缩的特点。如何根据实际条件选择恰当的试验方法评定材料？

3-9　试说明布氏硬度、洛氏硬度与维氏硬度的试验原理，并比较布氏、洛氏与维氏硬度试验方法的优缺点。

3-10　为什么低强度高塑性材料的切口敏感度小，高强度塑性材料的切口敏感度大，而脆性材料是完全切口敏感的？

3-11　今有如下零件和材料等需测定硬度，试说明选用何种硬度试验方法为宜：

（1）渗碳层的硬度分布；（2）淬火钢；（3）灰铸铁；（4）鉴别钢中的隐晶马氏体与残留奥氏体；
（5）仪表小黄铜齿轮；（6）龙门刨床导轨；（7）渗氮层；（8）高速钢刀具；（9）退火态低碳钢；
（10）硬质合金。

3-12　推导公式：

$$HB = \frac{0.102F}{A} = \frac{0.204F}{\pi D(D - \sqrt{D^2 - d^2})}$$

式中　D——压头直径；

　　　　F——压头承受的载荷；

       A——压痕面积；

       d——压痕直径。

3-13 布氏硬度测量时，为何压痕直径(d)要在$(0.24 \sim 0.6)D$范围内？

3-14 布氏硬度测量时，材料越软，则保压时间要求越长，为什么？

3-15 为何布氏硬度测量结果的重复性好？

3-16 为何洛氏硬度测量时要加预载荷？

3-17 推导维氏硬度公式：

$$HV = \frac{0.102F}{A} = \frac{0.1891F}{d^2}$$

    式中 F——压头承受的载荷；

         A——压痕面积；

         d——压痕直径。

3-18 同样材料，为何抗压强度要大于抗拉强度？

参 考 文 献

[1] 束德林. 工程材料力学性能 [M]. 2版. 北京：机械工业出版社，2011.

[2] 那顺桑. 金属材料力学性能 [M]. 北京：冶金工业出版社，2011.

[3] 王吉会. 材料力学性能 [M]. 天津：天津大学出版社，2006.

[4] 刘瑞堂. 工程材料力学性能 [M]. 哈尔滨：哈尔滨工业大学出版社，2001.

[5] 胡诗超. 连轧管机空心芯棒制备及应用过程的有限元模拟 [D]. 上海：上海大学，2012.

[6] 张兆强. 复式钢管混凝土柱在轴压和水平荷载作用下的力学性能研究 [D]. 陕西：长安大学，2007.

[7] 李海阳，纪登鹏，周晓航，等. Q345D钢的热变形抗力研究 [J]. 上海金属，2018，40(2)：19~23.

[8] 冶金工业部钢铁研究院. 合金钢手册 (上册第三分册) [M]. 北京：冶金工业出版社，1972.

[9] 牛济泰，张梅. 材料和热加工领域的物理模拟技术 [M]. 2版. 北京：国防工业出版社，2022.

4 金属在冲击载荷下的力学性能

第4章教学视频

高速作用于物体上的载荷称为冲击载荷。许多机器零件在服役时往往受冲击载荷的作用，例如：飞机的起飞和降落；越野汽车越过颠簸不平的山野路面；内燃机膨胀冲程中气体爆炸推动活塞和连杆使活塞和连杆间发生冲击；金属件的锻造、冲压加工等。为揭示材料在冲击载荷作用下的力学行为，评定材料传递冲击载荷的能力，需要研究冲击载荷下金属材料的力学性能。

4.1 冲击载荷下金属的变形与断裂特性

冲击载荷与静载荷的主要区别在于加载速率不同，加载速率越高，形变速率也随之增加。实践表明，应变速率在 $10^{-4} \sim 10^{-2} s^{-1}$ 之间，金属力学性能没有明显变化，可按静载荷处理。当应变速率大于 $10^{-2} s^{-1}$ 时，金属力学性能将发生显著变化，这就必须考虑由于应变速率增大而带来力学性能的一系列变化。

4.1.1 冲击载荷对弹性变形的影响

弹性变形在介质中以声速传播，在金属介质中声速是相当大的，如钢中的声速约为 $5 \times 10^{3} m/s$，而普通摆锤试验冲击时绝对变形速度为 $5.0 \sim 5.5 m/s$，可见弹性形变速率远高于加载形变速率，所以加载速度对弹性变形没有影响。

4.1.2 冲击载荷对塑性变形和断裂的影响

塑性变形相对缓慢，如果加载速率较大，则塑性变形来不及充分进行，因此冲击载荷对塑性变形和断裂过程均有显著影响，具体包括：

（1）冲击载荷可使位错运动速率增大，相应地晶格阻力增大，金属产生附加强化（屈服强度、流变应力、抗拉强度），如图4-1所示。

（2）冲击载荷致使位错源同时开动，增加位错密度和滑移系数量，进而增加点缺陷浓度，造成塑性变形不均匀。

（3）对于切断型材料（塑性材料），在冲击载荷作用下，断裂应力随应变增大显著增加。塑性可能不变，也可能提高（例如密排六方金属的爆炸成型）。

（4）对于正断型材料（脆性和低塑性材料），冲击载荷作用下断裂应力变化不大，塑性随应变率增大而减小。

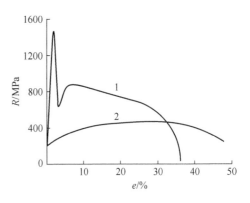

图 4-1 纯铁在不同加载方式下的
应力-应变曲线
1—冲击载荷；2—静载荷

（5）对于不含缺口的试样，冲击能被试样均匀吸收，试样内的应力和应变分布是均匀的。

（6）对于含有缺口的试样，则缺口根部的单位体积将吸收更多的能量。使局部应变和应变速率大幅度提高。

4.2 冲击韧性及其测试

冲击试验

为了显示加载速率和缺口效应对金属材料韧性的影响，需要进行缺口试样冲击试验，测定材料的冲击韧性。冲击韧性是指材料在冲击载荷作用下吸收塑性变形功和断裂功的能力，常用标准试样的冲击吸收功 KV（V 型缺口）或 KU（U 型缺口）等表示。

缺口试样冲击试验原理如图 4-2 所示。

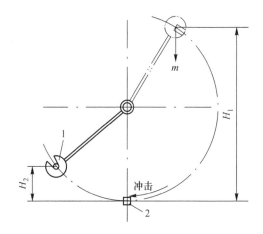

图 4-2 冲击试验示意图
1—摆锤；2—试样

冲击试验是在摆锤式冲击试验机上进行的。将试样水平放在试验机支座上，缺口位于冲击相背方向。然后将具有一定质量 m 的摆锤举至一定高度 H_1，使其获得一定势能（mgH_1）。释放摆锤冲断试样，摆锤的剩余能量为 mgH_2，则摆锤冲断试样失去的位能为 $mgH_1 - mgH_2$，即为试样变形和断裂所消耗的功（如图 4-3 所示），称为冲击吸收功，以 KV_2、KU_2 等表示，单位为 J。由图 4-3 的冲击试样断裂载荷-挠度关系曲线（冲击功曲线）可见，冲击过程中金属试样变形和断裂所消耗的功由以下几个部分组成：弹性变形功 K_e、塑性变形功 K_p、裂纹亚稳扩展功 K_F 和裂纹失稳扩展功断裂 K_d。

冲击样品（以 V 型缺口冲击样品为例）的吸收功由弹性变形功、塑性变形功、裂纹亚稳扩展功和裂纹失稳扩展功四部分组成。

$$KV = K_e + K_p + K_F + K_d \tag{4-1}$$

式中 KV——V 型缺口试样冲击吸收功；

       K_e——弹性变形功；

       K_p——塑性变形功；

       K_F——裂纹亚稳扩展功；

       K_d——裂纹失稳扩展功。

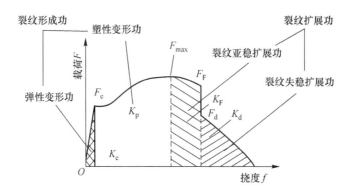

图4-3　缺口冲击试样载荷-挠度关系曲线

金属材料真正的韧性取决于 $K_p + K_F$。

冲击试验标准规定的冲击试样开有 U 型缺口或 V 型缺口，分别称为夏比（Charpy）U 型缺口试样和夏比 V 型缺口试样，如图4-4 和图4-5 所示。图4-4（b）是摆锤刀刃及试样

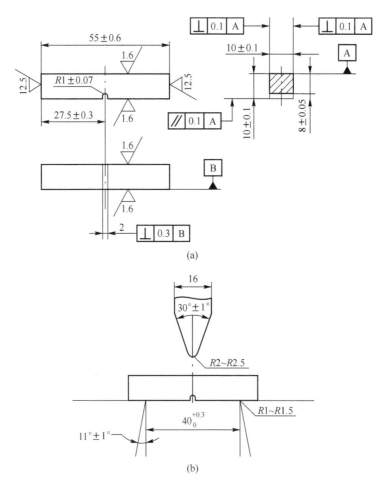

图4-4　夏比 U 型缺口冲击试样及摆锤刀刃支座尺寸参数（单位：mm）

（a）夏比 U 型缺口冲击试样；（b）摆锤刀刃支座尺寸参数

支座主要尺寸。用不同缺口试样测得的冲击吸收功分别记为 KU 和 KV。而测试球墨铸铁或工具钢等脆性材料的冲击吸收功时，常采用 $10mm \times 10mm \times 55mm$ 的标准无缺口冲击试样。

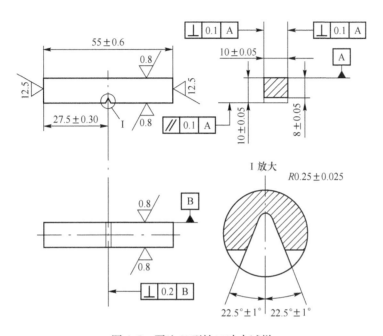

图 4-5　夏比 V 型缺口冲击试样

由于冲击试样的尺寸及缺口形状、冲击设备以及操作等对冲击试验结果的影响非常大，所以不同形式试样的冲击功之间不能相互对比。虽然冲击吸收功不能真正代表材料的韧脆程度，但由于它们对材料内部组织变化十分敏感，而且冲击试验方法简便易行，所以仍被广泛采用。

冲击试验主要用途如下：

（1）通过测量冲击吸收功和对冲击试样进行断口分析，可揭示原材料中的夹渣、气泡、严重分层、偏析以及夹杂物等冶金缺陷，同时检查过热、过烧、回火脆性等锻造或热处理缺陷，进而控制原材料的冶金质量和热加工后的产品质量。

（2）根据系列温度下的冲击试验（低温冲击试验）结果可得 KU 或 KV 值与温度的关系曲线，从而获得材料的韧脆转变温度。可为金属机件在低温状态下的服役提供依据。

4.3　低温脆性及其影响因素

4.3.1　低温脆性现象

金属材料因温度的降低由韧性断裂转变为脆性断裂，冲击吸收功明显下降，断裂机理由微孔聚集型变为穿晶解理，断口特征由纤维状变为结晶状的现象，称为低温脆性或冷脆。

断裂微观机理如下：在金属中位错运动是与原子扩散速度相对应的。在温度比较低的时候，原子扩散能力降低，位错来不及发生实际的运动，而此时应力作用又比较集中，从而发生由应力集中而导致的低温脆性解理断裂。由韧性状态逐步转变为脆性状态的转变温度称为韧脆转变温度(T_t)。具有体心立方晶格(bcc)结构以及一些密排六方晶格(hcp)结构的金属和合金有明显的韧性降低温度。面心立方晶格(fcc)金属及其合金一般低温脆性现象不明显。但有实验证明，在 4.2 ~ 20K 的极低温度下，奥氏体钢及铝合金也有冷脆性。

低温脆性对压力容器、桥梁和船舶结构以及在低温下服役的机件非常危险，因而备受关注。历史上就曾经发生过多起由低温脆性导致的断裂事故，造成了巨大的损失。如泰坦尼克号邮轮沉没事故就与材料的低温脆性有关。

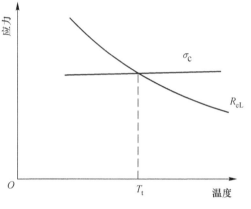

低温脆性是材料屈服强度随温度降低急剧增加，但材料的断裂强度随温度变化却很小，于是两条曲线相交于一点，交点对应的温度即为 T_t（如图 4-6 所示）。高于 T_t 时，$\sigma_c > R_{eL}$，材料受载后先屈服再断裂，为韧性断裂；低于 T_t 时，外加应力先达到 σ_c，材料表现为脆性断裂。

图 4-6　断裂强度 σ_c 和屈服强度 R_{eL}
随温度变化示意图

4.3.2　韧脆转变温度确定方法

低温脆性可用系列温度冲击试验的方法确定韧脆转变温度（如图 4-7 所示），也可用在不同温度下进行拉伸，把各个温度的屈服强度和抗拉强度随温度变化绘制成曲线来表述。拉伸试验测定的 T_t 偏低，且试验方法不方便，故通常还是用缺口试样冲击试验测定 T_t。在低温下进行系列冲击试验，测出试样断裂消耗的功、断裂后塑性变形量、断口形貌等，绘制其随温度变化的关系曲线，根据这些曲线求 T_t。

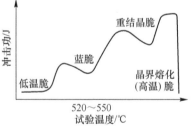

图 4-7　金属材料冲击试验温度
和冲击功之间的关系

4.3.2.1　用冲击功变化确定 T_t

由冲击功变化确定 T_t 的方法如图 4-8 所示，具体如下：

（1）当低于某一温度，金属材料吸收的冲击能量（即冲击功）基本不随温度而变化，形成低阶能平台。以低阶能开始上升的温度定义为 T_t，并记为 NDT(nil ductility temperature)，称为无塑性或零塑性转变温度。此时断口由 100% 结晶区（解理区）组成。

（2）高于某一温度，材料吸收的能量也基本不变，出现一个高阶能平台，此时断口由 100% 纤维状（零解理断口）组成。这是一种最保守的定义 T_t 方法，并记为 FTP(fracture transition plastic)，称为塑性断裂开始温度。

（3）以低阶能和高阶能平均值对应的温度定义 T_t，并记为 FTE(fracture transition elastic)，称为脆性断裂开始温度。

大量的试验证明，在不同试验温度下，纤维区、放射区与剪切唇三者之间的相对面积（或线尺寸）是不同的。温度下降，纤维区面积突然减少，结晶区面积突然增大（如图4-8所示），材料由韧变脆。通常取结晶区面积占整个断口面积50%时的温度为T_t，并记为50%$FATT$(fracture appearance transition temperature)或$FATT_{50}$。

图4-8中还描述了另一种判定T_t的方法——$V_{15}TT$：指金属材料V型缺口冲击样品的冲击功为15J时所对应的韧脆转变温度。

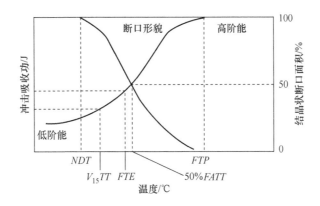

图4-8　各种韧脆转变温度确定方法

4.3.2.2　由断口形貌确定 T_t

冲击试样冲断后，其断口形貌如图4-9所示。如同拉伸试样一样，冲击试样断口也有纤维区、放射区（结晶区）与剪切唇几部分。

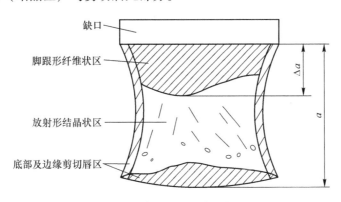

图4-9　冲击断口形貌示意图

韧脆转变温度 T_t 也是金属材料的韧性指标，因为它反映了温度对韧脆性的影响。T_t 与伸长率 $A(\delta)$、断面收缩率 $Z(\psi)$ 以及冲击吸收功 KV/KU 等一样，也是安全性指标。因此工程上，可用材料的 T_t 值评价机件（或构件）在低温下服役的可行性。但必须注意，由于定义 T_t 的方法不同，同一材料所得 T_t 必有差异；同一材料，使用同一定义方法，由于外界因素的改变（如试样尺寸、缺口尖锐度和加载速率等），T_t 也会变化。

4.3.2.3　用落锤试验确定 T_t

普通的冲击试样尺寸过小，不能反映实际构件中的应力状态，而且结果分散性大，不能满足一些特殊要求。为此，20 世纪 50 年代初，美国海军研究所派林尼（W. S. Pellini）等提出了落锤试验方法，用于测定全厚钢板的 NDT，以作为评定材料的韧脆性能标准。试样厚度与实际使用板厚相同，其典型尺寸为 25mm × 90mm × 350mm、19mm × 50mm × 125mm 或 16mm × 50mm × 125mm。因试样较大，试验时需要较大冲击能量，故必须用落锤击断，如图 4-10 所示。

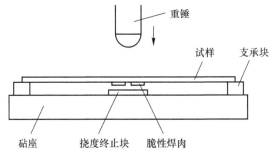

图 4-10　落锤试验示意图

落锤试验机由垂直导轨（支承重锤）、能自由落下的重锤和砧座等组成。重锤锤头是一个半径为 25mm 的钢制圆柱，硬度不小于 50HRC。重锤能升到不同高度，以获得 340 ~ 1650J 的能量。砧座上除两端的支承块外，中心部分还有一挠度终止块，以限制试样产生过大的塑性变形。试样一面堆焊一层脆性合金（长 64mm、宽约 15mm、厚约 4mm），焊块中用薄片砂轮或手锯割开一个缺口，缺口方向与试验拉力方向垂直，其宽度不大于1.5mm，深度为焊块厚度的一半，用以诱发裂纹。

试样冷却到一定温度后放在砧座上，使有焊肉的轧制面向下处于受拉侧，然后落下重锤进行打击。随试样温度下降，其力学行为发生如下变化：

不裂 → 拉伸侧表面部分形成裂纹，但未发展到边缘 → 拉伸侧表面裂纹，并发展到一侧边或两侧边 → 试样断成两部分。一般取拉伸侧表面裂纹发展到一侧边或两侧边的最高温度为 NDT。

4.3.3　影响韧脆转变温度的因素

4.3.3.1　晶体结构

体心立方和六方结构的金属及其合金存在低温脆性。普通中、低强度钢的基体是体心立方点阵的铁素体，镁、锌、钼和钨等金属及其合金为六方结构，故这类钢或金属材料都有明显的低温脆性。

4.3.3.2　化学成分

合金元素对钢的韧脆转变温度影响如图 4-11 所示。

间隙溶质元素溶入铁素体基体中，偏聚于位错线附近，阻碍位错运动，致使金属材料韧脆转变温度 T_t 升高。

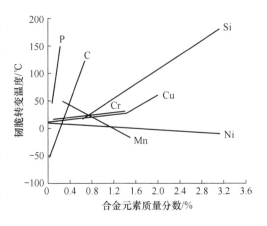

图 4-11　合金元素对钢的韧脆转变温度影响

　　钢中加入置换型溶质元素一般也增加韧脆转变温度，但 Ni 和一定量 Mn 例外。Ni 减小低温时位错运动的摩擦阻力，还增加层错能，故提高低温韧性。

　　杂质元素 S、P、As、Sn、Sb 等降低钢的韧性，使材料韧脆转变温度 T_t 升高。这是由于它们偏聚于晶界，降低晶界表面能，产生沿晶脆性断裂，同时降低脆断应力所致。

4.3.3.4　显微组织

　　细化晶粒使材料韧性增加，对于铁素体、低碳铁素体-珠光体钢、低合金高强度等钢，均可用下述派奇公式描述：

$$\beta T_t = \ln B - \ln C - \ln d^{-\frac{1}{2}} \tag{4-2}$$

式中　β，C——常数，β 与应力（σ_i）有关，C 为裂纹扩展阻力的度量；

　　　　B——常数；

　　　　d——铁素体晶粒直径。

　　细化晶粒提高韧性的原因：晶界是裂纹扩展的阻力；晶界处塞积的位错数减少，有利于降低应力集中；晶界总面积增加，使晶界上杂质浓度减少，避免产生沿晶脆性断裂。

　　同时，在较低强度水平时（如经高温回火），强度相等而组织不同的钢，其冲击吸收功和韧脆转变温度以马氏体高温回火（回火索氏体）最佳，贝氏体回火组织次之，片状珠光体组织最差。

　　在较高强度水平时，如中、高碳钢在较低等温温度下获得下贝氏体组织，则其冲击吸收功和韧脆转变温度优于同强度的淬火 + 回火组织。

　　在相同强度水平下，典型上贝氏体的韧脆转变温度高于下贝氏体。

　　在低碳合金钢中，经不完全等温处理获得贝氏体（低温上贝氏体或下贝氏体）和马氏体混合组织，其韧性比单一马氏体或单一贝氏体组织好。这是因为裂纹在混合组织内扩展要多次改变方向，消耗能量大，故钢的韧性较高。

　　在某些马氏体钢中存在奥氏体，可以抑制解理断裂，如在马氏体钢中含有残留奥氏体，将显著改善钢的韧性。马氏体板条间的残留奥氏体膜也有类似作用。

　　钢中夹杂物、碳化物等第二相质点对钢的脆性有重要影响，影响的程度与第二相质点的大小、形状、分布、第二相性质及其与基体的结合力等性质有关。无论第二相分布于晶界上，还是独立分布在基体中，当其尺寸增大时均使材料韧性下降，韧脆转变温度升高。

4.4　工　程　应　用

大型船舶用钢板
的研发案例

4.4.1　终轧温度对船板钢组织性能的影响

　　表 4-1 为彭晟在张恒华教授指导下研发的 40mm 厚 D40/E40 船板钢的化学成分，表 4-2 为不同终轧温度对该船板钢力学性能的影响情况。对两种不同终轧温度船板进行金相组织观察，并分别对钢板表面和中心部位的典型金相组织拍照，金相组织照片如图 4-12 和图 4-13 所示。

表 4-1　船板钢 D40/E40 的化学成分（质量分数）　　　　　　（%）

C	Si	Mn	S	P	Als	Ti	Nb	V	C_{eq}	N
0.09	0.20	1.40	0.02	0.01	0.036	0.012	0.033	0.047	0.34	56×10^{-4}

表 4-2　终轧温度对 40mm 厚 D40/E40 船板钢室温性能影响

终轧温度 /℃	纵向冲击吸收功/J			拉伸		
	表面	1/4 厚处	心部	R_{eL}/MPa	R_m/MPa	A/%
845	199	189	169	450	538	28.11
800	232	237	243	609	755	29.17

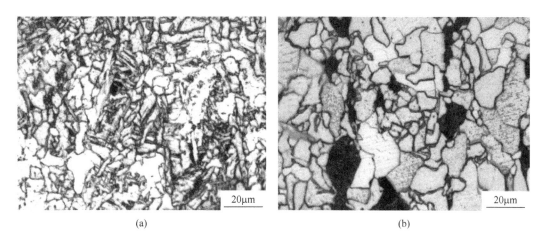

(a) (b)

图 4-12　终轧温度为 845℃船板钢的组织形貌
(a) 表面组织；(b) 心部组织

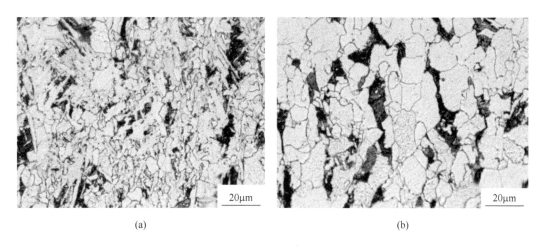

(a) (b)

图 4-13　终轧温度为 800℃船板钢的组织形貌
(a) 表面组织；(b) 心部组织

　　图 4-12(a) 和图 4-13(a) 为试验钢控轧控冷(TMCP)态下的表面组织，可见，表面晶粒较为细小均匀，由于钢板控冷阶段经喷水冷却，表面产生除灰色多边形铁素体和黑色珠光体组织外，还有一定量的针状铁素体组织，且珠光体条带断断续续，呈现团块。图 4-12(b) 和图 4-13(b) 为试验钢控轧控冷(TMCP)态下的心部组织，由于心部冷却速度较表面慢，其组织为多边形铁素体与珠光体，铁素体晶粒尺寸较表面处有所增大，珠光体

条带依然断续，但是条带的趋势越来越明显。

图 4-12 铁素体平均晶粒尺寸约为 $9\mu m$，尺寸不均匀，而且形状不规则，图 4-13 铁素体晶粒要细一些，而且晶粒的均匀性得到了改善，铁素体晶粒为多边形或准多边形，其平均尺寸约为 $7\mu m$。为此可推论，随着奥氏体区终轧温度的降低，铁素体平均晶粒尺寸减小，可以得到晶粒细小均匀的铁素体组织。终轧温度对组织细化的作用可以用变形奥氏体的转变来说明，随着终轧温度的降低，有效奥氏体晶界面积 S_V（包括晶界面积和变形带）和单位有效奥氏体晶界面积的铁素体形核数量 n_s 都显著增加，即铁素体的形核率明显增加，$\gamma \rightarrow \alpha$ 相变后的铁素体晶粒尺寸 d_α 可以表示为：

$$d_\alpha = K \frac{1}{n_s S_V} \tag{4-3}$$

由式（4-3）可见，钢中铁素体晶粒尺寸（d_α）是随着 n_s 和 S_V 的增大而减小的。

对不同终轧温度轧制的钢板取样，进行低温冲击性能测试。实验结果如图 4-14 和图 4-15 所示，部分典型冲击断口 SEM 形貌如图 4-16 和图 4-17 所示。

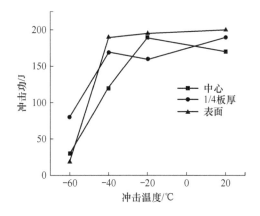

图 4-14　终轧温度为 845℃
船板钢不同温度冲击功

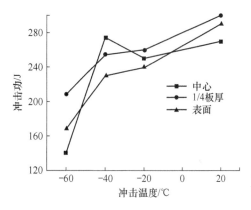

图 4-15　终轧温度为 800℃
船板钢不同温度冲击功

(a)

(b)

图 4-16　终轧温度为 845℃钢在不同温度下的低温冲击断口形貌
（a）-40℃；（b）-60℃

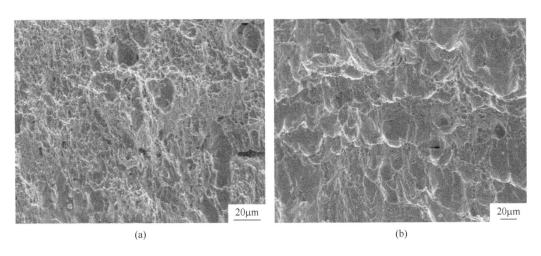

(a)　　　　　　　　　　　　　　　　　　(b)

图 4-17　终轧温度为 800℃钢在不同温度下的低温冲击断口形貌
（a）-40℃；（b）-60℃

　　比较图 4-14 和图 4-15 可见，降低终轧温度可以有效改善材料的低温冲击性能，终轧温度为 800℃的试样，-60℃冲击功要明显高于终轧温度为 845℃冲击功，这是因为适当地降低终轧温度改变了相变前奥氏体的组织，形成较多的形变带，增加奥氏体向铁素体转变时铁素体晶粒的形核位置和形核速率，从而细化铁素体晶粒，且终轧温度降低，形变奥氏体的形变储存能提高，在随后的冷却过程中将促成微合金碳氮化物的弥散析出，沉淀强化作用明显，而且这种细小弥散析出，对钢材的塑性与韧性的不利影响也较小。

　　不同终轧温度钢板的低温冲击断口形貌比较如图 4-16 和图 4-17 所示。结果显示 845℃和 800℃终轧钢在-40℃冲击时，冲击断口都有很多韧窝，说明均是韧性断裂，区别在于 845℃终轧钢冲击断口韧窝较大较浅，而 800℃终轧钢中韧窝较小且较深，说明是经过大的变形，韧性更好；当冲击温度降至-60℃时，845℃终轧钢低倍断口形貌平整而且光亮，冲击功有明显降低，高倍断口形貌呈现结晶状，但解理面均有所变形，属于准解理断裂，在断口其他部分仍有韧窝；而 800℃终轧钢断口上仍然有很多等轴状韧窝，且有部分纤维状韧窝，仍属于韧性断裂，说明材料的韧脆转变温度是低于-60℃的，低温冲击性能达到要求。

4.4.2　CP800 钢焊接裂纹敏感性及接头的冲击性能

　　学生韩坤在导师张梅的指导下进行了汽车用先进高强钢的焊接特性研究。试验材料为热轧酸洗汽车用超高强度复相钢（CP800），为 Fe-0.06C-0.45Si-1.71Mn-0.11Ti-0.40Cr（质量分数,%）系，其成分见表 4-3。

表 4-3　复相钢 CP800 钢化学成分（质量分数）　　　　（%）

C	Si	Mn	S	P	Als	Ti	Cr	C_{eq}	P_{cm}
0.06	0.45	1.71	0.004	0.003	0.034	0.11	0.40	0.44	0.18

　　热轧酸洗复相钢 CP800 材料交货状态的力学性能如下：抗拉强度为 820MPa，屈服强

度为 745MPa，伸长率为 16%。试验钢的碳当量 C_{eq} 和裂纹敏感指数 P_{cm} 分别依据经验公式（4-4）和式（4-5）计算获得，分别为 0.44 和 0.18。

$$C_{eq} = w(C) + \frac{w(Mn)}{6} + \frac{w(Si)}{24} + \frac{w(Ni)}{40} + \frac{w(Cr)}{5} + \frac{w(Mo)}{4} + \frac{w(V)}{14} \qquad (4-4)$$

式（4-4）适用于强度级别较高的调质态和非调质态的低合金高强度钢。

另外，国际上还提出了冷裂纹敏感系数 P_{cm}。

$$P_{cm} = w(C) + \frac{w(Mn) + w(Cr) + w(Cu)}{20} + \frac{w(Si)}{30} + \frac{w(Ni)}{60} + 5w(B) + \frac{w(Mo)}{15} + \frac{w(V)}{10}$$
$$(4-5)$$

对 CP800 钢进行斜 Y 坡口对接焊，焊接接头分别取样（母材，热影响区和熔合区）进行冲击试验。试样截取示意图如图 4-18 所示。采用非标准尺寸冲击试样(2.5mm × 10mm × 55mm)，开 V 型缺口于试样中间位置，分别处于不同热影响区域，在 JBDS-500Y 型数显低温冲击试验机上按照国家标准 GB/T 3808—2002 和 GB/T 229—2007 分别进行常温和低温（−20℃）冲击试验，以检测焊接接头各区域的冲击韧性变化情况，结果如图 4-19 所示，图中所有数据均为 6 件试样的平均值。

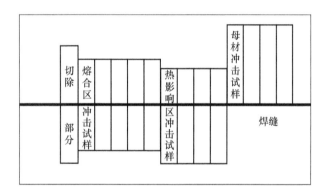

图 4-18　试样截取示意图

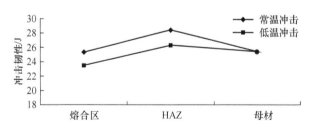

图 4-19　对接接头冲击性能

由图 4-19 得到，在常温以及低温（−20℃）条件下，焊缝热影响区(HAZ)的冲击性能优于母材，而熔合区的冲击性能相对略有下降。

图 4-20 为 CP800 焊接区的组织转变。由图 4-20 可见，熔合区组织以粗大的铁素体为主，而热影响区的组织以细小铁素体和贝氏体为主，并出现一定数量的板条状贝氏体。但总体来说，焊接接头处的冲击性能均大于 23J，表明具有良好的冲击性能，而且扫描电镜下观察到其冲击断口形貌均为韧窝，表明 CP800 母材和焊接接头均有很好的韧性。

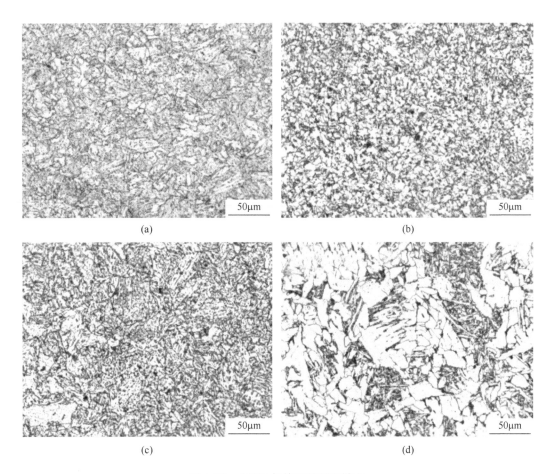

图 4-20　CP800 焊接区的组织转变
（a）母材；（b）细晶区；（c）粗晶区；（d）熔合区

通过试验发现 CP800 钢焊接接头冲击性能与母材持平，表明 CP800 钢焊接性良好。

桥梁用稀土耐候钢
案例

学习成果展示：
如何提高船板的
强度和韧性

学习成果展示：
如何提高汽车钢板的
碰撞性能

思　考　题

4-1　解释下列名词：

（1）冲击韧性；（2）冲击吸收功；（3）低温脆性；（4）韧脆转变温度。

4-2　说明下列力学性能指标的意义：

（1）KU 和 KV、KU_2 和 KV_2、KU_8 和 KV_8；（2）$FATT_{50}$；（3）NDT；（4）FTE；（5）FTP。

4-3　什么是冲击韧性？冲击韧性值在工程中有什么实用价值？

4-4 现需要检验以下材料的冲击韧性，问哪些材料需要开缺口？哪些材料不需要开缺口？

W18Cr4V，Cr12MoV，3Cr2W8V，40CrNiMo，30CrMnSi，20CrMnTi，铸铁。

4-5 试说明低温脆性的物理本质及其影响因素。

4-6 试述焊接船舶比铆接船舶更容易发生脆性破坏的原因。

4-7 简述影响冲击韧性和冷脆转变温度的内在与外在因素及其变化规律。

4-8 简述冲击载荷作用下材料变形与断裂的机理和过程。

4-9 下列三组试验方法中，每一组中哪种试验方法测得的 T_t 比较高，为什么？

(1) 拉伸和扭转；

(2) 缺口静弯曲和缺口冲击弯曲；

(3) 光滑试样拉伸和缺口试样拉伸。

4-10 为什么加载速率越高，材料的强度越高，而塑性越差？

4-11 为什么脆性材料的冲击试样常为无缺口，而塑性材料则为有缺口试样？

4-12 一般而言，bcc 金属及其合金以及某些 hcp 金属及其合金存在低温脆性，而 fcc 金属及其合金一般低温脆性现象不太明显，为什么？

参 考 文 献

[1] 束德林. 工程材料力学性能 [M]. 2 版. 北京：机械工业出版社，2011.

[2] 那顺桑. 金属材料力学性能 [M]. 北京：冶金工业出版社，2011.

[3] 王吉会. 材料力学性能 [M]. 天津：天津大学出版社，2006.

[4] 刘瑞堂. 工程材料力学性能 [M]. 哈尔滨：哈尔滨工业大学出版社，2001.

[5] 彭晟. 高强度船板钢组织性能的研究 [D]. 上海：上海大学，2009.

[6] 韩坤. 汽车用先进高强度钢板焊接性能物理模拟研究 [D]. 上海：上海大学，2012.

[7] 韩坤，李清山，李健，等. 复相钢 CP800 焊缝冷裂纹敏感性研究 [J]. 上海金属，2012(1)：34～37.

[8] 日本焊接协会. 焊接结构用高强结构钢板：WES-135 [S]. 日本：日本焊接协会，1964.

[9] 日本钢铁联盟. 焊接结构用轧制钢材：JIS G3106 [S]. 日本：日本工业标准协会，1970.

[10] 许祖泽. 新型微合金钢的焊接 [M]. 北京：机械工业出版社，2004.

[11] 钢铁研究总院. 金属材料夏比摆锤冲击试验方法：GB/T 229—2020 [S]. 北京：中国标准出版社，2020.

[12] 钢铁研究总院. 金属夏比冲击断口测定方法：GB/T 12778—2008 [S]. 北京：中国标准出版社，2008.

[13] 钢铁研究总院. 铁素体钢的无塑性转变温度落锤试验方法：GB/T 6803—2008 [S]. 北京：中国标准出版社，2008.

[14] 钢铁研究总院. 金属材料动态撕裂试验方法：GB/T 5482—2007 [S]. 北京：中国标准出版社，2007.

[15] 钢铁研究总院. 摆锤式冲击试验机的检验：GB/T 3808—2002 [S]. 北京：中国标准出版社，2002.

[16] 牛济泰，张梅. 材料和热加工领域的物理模拟技术 [M]. 2 版. 北京：国防工业出版社，2022.

5 金属的断裂类型和特征

磨损、腐蚀和断裂是机件的三种主要失效形式，其中以断裂的危害最大。在应力作用下，或者还有热及腐蚀介质等共同作用下，金属材料被分成两个或几个部分的破坏，称为完全断裂；内部仅存在裂纹，则为不完全断裂。研究金属材料完全断裂的宏观特征、微观特征、断裂机理、断裂的力学条件及影响金属断裂的内外因素，对于进行机件安全设计与选材，分析机件断裂失效事故都是十分必要的，可为工程实践提供大量避免灾难性事故的依据。因此，如何提高材料的断裂抗力，防止断裂事故发生，一直是大家重点关注的热点。

5.1 金属的断裂类型

断裂理论认为，大多数金属的断裂包括裂纹形成（形核）、裂纹扩展和断裂三个阶段，对于不同的断裂类型，这三个阶段的机理与特征并不相同。断裂类型的划分有许多方法。金属的断裂分类及其特征见表 5-1。

表 5-1　断裂分类及其特征

分类方法	名称	断裂示意图	特　征
根据断裂前塑性变形大小分类	脆性断裂		断裂前没有明显的塑性变形，断口形貌是光亮的结晶状
	韧性断裂		断裂前产生明显塑性变形，断口形貌是暗灰色纤维状
根据断裂面的取向分类	正断		断裂的宏观表面垂直于 σ_{max} 方向
	切断		断裂的宏观表面平行于 τ_{max} 方向
根据裂纹扩展的途径分类	穿晶断裂		裂纹穿过晶粒内部
	沿晶断裂		裂纹沿晶界扩展

续表5-1

分类方法	名称	断裂示意图	特 征
根据断裂机理分类	解理断裂	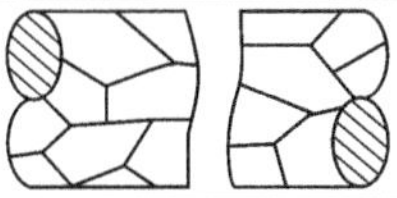	无明显塑性变形，沿解理面分离，穿晶断裂
	微孔聚集型断裂	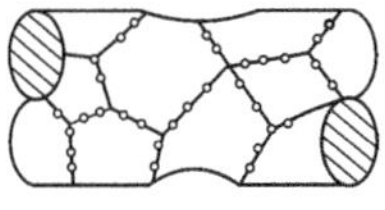	沿晶界微孔聚合，沿晶断裂
		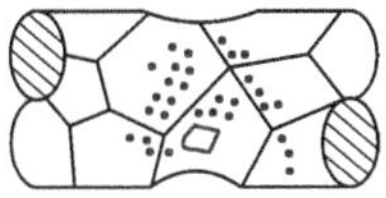	在晶内微孔聚合，穿晶断裂
	纯剪切断裂	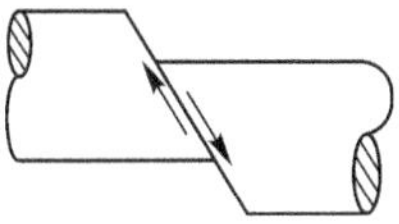	沿滑移面分离剪切断裂（单晶体）
		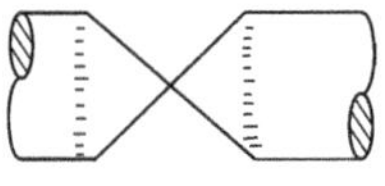	通过缩颈导致最终断裂（多晶体、高纯金属）

　　为了阐明断裂的全过程（包括裂纹的形核和扩展，以及环境因素对断裂过程的影响等），提出种种微观断裂模型，以探讨其物理实质，称为断裂机制。在断口的分析中，各种断裂机制的提出主要是以断口的微观形态为基础，并根据断裂性质、断裂方式以及不同环境和时间因素的密切相关性而加以分类。断裂分类方法比较多，可从不同的应用方面、从裂纹形成的机理方面、从裂纹扩展的途径等方面划分，但无论哪种分类里边的一个断裂方式，都体现了断裂的主要特征因素：断裂的裂纹形成、裂纹扩展和断口形貌。

　　工程应用上，人们主要从断裂前的变形程度和断裂的危险性角度出发，把金属断裂分为韧性断裂和脆性断裂两大类。将韧性断裂、脆性断裂以及每类所包含的主要断裂微观机制等归纳列于表5-2。

表5-2　韧性/脆性断裂及其包含的各种断裂机制

断裂性质	断裂机制	断 裂 方 式
脆性断裂	沿晶脆性断裂	裂纹沿晶界扩展，断裂表面上显示出晶粒外形
	解理断裂	穿晶（沿一定晶面），沿解理面分离
	准解理断裂	穿晶（沿一定晶面），沿解理面撕裂，可能有撕裂棱
	机械疲劳断裂	沿晶界（少见）或穿晶（常见）
	热疲劳断裂	沿晶界或穿晶
	应力腐蚀断裂	沿晶界或穿晶
	氢脆断裂	沿晶界或穿晶
韧性断裂（延性断裂）	纯剪切变形断裂	单系滑移、多系滑移、穿晶断裂
	韧窝断裂	微孔聚集型、穿晶、沿晶界断裂
	蠕变断裂	通常高于常温，长时间应力作用，沿晶界、穿晶断裂

除上述断裂分类方法外，还有按断裂面的取向或按作用力方式等分类方法。若断裂面取向垂直于最大正应力，即为正断型断裂；断裂面取向与最大切应力方向一致而与最大正应力方向约成45°者，即为切断型断裂。前者如解理断裂或塑性变形受较大约束下的断裂，后者如塑性变形不受约束或约束较小情况的断裂，如拉伸断口上的剪切唇。

5.2 韧性断裂及其特点

5.2.1 韧性断裂特征

韧性断裂是指金属材料在断裂前产生明显宏观塑性变形的断裂，这种断裂有一个缓慢的撕裂过程，在裂纹扩展过程中不断地消耗能量。韧性断裂的断裂面一般平行于最大切应力并与主应力成45°角。用肉眼或放大镜观察时，断口呈纤维状，灰暗色。纤维状是塑性变形过程中微裂纹不断扩展和相互连接造成的，而灰暗色则是纤维断口表面对光反射能力很弱所致。

中、低强度钢的光滑圆柱试样在室温下的静拉伸断裂是典型的韧性断裂，其宏观断口呈杯锥形，由纤维区、放射区和剪切唇三个区域组成，如图5-1所示，即所谓的断口特征三要素。这种断口的形成过程如图5-2所示。

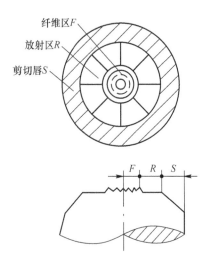

图5-1 拉伸断口三个区域示意图

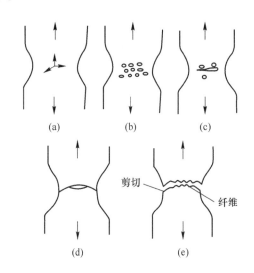

图5-2 杯锥状断口形成示意图
(a) 缩颈导致三向应力；(b) 微孔形成；(c) 微孔长大；
(d) 微孔连接形成锯齿状；(e) 边缘剪切断裂

如前所述，当光滑圆柱拉伸试样受拉伸力作用，在试验载荷达到拉伸力-伸长曲线最高点时，便在试样局部区域产生缩颈，同时试样的应力状态也由单向变为三向，且中心轴向应力最大。在中心三向拉应力作用下，塑性变形难于进行，致使试样中心部分的夹杂物或第二相质点本身碎裂，或使夹杂物质点与基体界面脱离而形成微孔。微孔不断长大和聚合就形成显微裂纹。早期形成的显微裂纹，其端部产生较大塑性变形，且集中于极窄的高变形带内。这些剪切变形带从宏观上看大致与径向呈50°～60°角。新的微孔就在变形带内成核、长大和聚合，当其与裂纹连接时，裂纹便向前扩展了一段距离。这样的过程重复进行就形成锯齿形的纤维区。纤维区所在平面（即裂纹扩展的宏观平面）垂直于拉伸应力方向。

纤维区中裂纹扩展是很慢的，当其达到临界尺寸后就快速扩展而形成放射区。放射区是裂纹快速低能量撕裂形成的。放射线平行于裂纹扩展方向而垂直于裂纹前端（每一瞬间）的轮廓线，并逆指向裂纹源。撕裂时塑性变形量越大，则放射线越粗。温度降低或材料强度增加，由于塑性降低，放射线由粗变细乃至消失。对于几乎不产生塑性变形的极脆材料，放射线消失。

试样拉伸断裂的最后阶段形成杯状或锥状的剪切唇，切唇表面光滑，与拉伸轴呈45°，是典型的切断型断裂。

上述断口三个区域的形态、大小和相对位置，因试样形状、尺寸和金属材料的性能以及试验温度、加载速率和受力状态不同而变化。一般来说，材料强度提高，塑性降低，则放射区比例增大；试样尺寸加大，放射区增大明显，而纤维区变化不大。

5.2.2 断口形貌与韧性关系

5.2.2.1 金属的微孔聚集型断裂过程

裂纹试样的微孔聚集型断裂过程如图 5-3 所示。图 5-3(a) 为裂纹不受力的情况。受力后裂纹张开，裂纹顶端首先发生塑性变形，结果裂纹钝化，裂纹顶端材料横向收缩。裂纹顶端的这种塑性变形和横向收缩在断口上造成一个称为"延伸区"的区域，其尺寸与材料中异相质点间距相当。延伸区用肉眼难以分辨，在电镜下呈无特征的弧面，有时可以看到一些称为"蛇形滑动"的线条，是滑移带与裂纹顶端表面相交的痕迹。载荷继续加大，裂纹顶端塑性变形范围加大，形成所谓裂纹顶端塑性区，并有异相颗粒进入塑性变形区。在继续塑性变形过程中，异相与基体界面处开裂，形成最早的微孔，如图 5-3(b) 所示。裂纹顶端微孔的形成使裂纹顶端与微孔间的材料成为"颈缩小试样"，微孔与延伸区之间迅速联结起来，使裂纹向前扩展了一步，如图 5-3(c) 所示。通常将这一过程称为启裂，它是试样进入断裂状态的标志。裂纹的进一步扩展是上述过程的重复，如图 5-3(d) 所示。最终导致试样整体断裂。

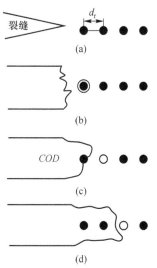

5.2.2.2 韧窝形态与材料韧性关系

如图 5-3(c) 所示，裂纹由塑性变形和钝化状态进入到断裂状态的重要标志是裂纹顶端的"启裂"。显然，在启裂时刻材料所受的应力或应变水平是衡量材料断裂抗力的尺度。在断裂韧性测试技术中，用启裂时刻的裂纹张开位移，简称 COD（crack opening displacement），作为材料的断裂韧度参数。启裂时 COD 值越大，进入断裂状态的临界应力值或应变值越高，即材料断裂韧度越高。

图 5-3 裂纹试样的微孔聚集型
断裂过程示意图

(a) 裂纹不受力；(b) 受力后裂纹张开；

(c) 启裂：裂纹微孔与延伸区之间迅速
联结起来使裂纹向前扩展一步；

(d) 裂纹进一步扩展

　　裂纹顶端钝化，形成延伸区的过程是基体材料塑性变形和形变强化的过程，基体材料形变强化能力决定于其应变硬化指数 n，n 值越大，应变硬化的潜力越大，启裂越迟。其次，启裂难易还与异相质点间距有关。材料中异相平均质点间距 λ，基体应变硬化指数 n 与 COD 之间的关系如图 5-4 所示。图 5-4(a) 中的两种材料（$n_1 = n_2$，$\lambda_1 > \lambda_2$），即在基体应变硬化特征相同的情况下，异相质点间距越大，韧窝尺寸越大，COD 值越高。相反在图 5-4(b) 中（$n_1 > n_2$，$\lambda_1 = \lambda_2$），表明在 λ 相同时，基体应变硬化能力越高，韧窝越深，即 COD 越高。

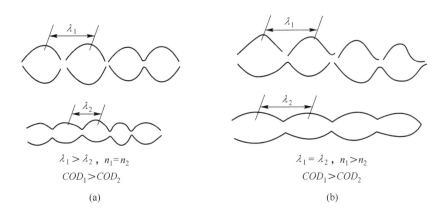

图 5-4　韧窝形态与材料韧性关系示意图

（a）应变硬化指数 n 相等，异相质点间距 λ 不同的材料，其 COD 值和韧窝尺寸随间距 λ 增大而增大；

（b）异相质点间距 λ 相等，应变硬化指数 n 不同的材料，其 COD 值和韧窝尺寸随 n 增加而增大

5.3　脆性断裂及其特点

　　脆性断裂是突然发生的断裂，断裂前基本上不发生塑性变形，没有明显征兆，因而危害性很大。脆性断裂的断裂面一般与正应力垂直，断口平齐而光亮，常呈放射状或结晶状。常见的金属脆性断裂的断口形貌如图 5-5 所示。脆性断裂主要指沿晶断裂、脆性穿晶断裂、解理断裂和准解理断裂几大类。

图 5-5　典型金属脆性断口及其形貌

5.3.1 沿晶断裂

由于大多数金属材料属于多晶体，所以沿晶断裂在金属中比较常见，沿晶断裂的裂纹首先在晶界上形成，并沿着晶界扩展直至断裂。由于晶粒的形状没有发生变化，可以推断金属在沿晶断开时不发生任何塑性变形，属于脆性断裂。沿晶断裂的断口形貌一般呈冰糖状（如图5-6所示），但如晶粒很细小，则肉眼无法辨认出冰糖状形貌，此时断口一般呈晶粒状，颜色较纤维状断口明亮，但比纯脆性断口要灰暗些，因为它们没有反光能力很强的小平面。

图5-6 典型的沿晶断裂脆性断口（冰糖状）

实验表明，大多数沿晶断裂是由晶界上的一薄层连续或不连续脆性第二相或夹杂物破坏了晶界的连续性所造成；也可能是杂质元素向晶界偏聚，降低晶界强度引起的；热处理或者其他热加工过程中工艺不当，如过热或过烧等产生晶界氧化，弱化晶界强度引起的；金属在高温下工作或工作温度超过等强温度，晶界强度低于晶内强度也可引起沿晶断裂。

5.3.2 脆性穿晶断裂

脆性穿晶断裂，断裂前基本上不发生塑性变形或者没有明显的塑性变形。在工程上，当构件的断面收缩率小于5%时就认为是脆性断裂。断裂的主要特征是：裂纹一旦形成便快速扩展，穿过晶粒内部，引起突然断裂。断裂过程可以简单描述为：应力集中处形成裂纹，在应力继续作用下低能量撕裂，主裂纹向前扩展，次生裂纹向后扩展，裂纹连接使构件分离。就整个零部件来讲，这样的断裂发生的时候不一定全部穿过晶粒，在个别地方可能也沿着晶粒边界扩展。

在材料发生脆性穿晶断裂时，裂纹的形成主要起源于：
（1）性能差别比较大的异相结合部位（相界面）。
（2）应力集中部位（由于几何尺寸的原因或者应力状态的原因）。
（3）硬而脆的第二相尖端部位。
（4）体心立方或密排六方金属在较低的温度或受到突然变化的载荷。
（5）由于各种原因形成的位错塞积造成的显微裂纹。

在多数情况下，断裂面与正应力垂直，因而也通常与试样受力轴线垂直。穿晶断裂的断口特征：断口是较为平坦、肉眼看上去有发亮的结晶状断面。相当于韧性断裂试样中局部放射区域的组织。穿晶断裂大部分是解理断裂，在电子显微镜下观察可见很多的起伏不平。

5.3.3　解理断裂

解理断裂是金属材料在一定条件下（如低温），当外加正应力达到一定数值后，以极快速率沿一定晶体学平面产生的穿晶断裂，因与大理石形貌类似，故称此种晶体学平面为解理面。解理面一般是低指数晶或表面能最低的晶面。典型金属单晶体的解理面见表5-3。

表5-3　典型金属单晶体的解理面

晶体结构	材料	主要解理面	次要解理面
bcc	Fe，W，Mo	$\{001\}$	$\{112\}$
hcp	Zn，Cd，Mg	$\{0001\}$、$\{\bar{1}100\}$	$\{11\bar{2}4\}$

解理断裂全部是穿晶断裂，只不过具有自身特点和规律。断口特征如上述的穿晶断裂（把金属原子正向分离开）。常发生在体心立方、密排六方金属中，bcc 金属发生解理断裂是沿着(100)晶面进行。解理断裂虽然沿着特定的原子面发生，但是在多晶体金属中不同晶粒的低指数晶面不能彼此平行，所以裂纹横跨晶粒时，会形成解理台阶。解理断裂的裂纹像河流那样聚集扩大，故形成许多类似河流形状的图案，称为河流花样，如图 5-7 所示。

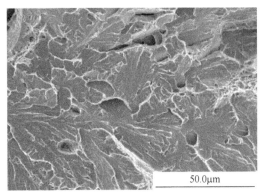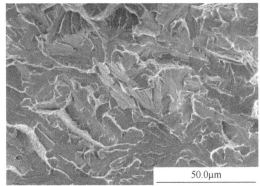

图 5-7　河流花样的解理断口

图 5-8 所示为模具钢 23MnNiCrMo54 的解理断裂形貌。

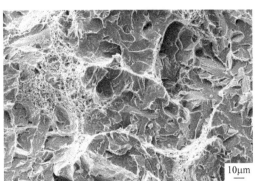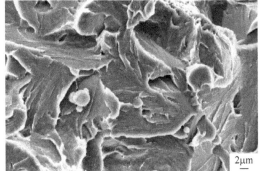

图 5-8　模具钢 23MnNiCrMo54 的解理断裂

舌状花样也是解理断口上一种常见的微观特征，因其形态似舌头而得名，如图 5-9 所示。

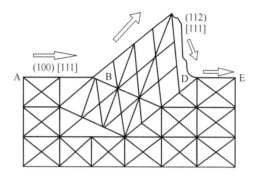

图 5-9　舌状花样解理断口形成示意图

5.3.4　准解理断裂

5.3.4.1　准解理断口形貌

准解理断裂在宏观上通常都表现为脆性断裂，就断裂机制来说，准解理断裂并不是独立的，它是解理断裂机制和微孔聚合两种机制的混合。这种断裂形貌由解理台阶逐渐过渡到撕裂棱，断裂面由平直的解理面逐步过渡到准解理这种断裂形式，常见于淬火回火钢中，断口扫描电镜分析表明，除了可看到大多呈辐射状的河流花样位于断裂小平面内之外，还可看到许多撕裂棱分布在小平面内和小平面之间，有人将分布于断裂小平面之间较粗的那些连接称为撕裂线。图 5-10 说明了准解理断裂过程，两侧的解理裂纹扩展相遇，形成撕裂棱。

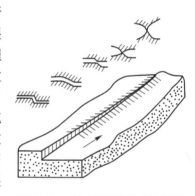

图 5-10　准解理断裂过程示意图

5.3.4.2　解理与准解理断裂的差异

（1）准解理断裂是起始于断裂小平面的内部，这些小的裂纹逐渐长大，并被撕裂棱连接起来；而解理裂纹则起始于断裂的一侧，向另一侧延伸扩展，直至断裂。

（2）准解理是通过解理台阶、撕裂棱把解理、微孔聚合这两种机制掺合在一起，两者没有截然的分界。

准解理断裂是解理断裂的一个变种，裂纹起点通常是晶粒内的硬质点，形成从质点出发的放射状河流花样，断口有很多撕裂棱；与解理断裂一样，都是穿晶断裂，有小解理面。而解理断裂的裂纹源头一般是晶界。

5.4　材料的断裂强度

5.4.1　理论断裂强度

金属材料之所以具有工业应用价值，乃是因为它们有较高的强度，同时又有一定的塑性。决定材料强度的最基本因素是原子间结合力，原子间结合力越高，则弹性模量及熔点就越高。人们曾经根据原子间结合力推导出晶体在切应力作用下，两原子面作相对刚性滑移时所需的理论切应力，即理论切变强度。同样的办法我们也可以推导出在外加正应力作用下，将晶体的两个原子面沿垂直于外力方向拉断所需的应力，即理论断裂强度。

对于理想晶体的脆性断裂（即只有弹性变形阶段），可以通过理论推导得到理论断裂强度 σ_m。假设晶体为简单立方结构，晶体中的原子呈周期性排列，水平方向和垂直方向的原子间距均为 a_0，晶体受到剪切应力作用（如图 5-11 所示）。

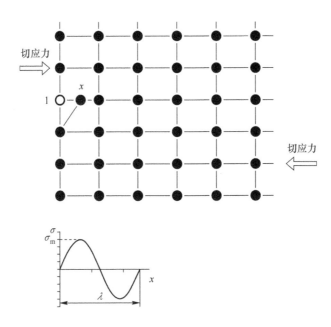

图 5-11　晶体点阵模型及周期应力场示意图

假设材料中原子之间刚性结合，那么规则排列的原子就位于周期点阵之中。每一个原子都受到周期作用力，且假设这个周期作用力是遵循正弦波波动规律。图 5-11 中 1 号原子在切应力作用下沿 x 方向有一个小位移 x，则原子在不同位置时所受的应力可以表示为：

$$\sigma = \sigma_m \sin \frac{2\pi x}{\lambda} \tag{5-1}$$

如 x 很小，则式（5-1）可简化为：

$$\sigma = \sigma_m \frac{2\pi x}{\lambda} \tag{5-2}$$

此时 x 方向产生的应变 ε 为：

$$\varepsilon = \frac{x}{a_0} \tag{5-3}$$

根据胡克定律（Hooke's law）有：

$$\sigma = E\varepsilon = E\frac{x}{a_0} \tag{5-4}$$

联合式 (5-2) 和式 (5-4) 可得：

$$\lambda = \frac{2\pi\sigma_m a_0}{E} \tag{5-5}$$

另外对于正弦曲线，当 $x = \lambda/4$ 时应力达到峰值，晶体发生断裂产生新的表面及表面能。根据弹性理论，形成单位裂纹表面外力所做的功为：

$$2\gamma = \int_0^{\frac{\lambda}{2}} \sigma_m \sin\left(\frac{2\pi x}{\lambda}\right) dx \tag{5-6}$$

代入式 (5-5) 得：

$$\sigma_m = \left(\frac{E\gamma}{a_0}\right)^{\frac{1}{2}} \tag{5-7}$$

式中　E——杨氏模量；

　　　γ——裂纹面上单位面积的表面能；

　　　a_0——晶面间距。

由式 (5-7) 可见，断裂面的表面能越小，则理论断裂强度 σ_m 越小，越容易出现断裂。

以纯铁为例，$\gamma \approx 2 J/m^2$，$a_0 = 2.5 \times 10^{-10} m$，$E = 2 \times 10^{11} N/m^2$，由式 (5-7) 估计得到 $\sigma_m = 4 \times 10^{10} N/m^2 \approx E/5$。

实际金属材料的断裂强度只有理论值的 0.1% ~ 10%，其根本原因就是金属材料中存在各种缺陷，如空位、位错、层错、夹杂等微观缺陷，尤其是工件在长期服役过程中会慢慢产生宏观裂纹（毫米级），由于裂纹存在将引起应力集中，裂纹尖端处的应力要比平均应力高得多，当此处正应力达到理论强度值时，裂纹将迅速扩张而断裂，因此实际断裂时的应力远小于理论强度值。

5.4.2　实际断裂强度

材料或工件长期服役中已经存在宏观裂纹，在外加载荷作用下，材料或工件中裂纹尖端引起应力集中，当总应力（应力集中 + 外加应力）达到一定值后，裂纹快速扩展并发生脆性断裂，导致材料或工件实际断裂强度远低于理论断裂强度。

格雷菲斯 (A. A. Griffith) 1921 年以玻璃、陶瓷等脆性材料断裂为基础，提出相关理论，成功解释了脆性材料理论断裂强度与实际断裂强度的巨大差异。

假设有一单位厚度的无限宽薄板，对之施加一拉应力，并使其固定以隔绝与外界的能量交换（如图 5-12 所示），此时 $\sigma_z = 0$，即为平面应力状态。

板材每单位体积储存的弹性能为 $\sigma^2/2E$。因为是单位厚度，故 $\sigma^2/2E$ 实际上亦代表单位面积的弹性能。如果在这个板的中心割开一个垂直于应力 σ 长度为 $2a$ 的裂纹，则原来弹性拉紧的平板会

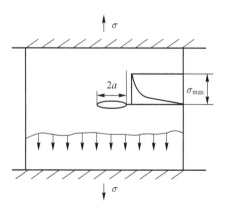

图 5-12　无限大薄板中心裂纹
尖端应力集中示意图

释放弹性能(U_e)。根据弹性理论计算，释放的弹性能为：

$$U_e = -\frac{\pi\sigma^2 a^2}{E} \tag{5-8}$$

另外，裂纹形成时产生新表面需要克服表面能，设裂纹的比表面能为γ_s，则表面能（W）为：

$$W = 4a\gamma_s \tag{5-9}$$

于是，整个系统的总能量变化为：

$$U_e + W = -\frac{\pi\sigma^2 a^2}{E} + 4a\gamma_s \tag{5-10}$$

由图5-12可见，在总能量曲线的最高点处，系统总能量对裂纹半长a的一阶偏导数应等于0，即：

$$\frac{\partial\left(-\dfrac{\pi\sigma^2 a^2}{E} + 4a\gamma_s\right)}{\partial a} = 0 \tag{5-11}$$

于是，裂纹失稳扩展的临界应力（σ_c）为：

$$\sigma_c = \left(\frac{2E\gamma_s}{\pi a}\right)^{\frac{1}{2}} \tag{5-12}$$

这就是著名的格雷菲斯（Griffith）公式，σ_c为有裂纹物体的断裂强度（实际断裂强度）。它表明，在脆性材料中，σ_c反比于裂纹半长的平方根。如物体所受的外加应力σ达到σ_c，则裂纹产生失稳扩展，直至断裂。

式（5-12）适用于薄板情况。对于厚板，由于$\sigma_z \neq 0$，厚板处于平面应变状态。此时弹性能为：

$$U_e = -\left(\frac{\pi\sigma^2 a^2}{E}\right)(1 - \nu^2) \tag{5-13}$$

故厚板裂纹失稳扩展的临界应力（σ_c）为：

$$\sigma_c = \left[\frac{2E\gamma_s}{\pi(1 - \nu^2)a}\right]^{\frac{1}{2}} \tag{5-14}$$

式中 ν——泊松比。

对于金属等塑性材料，裂纹尖端会产生一定的塑性变形，要消耗塑性变形功（γ_p）。为了仍能应用格雷菲斯公式，需要对之进行修正。奥罗万（E. Rowan）和欧文（G. R. Irwin）考虑了塑性变形功，提出了修正的格雷菲斯公式：

$$\sigma_c = \left[\frac{2E(\gamma_s + \gamma_p)}{\pi a}\right]^{\frac{1}{2}} \tag{5-15}$$

由于塑性变形功（γ_p）远大于比表面能（γ_s），式（5-15）可简化为：

$$\sigma_c = \left(\frac{2E\gamma_p}{\pi a}\right)^{\frac{1}{2}} \tag{5-16}$$

格雷菲斯理论的前提是，承认实际金属材料中已经存在宏观裂纹，不涉及裂纹的来源问题。裂纹可能是材料在冶炼或在铸、锻、焊、热处理等加工过程中产生的，也可能是材料在服役过程中因塑性变形诱发而产生的。

5.5　晶须及其理论断裂强度

晶须是指自然形成或者在人工控制条件下（主要形式）以单晶形式生长成的一种纤维，其直径非常小（微米数量级），不含有通常材料中存在的缺陷（如晶界、位错、空位等），其原子排列高度有序，因而其强度接近于完整晶体的理论值。其机械强度等于原子间作用总力。晶须的高度取向结构不仅使其具有高强度、高模量和高伸长率，而且还具有电、光、磁、介电、导电、超导电性质。晶须的强度远高于其他短切纤维，主要用作复合材料的增强体，用于制造高强度复合材料。

晶须可分为金属晶须、有机晶须和无机晶须三大类。其中金属晶须有锡晶须及铅晶须等。有机晶须主要有纤维素晶须、聚丙烯酸丁酯-苯乙烯晶须、聚 4-羟基苯甲酯晶须（PHB 晶须）等几种类型。无机晶须主要包括陶瓷晶须（SiC、钛酸钾、硼酸铝等）、无机盐晶须（硫酸钙、碳酸钙等）和金属氧化物晶须（氧化铝、氧化锌等）。

5.5.1　锡晶须制备工艺

无氧铜棒用电火花加工机切割成 3mm 厚的圆盘，用作镀锡基板，研磨抛光至 0.05mm 光洁度。抛光后，将圆盘在乙醇中超声清洗并干燥，然后放入电解池中。铜盘用作阴极，锡带以类似的方式抛光和清洗，用作阳极。锡晶须的形成和生长已被证明主要是一种应力释放现象。通过两种不同的方法在锡膜中引入压力来实现晶须的加速生长：挤压和时效处理。

由于晶须需要放置在扫描电镜内的拉伸平台上进行力学性能测试。事先通过面积计算得到晶须的初始横截面，在测试平台系统器件上铣削出对应尺寸的沟槽。为了跟踪实验过程中的载荷和位移，在设备上的沟槽一侧也做了小的标记。通过沉积铂将钨针焊接到锡晶须上，以连接针和晶须（如图 5-13(a) 所示）。之后用离子束切割锡晶须（如图 5-13(b) 所示）。将针移动到测试平台系统器件的沟槽中，再次使用铂将晶须焊接固定（如图 5-13(c) 和 (d) 所示）。正是由于晶须通常只有几百微米尺寸，因此测试其力学性能相当困难。

5.5.2　锡晶须形貌与力学性能

5.5.2.1　SEM 观测结果

图 5-14(a) 和 (b) 分别为电镀样品在 100℃ 下时效获得的小突起和锡晶须，图 5-14(c) 和 (d) 分别为晶须成长示意图和晶须制备过程截面组织形貌。经过大约 10 天时效后观察到山丘状小突起且密度随着时间的增长而增加。大多数晶须是经约 20 天时效后在这些突起上形成，很少有晶须直接从表面形成。由于有减少小山丘的表面自由能的趋势，可以观察到小山丘的胡须突出，其原因是能够降低突起处的表面自由能。通过时效获得的晶须长为 10～280μm，厚为 1～10μm。锡/铜界面形成的均匀铜锡金属间化合物层（Cu_6Sn_5 和 Cu_3Sn）导致体积增加，是时效样品中产生压应力的原因。

图 5-13　晶须固定在微机电系统器件上的步骤

（a）连接针和晶须；（b）用离子束切割锡晶须；（c）将针移动到测试平台系统器件的沟槽中；

（d）再次使用铂将晶须焊接固定

5.5.2.2　力学性能

　　与块状锡相比，锡晶须的强度要高得多，这是因为锡晶须中的缺陷密度要低得多（见表 5-4），图 5-15 为不同工艺制备的锡晶须力学性能，图 5-16 为晶须尺寸与加工工艺对晶须强度的影响规律。

表 5-4　锡块与锡晶须的力学性能对比

材料种类	抗拉强度/MPa	屈服强度/MPa
锡块	25	12
锡晶须	>300	>300

　　晶须的强度随晶须长度的增加而降低，即对于特定类型的晶须，$50\mu m$ 晶须的强度低于 $20\mu m$ 晶须的强度。对于这种观察到的强度差异，一个可能的解释是这些材料断裂的缺陷依赖性质。在更小的材料体积中，材料包含缺陷密度的可能性更低，从而导致更高的强度。

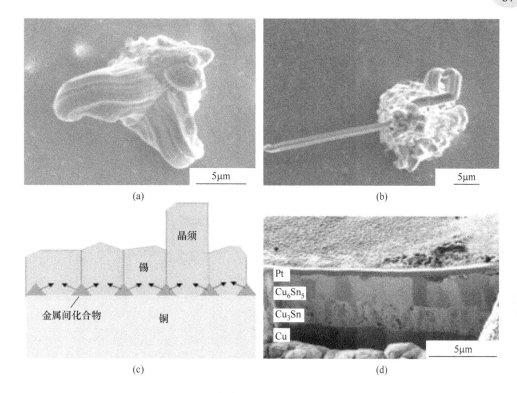

图 5-14 时效样品上的晶须与突起（SEM）

（a）突起；（b）突起上的晶须；（c）金属晶须形成示意图；（d）晶须制备过程截面形貌

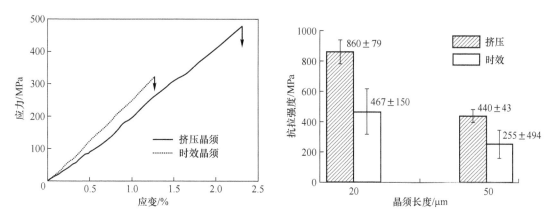

图 5-15 不同工艺制备的锡晶须力学性能   图 5-16 试样长度与加工工艺对晶须强度的影响

此外，在特定的规格长度下，可以观察到通过高温炉时效得到的晶须强度低于通过挤压得到的晶须强度。原因是时效处理的晶须长时间暴露在高温下，这有助于位错的攀移和交叉滑移，位错密度增加，当受到载荷时，位错的行为非常类似于形成亚晶粒的块状锡（如图 5-17(a)～(d)所示），容易发生交叉滑移、攀移。在从时效晶须的亚晶粒边界中也观察到具有条纹状外观的堆垛层错（如图 5-17(e)～(g)所示）。挤压处理获得的晶须几乎没有缺陷（如图 5-18(a)所示），同时断裂的晶须中也没有储存的位错（如图 5-18(b)所示）。

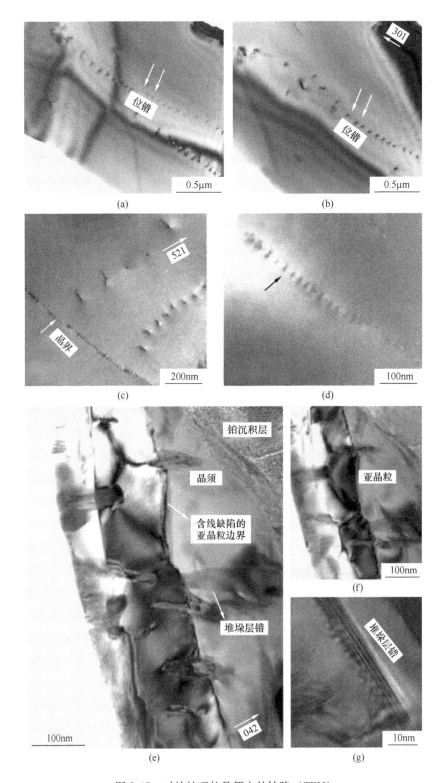

图 5-17　时效处理的晶须中的缺陷（TEM）

（a）~（d）时效处理的晶须受到载荷时，位错易发生交叉滑移和攀移；

（e）~（g）在时效晶须的亚晶粒边界中观察到具有条纹状外观的堆垛层错

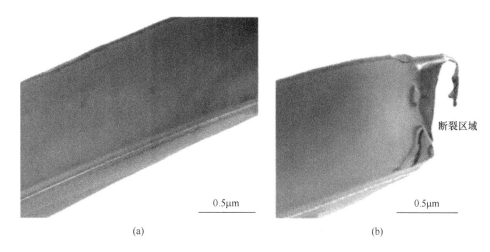

图 5-18　挤压处理得到的晶须（TEM）

（a）挤压处理获得的晶须几乎没有缺陷；（b）断裂的晶须中没有储存的位错

5.5.2.3　锡晶须形貌与力学性能小结

（1）晶须的高强度来自低的缺陷密度；

（2）相同条件下制得的晶须，随着长度增加缺陷增多，因此强度随着晶须长度增加而下降；

（3）透射电镜结果表明时效处理的晶须中含有一定量亚晶粒以及位错，类似于块状锡，而挤压得到的晶须中几乎不含缺陷，因此后者强度要大于前者。

思 考 题

5-1　应用哪些方法可能使塑性低的材料成韧性断裂？

5-2　何谓拉伸断口三要素？影响宏观拉伸断口形态的因素有哪些？

5-3　试述韧性断裂与脆性断裂的区别。为什么脆性断裂更危险？

5-4　剪切断裂与解理断裂都是穿晶断裂，为什么断裂性质完全不同？

5-5　在什么条件下易于出现沿晶断裂？怎样才能减小沿晶断裂倾向？

5-6　由哪些因素决定韧性断口的宏观形貌？

5-7　论述格雷菲斯裂纹理论分析问题的思路，试推导格雷菲斯方程，并指出该理论的局限性。

5-8　断裂强度 σ_c 与抗拉强度 R_m 有何区别？

5-9　针对结构的大型化、设计应力水平的提高、高强度材料的应用、焊接工艺的普遍采用以及服役条件的严酷化，试说明在传统强度设计的基础上，还应进行断裂力学设计的原因。

5-10　推导材料理论断裂强度（σ_m）公式：

$$\sigma_m = \sqrt{\frac{\gamma_s E}{a_0}}$$

式中　E——弹性模量；

　　　a_0——原子间的平均距离；

　　　γ_s——裂纹面上单位面积的表面能。

5-11　若一薄板物体内部存在一条长 3mm 的裂纹，且 $a_0 = 3 \times 10^{-8}$ cm，试求脆性断裂时的断裂应力（设

$\sigma_{\mathrm{m}} = 2 \times 10^5 \mathrm{MPa}$)。

5-12 今有一材料 $E = 2 \times 10^{11} \mathrm{N/m^2}$，$\gamma_s = 8 \mathrm{N/m}$。试计算在 $7 \times 10^7 \mathrm{N/m^2}$ 的拉应力作用下，该材料中能扩展的裂纹之最小长度。

参 考 文 献

[1] 束德林. 工程材料力学性能 [M]. 2版. 北京：机械工业出版社，2011.

[2] 那顺桑. 金属材料力学性能 [M]. 北京：冶金工业出版社，2011.

[3] 王吉会. 材料力学性能 [M]. 天津：天津大学出版社，2006.

[4] 刘瑞堂. 工程材料力学性能 [M]. 哈尔滨：哈尔滨工业大学出版社，2001.

[5] 李广宇，李子东，叶进. 晶须的性能及其应用进展 [J]. 热固性树脂，2000(2)：48~51.

[6] Chason E, Jadnav N, Chan W L, et al. Whisker formation in Sn and Pb-Sn coatings：role of intermetallic growth, stress evolution, and plastic deformation processes [J]. Applied Physics Letters, 2008, 92：171901.

[7] Boettinger W J, Johnson C E, Bendersky L A, et al. Whisker and Hillock formation on Sn, Sn-Cu and Sn-Pb electrodeposits [J]. Acta Materialia, 2009, 53(19)：5033~5050.

[8] Singh S S, Sarkar R, Xie H X, et al. Tensile behavior of single-crystal tin whiskers [J]. Journal of Electronic Materials, 2014, 43：978~982.

[9] 刘鸣放. 金属材料力学性能手册 [M]. 北京：机械工业出版社，2011.

6 金属的断裂韧性及工程应用

第 6 章教学视频

断裂是机件最危险的失效形式，尤其是脆性断裂，极易造成安全事故和重大经济损失。

随着科学技术和生产工艺的迅速发展，普遍采用高强度、超高强度材料，特别是大型焊接件和铸锻件，由于它们对裂纹或类裂纹缺陷比较敏感，致使许多工程结构出现了低应力脆断现象（破断应力远低于设计应力或屈服强度），造成了许多严重的事故。据统计，1938~1943 年共有 40 座焊接桥梁发生类似的脆断事故。1943~1948 年，在美国 5000 艘焊接"自由轮"和 T-2 油船中，共发生 1000 多次低应力脆断事故。航空结构上这种脆断事故更是经常发生，比较著名的是 20 世纪 50 年代初，美国北极星导弹固体燃料发动机壳体在试射中发生的爆炸事故，尽管该壳体所用的 D6AC 高强度钢经传统的强度校核和韧性检验是合格的，但实际破坏应力却不到屈服强度的一半。1969 年，美国 F-111 战斗机在执行任务途中，左翼突然折断脱落，致使飞机坠毁。事后检查发现，事故是由于热处理不当使主梁接头出现裂纹引起的。2001 年 11 月 12 日，美国航空 587 号班机在肯尼迪国际机场起飞后，因飞行员操纵失误导致垂直尾翼断裂，在向下俯冲中撞毁。2003 年 2 月 1 日，"哥伦比亚"号航天飞机在原定降落时间前 16min 与地面控制中心失联，继而在得克萨斯州中部上空解体。2016 年 6 月 28 日，Aquila 无人机在飞行途中遭遇强烈阵风，右侧机翼出现了断裂的问题，试图在亚利桑那州 Yuma 飞行验证场着陆时发生了坠毁事故。一系列严重的低应力脆断事故，引起有关部门的重视，特别是北极星导弹试射中的爆炸事故，引起了广泛关注。人们开始对传统强度设计的正确性、可靠性产生了怀疑，并着手研究裂纹对构件强度的影响及其扩展规律。

6.1 线弹性及弹塑性条件下应力强度因子及断裂韧性

为了防止断裂失效，传统力学的强度理论是根据材料的屈服强度，用强度储备方法确定机件工作应力，即：

$$\sigma \leqslant \frac{R_{p0.2}}{n} \tag{6-1}$$

式中　σ——工作应力；

　　　n——安全系数。

然后再考虑到机件的一些结构特点（缺口、肩、键槽等）及环境温度的影响来设计，按理不会发生塑性变形和断裂。但是对高强度机件以及中低强度钢的大型、重型机件（如火箭壳体、大型转子、船舶、桥梁、压力容器等）却经常发生低应力脆性断裂。大量断裂案例分析表明，上述机件的低应力脆断是由宏观裂纹（工艺裂纹或使用裂纹）扩展引起的。例如，1950 年超高强度钢 D6AC 制成的美国北极星导弹固体燃料发动机壳体在试发射时发生爆炸。常规性能都符合设计要求，事后检查发现壳体破坏是由一个深度 a 为 0.2mm，长度 $2c$ 为 10mm 的裂纹引起的。由于存在裂纹和缺陷，破坏了材料的均匀连续性，改变了材料内部的应力状态，所以传统力学的强度理论不再适用，需要发展出新的强度理论和新的材料性能评价指标，这就形成了专门研究裂纹体的力学——断裂力学。断裂力学的主要研究内容如下：

（1）建立裂纹尖端的应力场和应变场；

（2）计算断裂强度，并建立断裂判据；

（3）提高材料断裂韧性的途径。

6.1.1 线弹性条件下应力强度因子

大量断口分析表明，金属机件的低应力脆断没有伴随宏观塑性变形。由此可以认为，裂纹在断裂扩展时，其尖端附近总是处于弹性状态，因此，在研究低应力脆断的裂纹扩展问题时可以应用弹性力学理论，从而构成了线弹性断裂力学。线弹性断裂力学分析裂纹体断裂问题有两种方法：一种是应力应变场分析方法，考虑裂纹尖端附近的应力场强度，得到相应的断裂 K 判据；另一种是能量分析方法，考虑裂纹扩展时系统能量的变化，建立能量转化平衡方程，得到相应的断裂 G 判据。

6.1.1.1 裂纹扩展的基本形式

由于裂纹尖端附近的应力场强度与裂纹扩展类型有关，因此，首先讨论裂纹扩展的基本形式。含裂纹的金属机件，根据外加应力与裂纹扩展面的取向关系，裂纹扩展有三种基本形式，如图 6-1 所示。

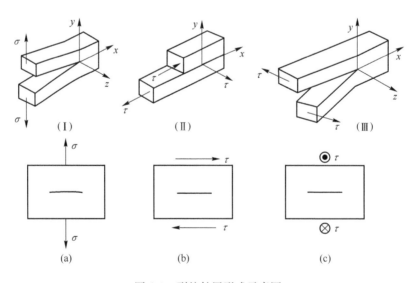

图 6-1   裂纹扩展形式示意图

（a）张开型；（b）滑开型；（c）撕开型

（1）张开型（Ⅰ型）裂纹扩展。如图 6-1（a）所示，拉应力垂直作用于裂纹扩展面，裂纹沿垂直于作用力方向张开，沿裂纹面扩展。如轴的横向裂纹在轴向拉力或弯曲力作用下的扩展，容器纵向裂纹在内压力下的扩展。

（2）滑开型（Ⅱ型）裂纹扩展。如图6-1(b)所示，切应力平行作用于裂纹面，而且与裂纹线垂直，裂纹沿裂纹面平行滑开扩展。如花键根部裂纹沿切向力的扩展。

（3）撕开型（Ⅲ型）裂纹扩展。如图6-1(c)所示，切应力平行作用于裂纹面，而且与裂纹线平行，裂纹沿裂纹面撕开扩展。如轴的纵、横裂纹在扭矩作用下的扩展。

实际裂纹的扩展并不局限于这三种形式，往往更为复杂。在这些不同的裂纹扩展形式中，以Ⅰ型裂纹扩展最危险，容易引起脆性断裂。因此，在研究裂纹体的脆性断裂问题时，总是以Ⅰ型裂纹为对象。

6.1.1.2 裂纹尖端应力场

由于裂纹扩展是从其尖端开始向前进行的，所以应该分析裂纹尖端的应力、应变状态，建立裂纹扩展的力学条件。欧文（G. R. Irwin）等对Ⅰ型裂纹尖端附近的应力应变进行了分析，建立了应力场、位移场的数学解析式。

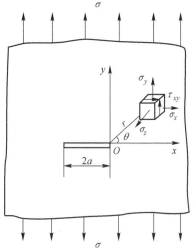

图6-2　Ⅰ型穿透裂纹无限大板的应力分析

如图6-2所示，假设有一无限大板，其中有$2a$长的Ⅰ型裂纹，在均匀拉应力作用下，应用弹性力学可以分析裂纹尖端附近的应力场。如用极坐标表示，则各点(r,θ)的应力分量如下：

$$\left.\begin{aligned}
\sigma_x &= \sigma\sqrt{\frac{\pi a}{2\pi r}}\cos\frac{\theta}{2}\left(1-\sin\frac{\theta}{2}\sin\frac{3\theta}{2}\right) = \frac{K_{\mathrm{I}}}{\sqrt{2\pi r}}\cos\frac{\theta}{2}\left(1-\sin\frac{\theta}{2}\sin\frac{3\theta}{2}\right) \\
\sigma_y &= \sigma\sqrt{\frac{\pi a}{2\pi r}}\cos\frac{\theta}{2}\left(1+\sin\frac{\theta}{2}\sin\frac{3\theta}{2}\right) = \frac{K_{\mathrm{I}}}{\sqrt{2\pi r}}\cos\frac{\theta}{2}\left(1+\sin\frac{\theta}{2}\sin\frac{3\theta}{2}\right) \\
\tau_{xy} &= \sigma\sqrt{\frac{\pi a}{2\pi r}}\sin\frac{\theta}{2}\cos\frac{\theta}{2}\cos\frac{3\theta}{2} = \frac{K_{\mathrm{I}}}{\sqrt{2\pi r}}\sin\frac{\theta}{2}\cos\frac{\theta}{2}\cos\frac{3\theta}{2}
\end{aligned}\right\} \quad (6\text{-}2)$$

式中，σ_z取决于板材的厚度，对于薄板，板内应力处于平面应力状态，对于厚板而言，板内应力处于平面应变状态，即：

$$\left.\begin{aligned}
\sigma_z &= 0 & \text{（平面应力）} \\
\sigma_z &= \nu(\sigma_x+\sigma_y) & \text{（平面应变）}
\end{aligned}\right\} \quad (6\text{-}3)$$

由式（6-2）可知，在裂纹延长线上，$\theta=0$，则：

$$\left.\begin{aligned}
\sigma_y &= \sigma_x = \frac{K_{\mathrm{I}}}{\sqrt{2\pi r}} \\
\tau_{xy} &= 0
\end{aligned}\right\} \quad (6\text{-}4)$$

可见，在x轴上裂纹尖端区的切应力分量为零，拉应力分量最大，裂纹最易沿x轴方向扩展。

6.1.1.3 应力强度因子K_{I}

式（6-2）表明，裂纹尖端区域各点的应力分量除了与其位置(r,θ)相关外，还与强度因子K_{I}有关。对于某一确定的点，其应力分量就由K_{I}决定，并称为应力强度因子。下脚标注"Ⅰ"表示Ⅰ型裂纹。同理，K_{II}、K_{III}分别表示Ⅱ型和Ⅲ型裂纹的应力强度因子，其表达式为：

$$\left.\begin{array}{l} K_{\mathrm{I}} = Y\sigma\sqrt{a} \\ K_{\mathrm{II}} = Y\tau\sqrt{a} \\ K_{\mathrm{III}} = Y\tau\sqrt{a} \end{array}\right\} \tag{6-5}$$

常见几种裂纹的K_{I}表达式见表6-1。

表6-1　常见几种裂纹的K_{I}表达式

裂纹类型	K_{I}表达式		
无限大板穿透裂纹 $2a$ σ	$K_{\mathrm{I}} = \sigma\sqrt{\pi a}$		
有限宽板穿透裂纹 $2a$ $2b$	$K_{\mathrm{I}} = \sigma\sqrt{\pi a}\,f\left(\dfrac{a}{b}\right)$	a/b	$f(a/b)$
		0.074	1.00
		0.207	1.03
		0.275	1.05
		0.337	1.09
		0.410	1.13
		0.466	1.18
		0.535	1.25
		0.592	1.33
有限宽板单边直裂纹 a b σ	$K_{\mathrm{I}} = \sigma\sqrt{\pi a}\,f\left(\dfrac{a}{b}\right)$ 当 $b \gg a$ 时， $K_{\mathrm{I}} = 1.12\sigma\sqrt{\pi a}$	a/b	$f(a/b)$
		0.1	1.15
		0.2	1.20
		0.3	1.29
		0.4	1.37
		0.5	1.51
		0.6	1.68
		0.7	1.89
		0.8	2.14
		0.9	2.46
		1.0	2.89

裂纹类型	K_I 表达式		

受弯单边裂纹梁

$$K_I = \frac{6M}{(b-a)^{3/2}} f\left(\frac{a}{b}\right)$$

a/b	$f(a/b)$
0.05	0.36
0.1	0.49
0.2	0.60
0.3	0.66
0.4	0.69
0.5	0.72
0.6	0.73
>0.6	0.73

无限大物体内部有椭圆片裂纹，
远处受均匀拉伸

在裂纹边缘上任一点的 K_I 为：

$$K_I = \frac{\sigma\sqrt{\pi a}}{\phi}\left(\sin^2\beta + \frac{a^2}{c^2}\cos^2\beta\right)^{1/4}$$

ϕ 为第二类椭圆积分：

$$\phi = \int_0^{\pi/2}\left(\cos^2\beta + \frac{a^2}{c^2}\sin^2\beta\right)^{1/2}d\beta$$

无限大物体表面有半椭圆裂纹，
远处受均匀拉伸

A 点的 K_I 为：

$$K_I = \frac{1.1\sigma\sqrt{\pi a}}{\phi}$$

$$\phi = \int_0^{\pi/2}\left(\cos^2\beta + \frac{a^2}{c^2}\sin^2\beta\right)^{1/2}d\beta$$

注：K_I 的量纲为 [应力]×[长度]$^{1/2}$，其单位为 MPa·$\sqrt{m}$ 或 MN·$m^{-3/2}$。

6.1.2 小尺寸塑性区下的应力强度因子

6.1.2.1 裂纹尖端塑性区形状和尺寸

一般讲，式（6-5）只适用于线弹性体，即只适用于弹性状态下的断裂分析，由于金属材料具有较好的塑性，因此在裂纹扩展前，其尖端附近总会出现一个或大或小的塑性变形区（塑性区或屈服区）。因此，在塑性区内的应力应变之间就不再是线性关系，上述式（6-5）则不适用。大量研究结果表明，如果塑性区尺寸较裂纹尺寸以及试样净截面尺寸小一个数量级以上，即在所谓小范围屈服下，只要对 K_{I} 进行适当的修正，裂纹尖端附近的应力应变关系仍可用修正的式（6-5）来描述。为了求得 K_{I} 的修正方法，需要了解塑性区的形状和尺寸及等效裂纹的概念。

由材料力学可知，材料在三向拉应力状态下的 Von Mises 屈服条件为：

$$(\sigma_1 - \sigma_2)^2 + (\sigma_2 - \sigma_3)^2 + (\sigma_3 - \sigma_1)^2 = 2R_{\text{eL}}^2 \tag{6-6}$$

通过一点的主应力 σ_1、σ_2 和 σ_3 与 x、y、z 各方向的应力分量的关系为：

$$\left.\begin{aligned}
\sigma_1 &= \frac{\sigma_x + \sigma_y}{2} + \sqrt{\left(\frac{\sigma_x - \sigma_y}{2}\right)^2 + \tau_{xy}^2} \\
\sigma_2 &= \frac{\sigma_x + \sigma_y}{2} - \sqrt{\left(\frac{\sigma_x - \sigma_y}{2}\right)^2 + \tau_{xy}^2} \\
\sigma_3 &= 0 \qquad （平面应力） \\
\sigma_3 &= \nu(\sigma_1 + \sigma_2) \quad （平面应变）
\end{aligned}\right\} \tag{6-7}$$

将式（6-2）的应力场代入式（6-7），得裂纹顶端附近的主应力为：

$$\left.\begin{aligned}
\sigma_1 &= \frac{K_{\text{I}}}{\sqrt{2\pi r}} \cos\frac{\theta}{2}\left(1 + \sin\frac{\theta}{2}\right) \\
\sigma_2 &= \frac{K_{\text{I}}}{\sqrt{2\pi r}} \cos\frac{\theta}{2}\left(1 - \sin\frac{\theta}{2}\right) \\
\sigma_3 &= 0 \qquad （平面应力） \\
\sigma_3 &= \frac{2\nu K_{\text{I}}}{\sqrt{2\pi r}} \cos\frac{\theta}{2} \quad （平面应变）
\end{aligned}\right\} \tag{6-8}$$

将式（6-8）主应力再代入 Von Mises 屈服准则中，便可得到裂纹顶端塑性区的边界方程如下：

$$\left.\begin{aligned}
r &= \frac{1}{2\pi}\left(\frac{K_{\text{I}}}{R_{\text{eL}}}\right)^2 \left[\cos^2\frac{\theta}{2}\left(1 + 3\sin^2\frac{\theta}{2}\right)\right] \qquad （平面应力） \\
r &= \frac{1}{2\pi}\left(\frac{K_{\text{I}}}{R_{\text{eL}}}\right)^2 \left\{\cos^2\frac{\theta}{2}\left[(1 - 2\nu)^2 + 3\sin^2\frac{\theta}{2}\right]\right\} \quad （平面应变）
\end{aligned}\right\} \tag{6-9}$$

将式（6-9）用图形表示，所描绘的塑性区形状如图 6-3 所示，可知平面应变的塑性区比平面应力的塑性区小得多。对于厚板，表面是平面应力状态，而心部则为平面应变状态。

如取 $\theta = 0$，即在裂纹的前方塑性区范围为：

$$\left.\begin{aligned}
r_0 &= \frac{1}{2\pi}\left(\frac{K_{\text{I}}}{R_{\text{eL}}}\right)^2 \qquad （平面应力） \\
r_0 &= \frac{(1 - 2\nu)^2}{2\pi}\left(\frac{K_{\text{I}}}{R_{\text{eL}}}\right)^2 = 0.16\frac{K_{\text{I}}^2}{2\pi R_{\text{eL}}^2} \quad （平面应变，\nu = 0.3）
\end{aligned}\right\} \tag{6-10}$$

由于图 6-3 上的裂纹尖端塑性区即考虑图 6-4 中的 AB 段（即裂纹尖端应力分量

$\sigma_y \geq \sigma_{ys}$），而没有考虑图中阴影部分面积内应力松弛的影响。这种应力松弛可以进一步扩大塑性区（由 r_0 扩大至 R_0），图中 σ_{ys} 是在 y 方向发生屈服时的应力，称为 y 向有效屈服应力。在平面应力状态下 $\sigma_{ys} = R_{eL}$，在平面应变状态 $\sigma_{ys} = 2.5 R_{eL}$。

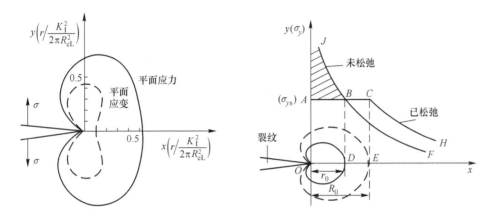

图 6-3　裂纹尖端附近塑性区形状和尺寸　　　　图 6-4　应力松弛对塑性区尺寸的影响

从能量角度出发，图 6-4 中影线部分面积应该等于矩形面积 $BCED$，经推算得：

$$R_0 = \frac{1}{\pi}\left(\frac{K_{\mathrm{I}}}{R_{eL}}\right)^2 = 2r_0 \tag{6-11}$$

可见，考虑应力松弛之后，平面应力塑性区宽度正好是 r_0 的两倍。

厚板在平面应变条件下，其塑性区是一个哑铃形的立体形状（如图 6-5 所示），中心是平面应变状态，两个表面都处于平面应力状态，所以 y 向有效屈服应力 σ_{ys} 小于 $2.5R_{eL}$，欧文建议为：

$$\sigma_{ys} = \sqrt{2\sqrt{2}}R_{eL} \tag{6-12}$$

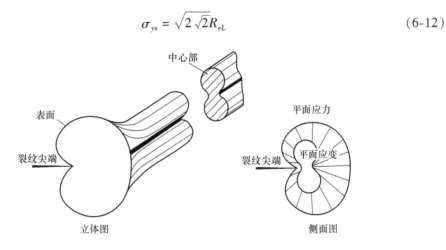

图 6-5　实际试样塑性区形状

经推算，平面应变状态下实际塑性区的宽度（R_0）也是原 r_0 的两倍。

由表 6-2 可见，不论是平面应力或平面应变，塑性区宽度总是与 $(K_{\mathrm{IC}}/R_{eL})^2$ 成正比。材料的 K_{IC} 越高和 R_{eL} 越低，其塑性区宽度就越大。

表6-2　裂纹尖端塑性区宽度的计算式

应力状态	未考虑应力松弛影响		考虑应力松弛影响	
	一般条件	临界条件	一般条件	临界条件
平面应力	$r_0 = \dfrac{1}{2\pi}\left(\dfrac{K_I}{R_{eL}}\right)^2$	$r_0 = \dfrac{1}{2\pi}\left(\dfrac{K_{IC}}{R_{eL}}\right)^2$	$R_0 = \dfrac{1}{\pi}\left(\dfrac{K_I}{R_{eL}}\right)^2$	$R_0 = \dfrac{1}{\pi}\left(\dfrac{K_{IC}}{R_{eL}}\right)^2$
平面应变	$r_0 = \dfrac{1}{4\sqrt{2}\pi}\left(\dfrac{K_I}{R_{eL}}\right)^2$	$r_0 = \dfrac{1}{4\sqrt{2}\pi}\left(\dfrac{K_{IC}}{R_{eL}}\right)^2$	$R_0 = \dfrac{1}{2\sqrt{2}\pi}\left(\dfrac{K_I}{R_{eL}}\right)^2$	$R_0 = \dfrac{1}{2\sqrt{2}\pi}\left(\dfrac{K_{IC}}{R_{eL}}\right)^2$

6.1.2.2　有效裂纹长度及 K_I 的修正

由于裂纹尖端应力集中引起塑性区的存在，使裂纹长度增加，从而影响应力场及 K_I 的计算，所以要对 K_I 进行修正（如图6-6所示）。

由图6-6可见，应力松弛前，裂纹尖端应力分布曲线为 ADB，应力松弛后的分布曲线为 $CDEF$，塑性区宽度为 R_0。如果将裂纹延长为 $a + r_y$（有效裂纹长度），即裂纹顶点由 O 虚移至 O'，则尖端 O' 外应力分布仍符合线弹性状态（GEH），相应地，应力强度因子时应为：

$$K_I = Y\sigma\sqrt{a + r_y} \qquad (6\text{-}13)$$

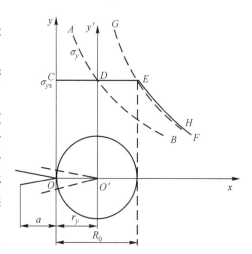

图6-6　K_I 修正方法示意图

计算表明，有效裂纹的塑性区修正值 r_y，正好是应力松弛后塑性区的半宽，即：

$$\left. \begin{aligned} r_y &= \frac{1}{2\pi}\left(\frac{K_I}{R_{eL}}\right)^2 \approx 0.16\left(\frac{K_I}{R_{eL}}\right)^2 \quad （平面应力） \\ r_y &= \frac{1}{4\sqrt{2}\pi}\left(\frac{K_I}{R_{eL}}\right)^2 \approx 0.056\left(\frac{K_I}{R_{eL}}\right)^2 \quad （平面应变） \end{aligned} \right\} \qquad (6\text{-}14)$$

因此，根据不同应力状态只要将式（6-14）代入式（6-13），即可求得修正后的 K_I 值：

$$\left. \begin{aligned} K_I &= \frac{Y\sigma\sqrt{a}}{\sqrt{1 - 0.16Y^2\left(\dfrac{\sigma}{R_{eL}}\right)^2}} \quad （平面应力） \\[2em] K_I &= \frac{Y\sigma\sqrt{a}}{\sqrt{1 - 0.056Y^2\left(\dfrac{\sigma}{R_{eL}}\right)^2}} \quad （平面应变） \end{aligned} \right\} \qquad (6\text{-}15)$$

由式（6-15）可知，只有当 σ/R_{eL} 接近1时，塑性区的影响大，对 K_I 的影响也越明显。一般规定，当 $\sigma/R_{eL} \geqslant 0.75$ 时，其 K_I 需要进行修正。

6.1.3　断裂韧性 K_{IC} 及 K 判据

由式（6-5）可见，当外加应力 σ 和裂纹半长度 a 单独或共同增大时，应力场因子

K_I 随之增大。当 K_I 增大达到某一临界值时，也就是在裂纹尖端足够大的范围内总应力达到了材料的断裂强度，裂纹便失稳扩展而导致材料断裂。这个临界或失稳状态的 K_I 值记作 K_{IC}（平面应变，即厚板）或 K_C（平面应力，即薄板），分别称为平面应变和平面应力的断裂韧性，表示在平面应变或平面应力条件下材料抵抗裂纹失稳扩展的能力。在临界状态下所对应的应力，称为断裂应力或裂纹体断裂强度（σ_c），对应的裂纹尺寸称为临界裂纹尺寸（a_c），三者的关系为：

$$K_{IC} = Y\sigma_c \sqrt{a_c} \tag{6-16}$$

可见，材料的 K_{IC} 越大，则裂纹体的断裂应力或临界裂纹尺寸就越大，表明难以断裂。因此，可用 K_{IC} 表示材料抵抗断裂的能力。

应该指出，K_I 与 K_{IC} 的区别和 σ 与 R_{eL} 的区别相似。对没有宏观裂纹的金属材料进行拉伸时，当应力 σ 增大到临界值 R_{eL} 时，材料发生屈服，这个临界应力值 R_{eL} 称为屈服点。同样，对有 I 型宏观裂纹的材料外加载荷时，当应力强度因子 K_I 增大到临界值 K_{IC} 时，裂纹体发生断裂，这个临界值 K_{IC} 称为断裂韧性。因此，K_I 和 σ 对应，都是力学参量；而 K_{IC} 和 R_{eL} 对应，都是力学性能指标。K_{IC} 或 K_C 的量纲及单位和 K_I 相同，常用的单位为 $MPa \cdot \sqrt{m}$ 或 $MN \cdot m^{-3/2}$。

对含有宏观裂纹的构件，在实际服役过程中是否安全，可以根据应力强度因子和断裂韧性的相对大小来判据。由于平面应变断裂最危险，通常就以 K_{IC} 为标准建立，即：

$$K_I \geqslant K_{IC} \tag{6-17}$$

同理，II 型、III 型裂纹体的断裂判据为：

$$K_{II} \geqslant K_{IIC}$$
$$K_{III} \geqslant K_{IIIC} \tag{6-18}$$

由式（6-15）可见，当 $\sigma/R_{eL} \geqslant 0.75$ 时，K_I 需要进行修正，修正后的同样适合式（6-17）的判据。

6.1.4 裂纹扩展能量释放率 G_I 及断裂韧度 G_{IC}

6.1.4.1 裂纹扩展时的能量转化关系

在绝热条件下，设有一裂纹体在外力作用下扩展，外力做功为 ∂W。这个功一方面用于系统弹性应变能的变化 ∂U_e，另一方面因裂纹扩展面积 ∂A，用于消耗塑性功 $\gamma_p \partial A$ 和表面能 $2\gamma_s \partial A$。因此，裂纹扩展时能量转化关系为：

$$\partial W = \partial U_e + (\gamma_p + 2\gamma_s)\partial A$$

即：

$$-(\partial U_e - \partial W) = (\gamma_p + 2\gamma_s)\partial A \tag{6-19}$$

式（6-19）等号右端是裂纹扩展面积 ∂A 所需要的能量，是裂纹扩展的阻力，等号左端是裂纹扩展面积 ∂A 系统所提供的能量，是裂纹扩展的动力。

6.1.4.2 裂纹扩展能量释放率 G_I

根据工程力学，系统势能（U）等于系统的应变能减外力功，即 $U = U_e - W$。通常，我们把裂纹扩展单位面积时系统释放势能的数值称为裂纹扩展能量释放率，简称能量释放率，并用 G 表示。对于 I 型裂纹为 G_I，于是有：

$$G_I = -\frac{\partial U}{\partial A} \tag{6-20}$$

式中，G_I 与外加应力、试样尺寸和裂纹尺寸等有关，单位为 MJ/m^2。

假设裂纹体的厚度为 B，裂纹长度为 a，则式（6-20）变为：

$$G_I = -\frac{1}{B}\frac{\partial U}{\partial a} \tag{6-21}$$

当 $B=1$ 时，式（6-21）变为：

$$G_I = -\frac{\partial U}{\partial a} \tag{6-22}$$

在弹性状态下，恒载荷条件下系统势能 U 等于弹性应变能 U_e 的负值；而恒位移条件下，系统势能 U 就等于弹性应变能 U_e。因此，上述两种条件下的 G_I 表达式为：

$$G_I = \frac{1}{B}\left(\frac{\partial U_e}{\partial a}\right)_F \qquad （恒载荷）$$
$$G_I = -\frac{1}{B}\left(\frac{\partial U_e}{\partial a}\right)_\delta \qquad （恒位移） \tag{6-23}$$

在第 5 章讨论格雷菲斯裂纹体强度时，其模型属于恒位移条件，裂纹长度为 $2a$，且 $B=1$，平面应力条件下，弹性应变能 $U_e = -\frac{\pi\sigma^2 a^2}{E}$，在平面应变条件下，弹性应变能 $U_e = -\frac{(1-\nu^2)\pi\sigma^2 a^2}{E}$，分别代入式（6-23）可得：

$$G_I = -\left[\frac{\partial U_e}{\partial(2a)}\right]_\delta = -\frac{\partial}{\partial(2a)}\left(\frac{-\pi\sigma^2 a^2}{E}\right) = \frac{\pi\sigma^2 a}{E} \qquad （平面应力）$$
$$G_I = \frac{(1-\nu^2)\pi\sigma^2 a}{E} \qquad\qquad （平面应变） \tag{6-24}$$

可见，G_I 和 K_I 相似，也是应力 σ 和裂纹尺寸 a 的复合参量，只是它们的表达式和单位不同而已。

6.1.4.3 断裂韧度 G_{IC} 和断裂 G 判据

由式（6-24）可知，随 σ 和 a 单独或共同增大，都会使 G_I 增大。当 G_I 增大到某一临界值时（G_{IC}），裂纹失稳扩展直至断裂。G_{IC} 也称断裂韧度（平面应变断裂韧性），对应的应力为断裂应力 σ_c，裂纹尺寸为临界裂纹尺寸 a_c，它们之间的关系如下：

$$G_I = \frac{(1-\nu^2)\pi\sigma_c^2 a_c}{E} \tag{6-25}$$

当 $G_I \geq G_{IC}$，裂纹失稳扩展，即为 G 判据。

与 K_I 和 K_{IC} 的区别一样，G_{IC} 是材料的性能指标，只和材料成分、组织结构有关；而 G_I 则是力学参量，主要取决于应力和裂纹尺寸。

6.1.4.4 K_{IC} 和 G_{IC} 的关系

尽管 K_I 和 G_I 的表达式不同，但它们都是应力和裂纹尺寸的复合力学参量，其间互有联系。如具有穿透裂纹的无限大板，其 K_I 和 G_I 可分别表示为：

$$K_{\mathrm{I}} = \sigma \sqrt{\pi a} \\ G_{\mathrm{I}} = \frac{1 - \nu^2}{E} \pi \sigma^2 a \Bigg\} \tag{6-26}$$

比较式（6-26），可得平面应变条件下 K_{I} 和 G_{I} 的关系：

$$G_{\mathrm{I}} = \frac{1 - \nu^2}{E} K_{\mathrm{I}}^2 \\ G_{\mathrm{IC}} = \frac{1 - \nu^2}{E} K_{\mathrm{IC}}^2 \Bigg\} \tag{6-27}$$

6.2 断裂韧性的测试

6.2.1 试样的形状与尺寸

　　材料断裂韧性的测试，国家标准中规定了四种试样：标准三点弯曲试样、紧凑拉伸试样、C 形拉伸试样和圆形紧凑拉伸试样。常用的三点弯曲和紧凑拉伸两种试样如附图 F-1 所示。其中三点弯曲试样较为简单，故使用最多。

　　为了精确测定 K_{IC} 值，所用的试样尺寸必须保证裂纹尖端附近处于平面应变和小范围屈服状态。为此，标准中规定试样厚度 B、裂纹长度 a 及韧带宽度($W - a$)尺寸如下：

$$B \geqslant 2.5 \left(\frac{K_{\mathrm{IC}}}{\sigma_y} \right)^2$$

$$a \geqslant 2.5 \left(\frac{K_{\mathrm{IC}}}{\sigma_y} \right)^2$$

$$(W - a) \geqslant 2.5 \left(\frac{K_{\mathrm{IC}}}{\sigma_y} \right)^2 \tag{6-28}$$

式中　σ_y——有效屈服强度，可用 R_{eL} 或 $R_{\mathrm{p0.2}}$ 代之；

　　　W——试样宽度。

　　由式（6-28）可知，在确定试样尺寸时，应先知道材料的屈服强度和 K_{IC} 的估计值，才能定出试样的最小厚度 B。然后再按附图 F-1 中试样各尺寸的比例关系，确定试样宽度 W 和长度 L，$L > 4.2W$。若材料的 K_{IC} 值无法估算，还可根据材料的 σ_y/E 值来确定 B 的大小，见表6-3。

表6-3　根据材料的 σ_y/E 值来确定试样最小厚度 B

σ_y/E	B/mm	σ_y/E	B/mm
0.0050 ~ 0.0057	75	0.0071 ~ 0.0075	32
0.0057 ~ 0.0062	63	0.0075 ~ 0.0080	25
0.0062 ~ 0.0065	50	0.0080 ~ 0.0085	20
0.0065 ~ 0.0068	44	0.0085 ~ 0.0100	12.5
0.0068 ~ 0.0071	38	$\geqslant 0.0100$	6.5

试样缺口一般用钼丝线切割加工，预制裂纹可在高频疲劳试验机上进行，疲劳裂纹长度应不小于 $0.025W$，a/W 应控制在 $0.45 \sim 0.55$ 范围内，$K_{max} \leq 0.7K_{IC}$。

6.2.2 测试方法

将试样用专用夹持装置安装在一般材料万能试验机上进行断裂试验，三点弯曲试样的试验装置如附图 F-2 所示。

在试验机压头上装有载荷传感器 5，以测量载荷 F 的大小。在试样缺口两侧跨接夹式引伸仪 2，以测得裂纹嘴张开位移 V。载荷信号及裂纹嘴张开位移信号经动态应变仪 6 放大后，传到函数记录仪 7 中。在加载过程中，X-Y 函数记录仪可连续描绘出 F-V 曲线。根据 F-V 曲线可间接确定条件裂纹失稳扩展载荷 F_Q。

由于材料性能及试样尺寸不同，F-V 曲线有三种类型，如图 6-7 所示。材料韧性较好或试样尺寸较小时，其 F-V 曲线为 I 型；当材料韧性或试样尺寸居中时，其 F-V 曲线为 II 型；当材料较脆或试样尺寸足够大时，其曲线为 III 型。

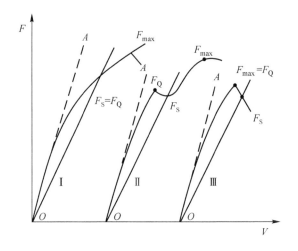

图 6-7　F-V 曲线的三种类型

F_Q 确定方法如图 6-7 所示。试样压断后，用工具显微镜测量试样断口的裂纹长度，由于裂纹前缘呈弧形，规定测量 $B/4$、$B/2$、$3B/4$ 三处的裂纹长度 a_2、a_3 及 a_4，再取其平均值作为裂纹长度 a，如图 6-8 所示。

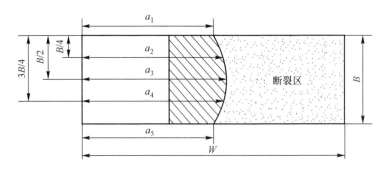

图 6-8　断口裂纹长度 a 的测量

6.2.3 试验结果的处理

三点弯曲试样加载时，裂纹尖端的应力强度因子 K_I 表达式为：

$$K_I = \frac{F_S}{BW^{3/2}} Y_I\left(\frac{a}{W}\right) \tag{6-29}$$

$$Y_I\left(\frac{a}{W}\right) = \frac{3(a/W)^{1/2}\left[1.99 - (a/W)(1 - a/W) \times (2.15 - 3.93a/W + 2.7a^2/W^2)\right]}{2(1 + 2a/W)(1 - a/W)^{3/2}} \tag{6-30}$$

将 F_Q 及裂纹长度 a 代入式（6-29）和式（6-30），即可求出条件 K_Q。当 K_Q 满足下列条件时：

$$\left.\begin{array}{l} F_{max}/F_Q \leqslant 1.10 \\ B \geqslant 2.5(K_Q/\sigma_y) \end{array}\right\} \tag{6-31}$$

则 $K_Q = K_{IC}$。否则应加大试样尺寸重做试验，新试样尺寸至少应为原试样的 1.5 倍，直到满足式（6-31）条件为止。

几种钢铁材料在室温下的 K_{IC} 值见表6-4。

表6-4 室温下部分钢铁材料的 K_{IC} 值

材　料	热处理状态	R_{eH}/MPa	K_{IC}/MPa·$m^{1/2}$	主要用途
40	860℃正火	294	71~72	轴类
45	正火		101	轴类
40CrNiMo	860℃淬油，200℃回火	1579	42	
	860℃淬油，380℃回火	1383	63	
	860℃淬油，430℃回火	1334	90	
14MnMoNbB	920℃淬火，620℃空冷	834	152~166	压力容器
14SiMnCrNiMoV	920℃淬火，610℃回火	834	83~88	高压气瓶
17-7PH		1435	76.9	飞机蒙皮
15-7Mo		1415	49.5	飞机蒙皮
H-11		1790	38.5	模具
H-11		2070	27.5	模具
52100		2070	约14.3	轴承
2Cr13	1050℃淬油，250℃回火	1450	62.4	

6.3 断裂韧性的影响因素

6.3.1 断裂韧性 K_{IC} 与常规力学性能指标之间的关系

6.3.1.1 断裂韧性 K_{IC} 与强度、塑性之间的关系

对于穿晶解理断裂，Ritchie 等研究高含氮量的低碳钢得出：

$$K_{IC} \propto \left[(\sigma_c)^{(1+n)/2}/(R_{eL})^{(1-n)/2}\right] X_c^{1/2} \tag{6-32}$$

式中　σ_c——解理断裂强度；

　　　R_{eL}——屈服强度；

　　　n——应变硬化指数；

　　　X_c——特征距离，对低碳钢，X_c 为 2~3 个晶粒尺寸。

对于韧性断裂，则有：

$$K_{IC} \propto (ER_{eL}\varepsilon_f^* X_c)^{1/2} \tag{6-33}$$

式中　E——拉伸弹性模量；

　　　R_{eL}——屈服强度；

　　　ε_f^*——临界断裂应变；

　　　X_c——特征距离，第二相质点间的平均距离。

由式（6-32）和式（6-33）可见，无论是解理断裂或韧性断裂，K_{IC} 不仅与材料强度和塑性有关，且与材料结构参量 X_c 也有关。

6.3.1.2　断裂韧性 K_{IC} 与冲击吸收功 $KU(KV)$ 之间的关系

由于裂纹和缺口特征不同，以及加载速率不同，所以材料断裂韧性 K_{IC} 和冲击功 KU（KV）的温度变化曲线稍有差异。茹尔夫（S. T. Rolfe）对某些中、高强度钢试验，得出在特定条件下有：

$$K_{IC} = 0.79 \left[R_{p0.2}(KV_2 - 0.01R_{p0.2}) \right]^{1/2} \tag{6-34}$$

式（6-34）只是在一定条件下的试验结果，缺乏可靠的理论依据，因此尚不能普遍推广使用。

6.3.2　影响断裂韧性 K_{IC} 的内在因素

金属的断裂韧性 K_{IC} 一般会受到其化学成分、组织结构以及夹杂等内在因素的影响。

金属材料一般由基体相和第二相组成，材料的成分、组织形貌及夹杂等均会影响裂纹扩展的途径、方式和速率，从而影响 K_{IC}。

6.3.2.1　成分的影响

一般地，细化晶粒的合金元素因提高强度和塑性使 K_{IC} 提高；固溶强化的合金元素因降低塑性使 K_{IC} 降低；形成金属化合物并呈第二相析出的合金元素，因降低塑性有利于裂纹的扩展，也使 K_{IC} 降低。

6.3.2.2　相结构和晶粒大小的影响

由于面心立方相滑移系多，塑性好，所以其 K_{IC} 较高。另外，晶粒越细小，塑性越好，则 K_{IC} 也越高。

6.3.2.3　杂质及第二相的影响

金属中的非金属夹杂物和第二相在裂纹尖端的应力场中，若本身脆裂或在相界面开裂而形成微孔，微孔和主裂纹连接使裂纹扩展，从而使 K_{IC} 降低。

钢中某些微量杂质元素（如锑、锡、磷、砷等）容易偏聚于晶界，降低晶间结合力，使裂纹易于沿晶界扩展并断裂，使 K_{IC} 降低。

6.3.2.4　显微组织的影响

能够改善材料塑性的显微组织，均能提高 K_{IC} 值。如塑性更好的板条马氏体 K_{IC} 比塑性差的针状马氏体高；回火索氏体具有较高的塑性，因而 K_{IC} 较高；残留奥氏体是一种韧性第二相，分布于马氏体中，可以松弛裂纹尖端的应力，增大材料塑性，进而提高材料 K_{IC} 值。

6.3.3 影响断裂韧性 K_{IC} 的外在因素

6.3.3.1 温度

一般大多数结构钢的 K_{IC} 都随温度降低而下降。但不同强度等级的钢，K_{IC} 随温度变化趋势略有不同。

6.3.3.2 应变速率

应变速率 $\dot{\varepsilon}$ 具有与温度相似的效应。增加应变速率相当于降低温度的作用，也可使 K_{IC} 下降。

6.4　断裂力学的工程应用

断裂韧性 K_{IC} 是表征金属材料阻止裂纹失稳扩展的能力，因此可对含裂纹构件进行安全设计、对合理选材以及工艺制定等进行指导。

6.4.1 高压容器承载能力计算

有一大型圆筒式容器由高强度钢焊接而成。钢板厚度 $t = 5mm$，圆筒内径 $D = 1500mm$；所用材料的 $R_{r0.2} = 1800MPa$，$K_{IC} = 62MPa \cdot m^{1/2}$，焊接后发现焊缝中有纵向半椭圆裂纹，尺寸 $2c = 6mm$，$a = 0.9mm$，如图6-9所示。试问该容器能否在 $p = 6MPa$ 的压力下正常工作。

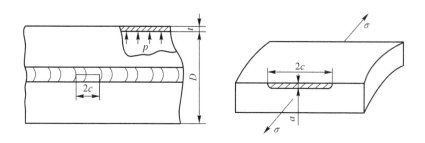

图6-9　压力容器尺寸及表面裂纹

根据材料力学可以确定该裂纹所受的垂直拉应力 σ 为：

$$\sigma = \frac{pD}{2t} \qquad\qquad (6-35)$$

将有关数值代入式（6-35）得：$\sigma = \dfrac{6 \times 1.5}{2 \times 0.005} = 900MPa$。

在该 σ 作用下能否引起表面半椭圆裂纹失稳扩展，需要和失稳扩展时的断裂应力 σ_c 进行比较。

由于 $\sigma/R_{r0.2} = 900/1800 = 0.5$，所以不需对该裂纹的 K_I 进行修正，由 $Y\sigma\sqrt{a} \geqslant K_{IC}$，推导得 σ_c 为：

$$\sigma_c = \frac{1}{Y}\frac{K_{IC}}{\sqrt{a}} \tag{6-36}$$

对于表面半椭圆裂纹，$Y = 1.1\sqrt{\pi/\phi}$。当 $a/c = 0.9/3 = 0.3$ 时，查得 $\phi = 1.10$，所以 $Y = \sqrt{\pi}$。将有关数值代入式（6-36），得：

$$\sigma_c = \frac{1}{\sqrt{\pi}}\frac{62}{\sqrt{0.0009}}\text{MPa} = 1166\text{MPa} \tag{6-37}$$

显然，$\sigma_c > \sigma$，不会发生爆破，可以正常工作。此题也可通过计算 K_I 或 a_c，用 K_{IC} 与 K_I 比较，或 a_c 与 a 比较的办法来解决，可以得到相同的结论。

6.4.2   大型转轴断裂分析

某冶金厂大型氧气顶吹转炉的转动机构主轴，在工作时经 61 次摇炉炼钢后发生低应力脆断。转轴及其断口如图 6-10 所示，为疲劳断口，周围是疲劳区，中心是脆断区。该转轴的材料为 40Cr 钢，调质处理常规力学性能合格，具体如下：

$$R_{r0.2} = 600\text{MPa}$$

$$R_m = 860\text{MPa}$$

$$KU_2 = 38\text{J}$$

$$A = 8\%$$

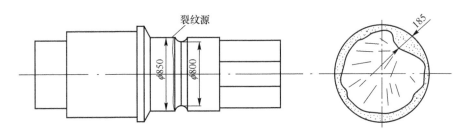

图 6-10   大型转炉转轴及其断裂情况

试用断口分析和断裂力学分析其断裂原因。

断口宏观分析表明，该轴为疲劳断裂，疲劳源集中在圆角应力集中处。在一定循环应力作用下，初始裂纹进行亚稳扩展，形成深度达 185mm 的疲劳扩展区，相当于一个 $a_c = 185\text{mm}$ 表面环状裂纹。断口中心区域为放射状脆性断口，是疲劳裂纹的最后一次失稳扩展的结果。金相分析表明，疲劳裂纹源处的硫化物级别较高，达 3～3.5 级，是材料局部薄弱区。在应力集中影响下，该处最先形成疲劳裂纹源。这个裂纹源在 61 次摇炉炼钢的过程中，实际经受 5×10^4 次应力循环作用，使疲劳裂纹向内扩展了 185mm，达到脆断的临界裂纹尺寸 a_c，从而发生疲劳应力下的低应力脆断。

现用断裂力学对上述情况进行定量分析。由 $Y\sigma\sqrt{a} \geqslant K_{IC}$ 推导得出临界裂纹尺寸为：

$$a_c = \frac{1}{Y^2}\left(\frac{K_{IC}}{\sigma_c}\right)^2 \tag{6-38}$$

根据轴的受力分析和计算，垂直于裂纹面的最大轴向外加应力 $\sigma_外 = 25\text{MPa}$，其值很低。但因大件在热加工过程中产生了较大残余应力，经测定裂纹前端残余拉应力 $\sigma_内 = 120\text{MPa}$，于是作用在裂纹面上的实际垂直拉应力为：

$$\sigma = \sigma_外 + \sigma_内 = 25\text{MPa} + 120\text{MPa} = 145\text{MPa} \tag{6-39}$$

根据材料的 $R_{r0.2}$ 值，查得 $K_{IC} = 120\text{MPa} \cdot \text{m}^{1/2}$。由于 $a/c \to 0$，故该裂纹是一个浅长的表面半椭圆裂纹，其 $Y \approx 1.95$。将上述数值代入临界裂纹尺寸的计算公式，计算临界裂纹尺寸 a_c。

$$a_c = \frac{120^2}{1.95^2 \times 145^2}(\text{m}) = 0.180(\text{m}) = 180(\text{mm}) \tag{6-40}$$

这就是按断裂力学算得的转轴低应力脆断的临界裂纹尺寸，与实际断口分析的 185mm 相比，吻合得较好，说明分析正确。

由此可见，对于中、低强度钢，尽管其临界裂纹尺寸很大，但对于大型机件来说，这样大的裂纹（如疲劳裂纹）仍然可以容纳得下，因而会产生低应力脆断，而且断裂应力很低，远低于材料的屈服强度。

6.4.3 含裂纹损伤船舶结构的剩余极限强度分析

对裂纹问题的研究至今已经有将近一百年的历史，以分析研究带有裂纹体的强度，以及裂纹扩展规律问题为目的产生的断裂力学逐渐发展成熟起来，使人们对裂纹尖端的应力特征有了深刻的认识。但对含裂纹船舶结构剩余强度的研究目前仍处于初始发展阶段，长期以来没有能够直接表达临界载荷与裂纹特征，以及材料和结构特征之间关系的分析模型。由于船舶实际工作情况的复杂性，以及船舶装载方式的多样性，使得船舶结构会受到各种各样外力的作用，其中包括：货物压力、水压力、波浪载荷、船用机械载荷等。在常规的船舶强度分析中，通常需要考虑以下三种强度，即总纵强度、横向强度和局部强度。

本案例综合分析含裂纹结构的剩余强度，对双向拉伸载荷作用下含裂纹船舶结构的剩余极限强度的评估方法做一较为深入系统的研究，综合考察复杂载荷作用下裂纹缺陷，以及载荷形式对船舶结构剩余极限强度的影响，给出带裂纹构件的极限强度评估方法；同时在考虑了船舶结构存在的初始挠度的基础上，研究轴向压缩载荷作用下的含中心穿透裂纹板的剩余极限强度变化规律。

双向拉伸条件时含中心穿透裂纹剩余极限强度分析如下：

钢板和加筋板是船舶结构中最常见的结构形式，是船体结构的两种基本组成单元，在进行船体强度评估时，必须能够准确评估出这两种基本结构的强度值，尤其是船舶的强力甲板和船底结构，它直接关系着船体的总纵强度。为此应用图 6-11 所示的含有中心穿透裂纹矩形

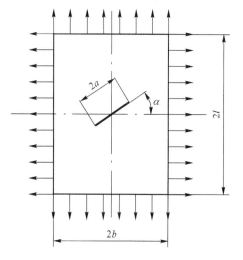

图 6-11 具有穿透裂纹的矩形板的
双向拉伸试验模型

板，估算其在外力作用下的剩余强度(σ_u)来间接研究船舶结构件在复杂受载情况下的强度极限。为了更好地研究裂纹特征对剩余强度的影响，我们假设已知裂纹的长度为 $2a$、角度 α 和位置均为已知量。

根据实际船舶板架结构的特点，以某邮船甲板结构为例，对双向载荷作用下的裂纹板极限强度进行非线性分析。所采用的板尺寸为 $b = 500\text{mm}$，$l = 3b = 1500\text{mm}$。为了深入研究裂纹长度、裂纹倾角以及载荷因子对结构剩余极限强度的影响，在有限元分析时采用多种裂纹参数、外载荷因子的不同组合。此次分析模型中，相对裂纹长度 a/b 的大小分别为 0.1、0.2、0.3、0.4、0.6、0.8，裂纹倾角 α 分别为 0°、15°、30°、45°、60°、75°、90°，载荷因子 $\psi(\psi = \sigma_y/\sigma_x)$ 的大小分别为 1/2、1/3、1/4。非线性有限元计算所得的不同条件下的相对剩余极限强度值见表6-5 ~ 表6-7。

表6-5　$\psi = 1/2$ 时的相对剩余极限强度(σ_u/R_m)

相对裂纹尺寸 a/b	裂纹倾角 α						
	0°	15°	30°	45°	60°	75°	90°
0.1	0.9079	0.9094	0.9236	0.9286	0.9418	0.9618	0.9805
0.2	0.8051	0.8068	0.8180	0.8423	0.8767	0.9174	0.9533
0.3	0.7022	0.7029	0.7215	0.7624	0.8151	0.8690	0.9208
0.4	0.5945	0.5927	0.6177	0.6846	0.7416	0.8224	0.8861
0.6	0.3928	0.4064	0.4558	0.5437	0.6380	0.7406	0.8176
0.8	0.1947	0.2243	0.2991	0.4120	0.5343	0.6732	0.7425

表6-6　$\psi = 1/3$ 时的相对剩余极限强度(σ_u/R_m)

相对裂纹尺寸 a/b	裂纹倾角 α						
	0°	15°	30°	45°	60°	75°	90°
0.1	0.8835	0.8850	0.8914	0.9034	0.9189	0.9410	0.9603
0.2	0.7825	0.7994	0.7836	0.8196	0.8630	0.8998	0.9395
0.3	0.6812	0.6800	0.7041	0.7419	0.8088	0.8580	0.9186
0.4	0.5754	0.5785	0.6074	0.6761	0.7545	0.8174	0.8980
0.6	0.3793	0.4026	0.4589	0.5475	0.6499	0.7624	0.8569
0.8	0.1923	0.2205	0.2939	0.4130	0.5519	0.6977	0.8027

表6-7　$\psi = 1/4$ 时的相对剩余极限强度(σ_u/R_m)

相对裂纹尺寸 a/b	裂纹倾角 α						
	0°	15°	30°	45°	60°	75°	90°
0.1	0.8676	0.8676	0.8747	0.8874	0.9027	0.9254	0.9469
0.2	0.7668	0.7690	0.7919	0.8066	0.8447	0.8852	0.9330
0.3	0.6683	0.6728	0.6961	0.7347	0.7936	0.8577	0.9126

续表 6-7

相对裂纹尺寸 a/b	裂纹倾角 α						
	0°	15°	30°	45°	60°	75°	90°
0.4	0.5637	0.5722	0.5976	0.6589	0.7535	0.8291	0.8975
0.6	0.3741	0.3971	0.4524	0.5424	0.6537	0.7664	0.8699
0.8	0.1925	0.2187	0.2905	0.4086	0.5584	0.7093	0.8370

由表 6-5 ~ 表 6-7 中的计算结果可以看出，裂纹大小、裂纹倾角、载荷因子对含中心穿透裂纹板的剩余极限强度均有直接的影响。

研究工作表明：非线性有限元法能够合理地分析裂纹对结构剩余极限强度的作用，裂纹的存在对结构的剩余极限强度有削弱作用，在工程结构强度评估中应该受到足够的重视。同时，船舶结构中的裂纹数量和分布位置是随机的，此案例的工作为含随机多裂纹板的剩余极限强度分析奠定了一定的基础。

桥梁用稀土耐候钢
案例

思 考 题

6-1 解释下列名词：
   （1）低应力脆断；（2）张开型（Ⅰ型）裂纹；（3）应力场和应变场；（4）应力强度因子；（5）小范围屈服；（6）塑性区；（7）有效屈服应力；（8）有效裂纹长度；（9）裂纹扩展 K 判据；（10）裂纹扩展能量释放率 G_I。

6-2 说明下列断裂韧度指标的意义及其相互关系：
   （1）K_I 和 K_{IC}；（2）G_I 和 G_{IC}。

6-3 试述低应力脆断的原因及防止方法。

6-4 为什么研究裂纹扩展的力学条件时不用应力判据而用其他判据？

6-5 试述应力强度因子的意义及典型裂纹 K_I 的表达式。

6-6 试述 K 判据的意义及用途。

6-7 试述裂纹尖端塑性区产生的原因及其影响因素。

6-8 试述塑性区对 K_I 的影响及 K_I 的修正方法。

6-9 试用 Griffith 模型推导 G_I 和 G 判据。

6-10 试述 K_{IC} 的测试原理及其对试样的基本要求。

6-11 试述 K_{IC} 与材料强度、塑性之间的关系。

6-12 试述 K_{IC} 和 K 的异同及其相互之间的关系。

6-13 试述影响 K_{IC} 的冶金因素。

6-14 有一大型板件，材料的 $R_{p0.2} = 1200\text{MPa}$，$K_{IC} = 115\text{MPa} \cdot \text{m}^{1/2}$。探伤发现有 20mm 长的横向穿透裂

纹，若在平均轴向拉应力900MPa下工作，试计算K_I及塑性区宽度R_0，并判断该件是否安全？

6-15 有一轴件平均轴向工作应力150MPa，使用中发生横向疲劳脆性正断，断口分析表明有25mm深的表面半椭圆疲劳区，根据裂纹a/c可以确定$\phi=1$，测试材料的$R_{p0.2}=720$MPa，试估算材料的断裂韧度K_{IC}是多少？

6-16 为何材料有宏观裂纹的断裂强度一般低于抗拉强度？且裂纹尺寸越大，其断裂强度下降越明显？

6-17 为何材料的表面裂纹危害要大于心部裂纹？

参 考 文 献

[1] 连奋忠. 断裂力学在宇航飞行器设计和研制中的重要意义 [J]. 国外导弹与宇航，1980(6)：17~24.

[2] 符栋. 美国北极星导弹一次爆炸事故的分析 [J]. 国外导弹与宇航，1982(8)：23.

[3] 束德林. 工程材料力学性能 [M]. 2版. 北京：机械工业出版社，2011.

[4] 那顺桑. 金属材料力学性能 [M]. 北京：冶金工业出版社，2011.

[5] 王吉会. 材料力学性能 [M]. 天津：天津大学出版社，2006.

[6] 刘瑞堂. 工程材料力学性能 [M]. 哈尔滨：哈尔滨工业大学出版社，2001.

[7] 李景阳. 含裂纹损伤船舶结构的剩余极限强度分析 [D]. 上海：上海交通大学，2009.

7 金属的疲劳及工程应用

第 7 章教学视频

金属构件在服役过程中，由于承受变动载荷而导致裂纹萌生和扩展，直至断裂失效的过程称为疲劳。很多机械工程结构件都是在变动载荷下工作的，如曲轴、连杆、弹簧、轧辊、汽轮机叶片等，疲劳破坏是其主要的失效形式。据国外统计，疲劳破坏在整个失效事件中占 50% 以上，且疲劳破坏极易造成人身伤害和经济损失，危害性极大，因此许多发达国家非常重视对疲劳及其失效的研究。研究材料在变动载荷作用下的疲劳特性，对于改善金属材料的疲劳抗力以及疲劳件的设计等都是非常重要的。

金属材料疲劳研究有 170 余年历史。Wöhler 对车轴的疲劳破坏进行了深入研究，于 1867 年提出了"疲劳极限"的概念，并建立了应力-寿命图（*S-N* 曲线）。1870~1900 年间，在 Wöhler 工作的基础上，德国工程师 Gerber 建立了 Gerber 抛物线模型。同时期，英国的 Goodman 也建立了 Goodman 简化模型。英国人 Gough 的巨著《金属的疲劳》于 1926 年问世，系统描述了金属疲劳机理的研究成果。在断裂力学的基础上，Paris 于 1963 年提出了著名的 Paris 公式，建立了应力强度因子 ΔK 与裂纹扩展速率 $\mathrm{d}a/\mathrm{d}N$ 的关系。20 世纪 60~70 年代，Lanfer、Winter 等提出了驻留滑移带（PSB）的位错机制，建立了微观疲劳理论基础。

7.1 疲劳分类及其特点

7.1.1 变动载荷和循环应力

7.1.1.1 变动载荷

载荷大小或大小和方向随时间变化的称为变动载荷，其在单位面积上的平均值称为变动应力。变动应力可分为规则周期变动应力（也称循环应力）和无规则随机变动应力两种。这些应力可用应力-时间曲线表示，如图 7-1 所示。

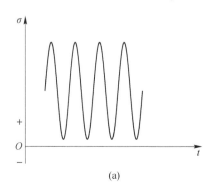

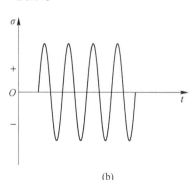

(a) (b)

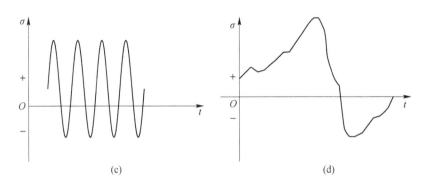

图 7-1　变动应力示意图

（a）应力大小规则变化；（b），（c）应力大小和方向规则变化；（d）应力大小和方向无规则变化

7.1.1.2　循环应力

循环应力的波形有正弦波、锯齿波和三角形波等，其中常见的为正弦波，如图 7-2 所示。

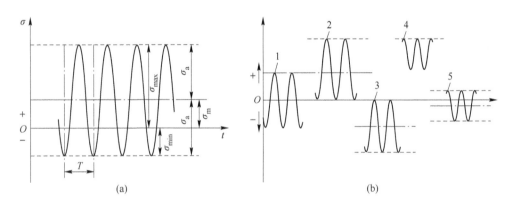

图 7-2　循环应力的特征参量及循环应力类型

（a）循环应力特征参量；（b）循环应力类型

1—交变应力，$r = -1$；2—重复循环应力，$r = 0$（脉动疲劳）；3—重复循环应力，$r = \infty$；

4—重复循环应力，$0 < r < 1$；5—交变应力，$r < 0$

图 7-2 中循环应力特征和描述参量有：

（1）波形，通常以正弦曲线为主，其他有三角形波、梯形波等；

（2）最大应力 $\sigma_{\max}$ 与最小应力 $\sigma_{\min}$；

（3）平均应力 σ_{m} 和应力幅 $\sigma_{\mathrm{a}} = \dfrac{\Delta\sigma}{2}$，其中：

$$\left.\begin{array}{l} \sigma_{\mathrm{m}} = \dfrac{\sigma_{\max} + \sigma_{\min}}{2} \\[2mm] \sigma_{\mathrm{a}} = \dfrac{\sigma_{\max} - \sigma_{\min}}{2} \end{array}\right\} \tag{7-1}$$

（4）应力比 r（表征循环的不对称程度）：

$$r = \frac{\sigma_{\min}}{\sigma_{\max}} \tag{7-2}$$

$r = -1$ 为对称循环，其他均为不对称循环。

7.1.2 疲劳分类及特点

7.1.2.1 疲劳分类

疲劳可以按不同方法进行分类：

（1）按照应力状态不同，可分为弯曲疲劳、扭转疲劳、拉压疲劳及复合疲劳。

（2）按照环境和接触情况不同，可分为大气疲劳、腐蚀疲劳、高温疲劳、热疲劳、接触疲劳等。

（3）按照断裂寿命和应力高低不同，可分为低周疲劳、高周疲劳和超高周疲劳。

7.1.2.2 疲劳特点

疲劳断裂主要有以下特点：

（1）疲劳是低应力断裂，其断裂应力低于材料抗拉强度，甚至低于屈服强度。

（2）疲劳是脆性断裂，由于一般疲劳的应力水平比屈服强度低，所以无论是韧性材料还是脆性材料，在疲劳断裂前均不会发生塑性变形。因此疲劳是一种潜在的突发性脆性断裂。

（3）疲劳对缺陷（缺口、裂纹及组织缺陷），尤其是表面缺陷十分敏感。工件中存在缺陷，疲劳寿命显著下降。

7.1.3 疲劳宏观断口特征

疲劳断裂和其他断裂一样，其断口也保留了整个断裂过程的所有痕迹，具有明显的特征。典型疲劳断口具有三个形貌不同的区域——疲劳源、疲劳扩展区及瞬断区。图7-3为周晓航在导师张梅指导下，研究1000MPa级汽车用第二代先进高强度孪晶诱发塑性钢（TWIP1000）疲劳特性时获得的疲劳断口形貌。

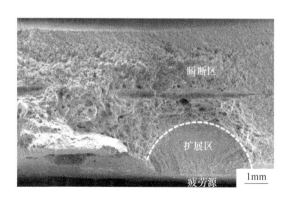

图7-3 疲劳宏观断口

（1）疲劳源——疲劳裂纹萌生处。疲劳源一般在机件断口的表面，常与缺口、裂纹及蚀坑等缺陷相连，因为缺陷应力集中会引发疲劳裂纹。在一个疲劳断口中，疲劳源可以有一个或多个，主要与机件的应力状态及应力大小有关。当断口中同时存在几个疲劳源时，可以根据源区的光亮度、相邻疲劳区的大小和贝纹线的密度去判定它们的产生次序。源区光亮度越大，疲劳区越宽，贝纹线越多越密者，其疲劳源就越先产生。

（2）疲劳扩展区（又称疲劳区）——疲劳裂纹亚稳扩展所形成的断口区域，该区是判断疲劳断裂的重要特征证据。疲劳区的宏观特征是：断口比较光滑并分布有贝纹线（或海滩花样）。贝纹线是疲劳区的最大特征，一般认为它是由载荷变动引起的，且贝纹线是一簇以疲劳源为圆心的平行弧线，其凹侧指向疲劳源。

（3）瞬断区——裂纹失稳快速扩展所形成的断口区域，其断口比疲劳扩展区粗糙。瞬断区位置一般位于疲劳源的对侧。瞬断区的大小和机件名义应力及材料性质有关，若名义应力较高或材料韧性较差，则瞬断区就较大。

各类疲劳断口形貌示意图见表7-1。

表7-1　各类疲劳断口形貌示意图

7.2 疲劳试验及疲劳曲线

对疲劳现象首先系统研究的实验者是德国人 A. Wöhler（沃勒），他自 1847 年起，在担任机车车辆厂厂长和机械厂厂长的 23 年中，对金属疲劳进行了深入系统的研究。1850 年，他设计了第一台用于机车车轴的疲劳试验机（也称 A. Wöhler 疲劳试验机），用来进行全尺寸机车车轴的疲劳试验。以后他又研制出多种形式的疲劳试验机，并首次用金属试样进行疲劳试验。他在 1871 年发表的论文中，系统论述了疲劳寿命和循环应力的关系，提出了 S-N 曲线和疲劳极限的概念，确立了应力幅是疲劳破坏的决定因素，奠定了金属疲劳的基础。因此公认 A. Wöhler 是疲劳的奠基人，有"疲劳试验之父"之称。

在传统机械设计中，疲劳应力判据是疲劳设计的基本理论，其中，材料基本疲劳力学性能指标包括疲劳极限（疲劳强度）、抗过载能力及疲劳缺口敏感度等。长期以来，各国科技工作者在研究它们与材料及工艺间的关系过程中，积累了大量数据和规律，促进了疲劳设计工作。因此，认识、应用和改进这些疲劳性能，对选用材料、优化工艺及改进设计都是很重要的。

7.2.1 疲劳抗力指标

7.2.1.1 疲劳强度

S-N 曲线中的水平直线部分所对应的应力就是材料的疲劳极限，其原意为材料经受无数次应力循环都不发生断裂的最大应力（如图 7-4 所示），对钢铁材料此处"无限"的定义一般为 10^7 次应力循环。

疲劳极限又称疲劳强度。对于无切口的光滑试样，多用 σ_{D_0} 表示，而应力比 $r = -1$ 时的疲劳极限就用 σ_{-1} 来表示，这一符号是指光滑试样对称旋转弯曲疲劳极限。某些不锈钢和有色金属的 S-N 曲线中没有水平直线部分，此时的疲劳极限一般都定义为 10^8 次应力循环下不断裂的应力幅水平。疲劳极限是材料抗疲劳能力的重要性能指标，也是进行机件疲劳寿命设计的主要依据（如图 7-4 所示）。

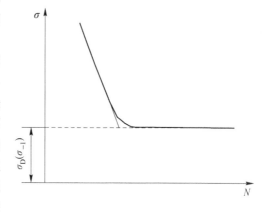

图 7-4 典型的疲劳曲线

7.2.1.2 疲劳寿命及存活率

在规定的应力和/或应变作用下零部件（主要是试样）失效之前经受的循环周次称为疲劳寿命，用循环周次 N 表示。试验得到的疲劳寿命指的是在规定的应力水平循环时达到疲劳寿命的零部件应该是试验零部件的一半。

在进行试验的零部件中，疲劳寿命高于规定值的百分率称为存活率。用该概念说明试验结果时，达到一定疲劳强度的零部件其存活率是 50%（如图 7-5 所示）。

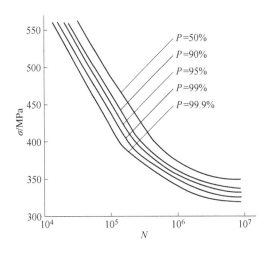

图 7-5　不同存活率的疲劳曲线

疲劳曲线的斜线部分给出了试样承受的应力幅水平与发生疲劳破断时所经历的应力循环次数之间的关系，称为过荷持久值，多用以下幂函数的形式表示：

$$\sigma^m N = C \tag{7-3}$$

式中　σ——应力幅或最大应力；

N——达到疲劳极限时的应力循环次数；

m，C——材料常数。

如果给定一个应力循环次数，便可由式（7-3）求出或由斜线求出材料在该条件下所能承受的最大应力幅水平。反之，也可以由一定的工作应力幅求出对应的疲劳寿命。因为此时试样或材料所能承受的应力幅水平是与给定的应力循环次数相关联的，所以称之为条件疲劳极限，或条件疲劳强度。图 7-4 斜线部分是零部件疲劳强度的有限寿命设计或疲劳寿命计算的主要依据。

7.2.2　疲劳试验类型及其装置

疲劳试验根据载荷性质不同有多种类型，其中以轴向加载和弯曲加载应用最广。

（1）轴向加载。交变载荷沿轴向加在试样上，其特点是试样横截面上受力均匀，试验结果能确切地表明材料的疲劳特性。

（2）弯曲加载。弯曲加载是对试样表面状况和环境因素较为敏感的试验方法。它又分为悬臂旋转弯曲加载、双臂旋转弯曲加载及平面弯曲加载等方式，其中旋转弯曲疲劳试验方法较为简单、实用，应用最广。

双臂式旋转弯曲疲劳试验机原理图如附图 F-3 所示。试样 2 的两端装夹在主轴箱 3 中，利用电动机 6 通过计数器 5 和联轴节 4 使试样转动。将横杆 7 挂在滚针轴承上，在横杆中央加上砝码 8。此时，除试样中央轴线外，其他各点均随试样的旋转而受到对称交变应力。试样所受的弯矩如图 7-6（b）所示。试样旋转一周，应力交变一次。当所加载荷 F 较小时，试样断裂前所能承受的应力循环周次 N 越多。在各种弯曲试验中，试样上各部位所承受的弯矩 M 及应力 σ 如图 7-6 所示。

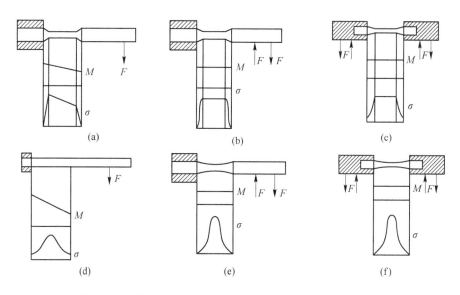

图 7-6　各种旋转弯曲疲劳试验时试样上的弯矩 M 和应力 σ

（a）圆柱形试样（单点加力）；（b）圆柱形试样（两点加力）；（c）圆柱形试样（四点加力）；

（d）圆柱形试样（单点加力）；（e）漏斗形试样（两点加力）；（f）漏斗形试样（四点加力）

7.2.3　疲劳试验

疲劳试验影响因素多，为了使试验结果具有可比性，经常采用固定的频率、对称的应力循环、标准的试样规格和专用的试验设备进行测试。

一般情况下，材料所承受的循环载荷的应力幅越小，则发生疲劳破断时所经历的应力循环次数越多。疲劳曲线就是将试验载荷与循环次数之间关系绘制成曲线，也称 S-N 曲线。S-N 曲线一般是使用标准试样在有规律的变动载荷作用下（例如对称旋转弯曲载荷、对称拉压载荷、对称扭转载荷等）进行疲劳试验获得的。疲劳曲线的物理意义是，曲线左下方表示试样安全，曲线右上方表示试样断裂状态。

7.2.3.1　疲劳曲线和疲劳极限

疲劳曲线 S-N 是疲劳应力与疲劳寿命的关系曲线，它是确定疲劳极限、建立疲劳应力判据的基础。

典型的金属材料疲劳曲线如图 7-7 所示。图 7-7 中纵坐标为循环应力的最大应力（$\sigma_{\max}$）或应力幅（σ_a），横坐标为断裂循环周次 N，常用对数值表示。可以看出，S-N 曲线由高应力段和低应力段组成。对于一般具有应变时效的金属材料，如碳钢、合金结构钢、球铁等，当循环应力水平降低到某一临界值时，低应力段变为水平线段，表明试样可以经受无限次应力循环而不发生疲劳断裂，故将对应的应力称为疲劳极限，记为 σ_{-1}（对称循环，$r = -1$）。但是，实际测试时不可能做到无限次应力循环。试验表明，这类材料如果应力循环 10^7 周次不断裂，则可认定承受无限次应力循环也不会断裂。所以常用 10^7 周次作为测定疲劳极限的依据。另一类金属材料，如铝合金、不锈钢和高强度钢等，它们的 S-N 曲线没有水平部分，只是随应力降低，循环周次不断增大。此时，只能根据材料的使用要求规定某一循环周次下不发生断裂的应力作为条件疲劳极限（或称有限寿命疲劳极限）。

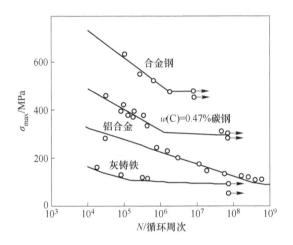

图 7-7 几种典型金属材料的疲劳曲线

○ —断裂； ○➤ —未断裂

7.2.3.2 S-N 疲劳曲线的测定

通常疲劳曲线是用旋转弯曲疲劳试验测定的，其四点弯曲试验机如附图 F-3 所示。这种试验机结构简单，操作方便，能够实现对称循环和恒应力幅的要求，因此应用比较广泛。

试验时，用升降法测定条件疲劳极限(σ_{-1})，用成组试验法测定高应力部分，然后将上述两试验数据整理，并拟合成疲劳曲线。

用升降法测定疲劳极限时，有效试样数一般在 13 根以上，试验一般取 3~5 级应力水平。每级应力增量一般为 σ_{-1} 的 3%~5%。第一根试样应力水平应略高于 σ_{-1}，若无法预计 σ_{-1}，则对一般材料取 0.45~0.50 倍的 R_m，高强度钢取 0.30~0.40 倍的 R_m，第二根试样的应力水平根据第一根试样试验结果（破坏或通过，即试样经 10^7 周次循环断裂或不断裂）而定。若第一根试样断裂，则对第二根试样施加的应力应降低 $\Delta\sigma$（较前降低 3%~5%）；反之，如试验结果为通过，则后一根试样的应力升高 $\Delta\sigma$（较前升高 3%~5%）。其余试样的应力值均依此法办理，直至完成全部试验。首次出现一对结果相反的数据，如在应力波动范围之内，则作为有效数据，而其之前的数据应舍去。图 7-8 所示为升降法示意图，图中 3、4 为首次出现结果相反的两件样品，但仍在应力波动范围之内，所以有效，而 1、2 两件样品的结果应舍去。最后所有有效试样应力的算术平均值即为升降法所得的条件疲劳强度。

S-N 曲线的高应力（有限寿命）部分用成组试验法测定，即取 3~4 级较高应力水平，在每级应力水平下，测定 5 根左右试样的数据，然后进行数据处理，计算中值（存活率为 50%）疲劳寿命。将升降法测得的 σ_{-1} 作为 S-N 曲线的最低应力水平点，与成组试验法的测定结果拟合成直线或曲线，即得存活率为 50% 的中值 S-N 曲线（如图 7-9 所示）。

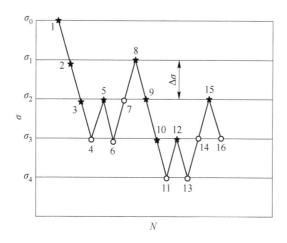

图 7-8 疲劳曲线升降法测试示意图

$\Delta\sigma$—应力增量；★—试样断裂；○—试样通过

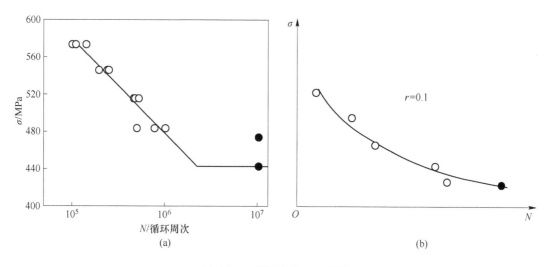

(a)   (b)

图 7-9 金属材料的 S-N 曲线

（a）高强钢 S500MC；（b）某种铝合金

○—试样断裂；●—试样未断

7.2.3.3 疲劳试样的形状及尺寸

疲劳试样种类很多，其形状和尺寸主要决定于试验目的，所加载荷的类型及试验机型号。试验时所加载荷类型不同，试样形状和尺寸也不相同。国家标准中推荐的几种旋转弯曲疲劳试验和轴向拉压疲劳试验的试样如附图 F-4 所示。

各种试样的夹持部分应根据所用试验机的夹持方式设计。夹持部分截面积与试验部分截面积之比应大于 1.5，若为螺纹夹持应大于 3。

7.2.3.4 不同应力状态下的疲劳极限

同一材料在不同应力状态下测得的疲劳极限不相同，但是它们之间存在一定的关联。根据试验确定，对称弯曲疲劳极限与对称拉压、扭转疲劳极限之间存在下列关系：

$$
\left.\begin{array}{lll}
钢: & \sigma_{-1p} = 0.85\sigma_{-1} \\
铸铁: & \sigma_{-1p} = 0.65\sigma_{-1} \\
& \tau_{-1} = 0.8\sigma_{-1} \\
铜及轻合金: & \tau_{-1} = 0.55\sigma_{-1}
\end{array}\right\} \tag{7-4}
$$

式中 σ_{-1p}——对称拉压疲劳极限，MPa；

τ_{-1}——对称扭转疲劳极限，MPa；

σ_{-1}——对称弯曲疲劳极限，MPa。

7.2.3.5 疲劳极限与静强度间的关系

试验表明，金属材料的抗拉强度越大。其疲劳极限也越大。几种典型金属材料的疲劳极限与静强度之间大致存在以下的经验公式：

$$
\left.\begin{array}{ll}
结构钢: & \sigma_{-1p} = 0.23(R_{eL} + R_m) \\
& \sigma_{-1} = 0.27(R_{eL} + R_m) \\
铸铁: & \sigma_{-1p} = 0.4R_m \\
& \sigma_{-1} = 0.45R_m \\
铝合金: & \sigma_{-1p} = \dfrac{1}{6}R_m + 7.5 \\
& \sigma_{-1} = \dfrac{1}{6}R_m - 7.5 \\
青铜: & \sigma_{-1} = 0.21R_m
\end{array}\right\} \tag{7-5}
$$

7.2.4 疲劳强度的影响因素

金属构件的形状、尺寸、表面状态、工作环境和工作载荷的特点都可能大不相同，而这些因素都会对构件的疲劳强度产生显著影响。疲劳强度的影响因素可分为力学、冶金学和环境三类（见表7-2）。这些因素互相影响，使得在疲劳强度设计和疲劳寿命预测时，综合评价这些因素的影响变得复杂。

表7-2 影响疲劳强度的因素

材料因素	化学成分
	组织结构
	纤维方向
	内部缺陷
工作条件	环境介质
表面状态及尺寸因素	表面粗糙度
	缺口效应
	尺寸效应
表面处理及残余内应力	表面喷丸及滚轧
	表面热处理
	表面化学热处理

三类因素中，力学因素从根本上来讲可归结为载荷类型、频率范围、应力集中程度和平均应力的影响；冶金学因素可归纳为冶金质量即材料的纯净度和材料的处理状态；而环境因素主要有腐蚀介质和高温的影响。一般情况下应主要考虑力学和冶金学两类因素。它们包括切口形状的影响、尺寸的影响、表面状态的影响和应力状态的影响等。

7.2.4.1 缺口效应和缺口敏感度

机件由于使用的需要，常常带有台阶、拐角、键槽、油孔及螺纹等，这些结构类似于缺口，会改变应力状态和造成应力集中，进而对疲劳寿命造成明显的影响。因此，了解缺口引起的应力集中对疲劳极限的影响也很重要。

金属材料在交变载荷作用下的缺口敏感性，常用疲劳缺口敏感度 q_f 来评定：

$$q_f = \frac{K_f - 1}{K_t - 1} \tag{7-6}$$

式中 K_f——疲劳缺口系数；

K_t——理论应力集中系数，可从有关手册中查到，$K_t > 1$。K_f 为光滑试样与缺口试样疲劳极限之比，即 $K_f = \dfrac{\sigma_{-1}}{\sigma_{-1N}}$。$K_f > 1$，具体的数值与缺口几何形状及材料等因素有关。

q_f 值越大，疲劳缺口敏感度越高，则疲劳寿命下降越大。在实际金属材料中，结构钢 q_f 值一般为 $0.6 \sim 0.8$；粗晶粒钢 q_f 值为 $0.1 \sim 0.2$；灰铸铁 q_f 值为 $0 \sim 0.05$。高周疲劳时，大多数金属都对缺口十分敏感，但低周疲劳时，它们却对缺口不太敏感。

7.2.4.2 零件尺寸效应

疲劳试样的直径一般都在 $5 \sim 10\,mm$ 范围内，这和实际零部件尺寸有很大差异。一般地，对于弯曲和扭转载荷下的零件，随着尺寸的增大疲劳强度降低；但是对于轴向拉伸和压缩载荷的情况，尺寸大小的影响不大。尺寸对疲劳极限影响的大小用尺寸影响系数 ε 来表示：

$$\varepsilon = \frac{\sigma_d}{\sigma_{d_0}} \tag{7-7}$$

式中 σ_d——任意尺寸光滑试样的疲劳极限；

σ_{d_0}——标准尺寸光滑试样的疲劳极限。

一般地，试样或构件尺寸越大，制造工艺过程越难控制，材料组织的致密性和均匀性等越差，冶金缺陷越多，这些缺陷的尺寸相应也会更大。构件表面积越大，这些缺陷在表面上存在的机会和数量也越多，因此大尺寸试样表面产生疲劳裂纹的机会也就越大。而这些从根本上来说又都可以归结为冶金缺陷造成的局部应力集中而导致了疲劳裂纹更易产生，进而降低疲劳强度。

关于应力梯度的影响，在承受弯曲、扭转等载荷的情况下，零件的尺寸越大、工作应力的梯度越小，单位面积内的平均应力就越高，疲劳裂纹越易产生。

7.2.4.3 变动载荷频率的影响

零部件承受的载荷频率对于疲劳强度影响的实验结果主要有以下规律：

（1）频率比较低（$<1\,Hz$）时，随着频率提高疲劳强度下降；

（2）在中等频率（$50 \sim 170\,Hz$）范围，频率变化对疲劳强度没有影响；

（3）频率比较高（$>170\,Hz$）时，频率提高，疲劳强度随之提高。

7.2.4.4 表面状况的影响

表面状况包括表面粗糙度、表面应力状态、表面塑性变形程度和表面缺陷等因素，这些因素会显著影响试样或构件的疲劳寿命。

机械加工会在零件表面产生塑性加工硬化。切削加工往往会在零件表面产生一定的残余压应力，有利于提高疲劳强度，但效果有限。在磨削时往往会产生对疲劳强度不利的残余拉应力。另外，机械加工表面的显微尺度上的凸凹不平会引起应力集中而使疲劳强度降低。这些因素综合作用的结果，使疲劳强度比标准试样的要降低一些。而锻造或铸造表面一般具有更大的表面粗糙度，且一般存在表面残余拉应力，因此会降低疲劳强度。从形式上来看，越是粗糙的表面加工方法，对疲劳强度的降低影响就越大。

另外，表面脱碳、表面碰磕、伤痕和划伤等表面缺陷也会明显降低疲劳强度。因此，在设计尤其是制造过程中需要给予足够的重视。

7.2.4.5 平均应力的影响

如前所述，产生疲劳破坏的根本原因是动应力分量，但静应力分量即平均应力对疲劳极限也有一定的影响。在一定的静应力范围内，压缩的静应力提高疲劳极限，拉伸的静应力降低疲劳极限。一般认为，残余应力对疲劳极限的作用与平均应力的作用相同。

1870～1890 年，W. Gerber（格伯）研究了平均应力对疲劳强度的影响，提出了 Gerber 抛物线方程，英国人 J. Goodman（古德曼）提出了著名的简化直线——Goodman 图。

1884 年，J. Bauschinger（包辛格）在验证 Wöhler 疲劳试验时，发现了在循环载荷下弹性极限降低的"循环软化"现象，引入了应力-应变迟滞回线的概念。但他的工作当时人们并不重视，直到 1952 年 Keuyon 在做铜棒试验时才把它重新提出来，并命名为"包辛格效应"。

几种典型的平均应力影响关系式如下：

$$\left.\begin{array}{ll}\text{Gerber 线：} & \sigma_a = \sigma_{-1}\left(1 - \dfrac{\sigma_m}{R_m}\right) \\[2mm] \text{Goodman 曲线：} & \sigma_a = \sigma_{-1}\left(1 - \dfrac{\sigma_m}{R_{eL}}\right) \\[2mm] \text{Soderberg 线：} & \sigma_a = \sigma_{-1}\left[1 - \left(\dfrac{\sigma_m}{R_m}\right)^2\right] \\[2mm] \text{Morrow 线：} & \sigma_a = \sigma_{-1}\left(1 - \dfrac{\sigma_m}{\sigma_k}\right)\end{array}\right\} \tag{7-8}$$

式中　σ_a——应力幅；

σ_m——平均应力；

σ_k——断裂强度（断裂真实应力）；

σ_{-1}——对称循环弯曲疲劳极限；

R_m——抗拉强度；

R_{eL}——屈服强度。

7.2.4.6 化学成分和显微组织的影响

钢中碳是影响疲劳强度的重要元素，因为它既可间隙固溶强化基体，又可析出细小碳化物形成弥散强化，提高材料的形变抗力，阻止疲劳裂纹的萌生和提高疲劳强度。其他合金元素在钢中的作用，主要是通过提高钢的淬透性和改善钢的强韧性来影响疲劳强度。固溶于奥氏体的合金元素能提高钢的淬透性，因而可以提高疲劳强度。

金属的显微组织对疲劳性能也有明显的影响。一般来说，金属材料塑性越好，疲劳强度越高。如细化晶粒能够明显提高疲劳极限，铁素体珠光体钢晶粒度从 2 级提高到 4 级可以使疲劳强度提高 10%。塑性好的奥氏体钢在同样条件可以使疲劳强度提高 20%。不同热处理组织中回火屈氏体疲劳性能最好。球状珠光体比片状珠光体好。

7.2.4.7　服役温度的影响

降低服役温度会使疲劳强度略有提高，主要是由于低温时滞后环的宽度变小，每一循环过程中储存于试样中的变形功减小，裂纹的萌生和扩展减小。相反温度提高使疲劳强度降低。温度提高到一定的程度，疲劳曲线不会出现水平部分。对于钢材，小于 300℃ 时，温度变化对疲劳强度影响不显著；大于 300℃，温度每提高 100℃，疲劳强度下降 15% ~ 20%；超过 500℃，温度每提高 100℃，疲劳强度下降 40% ~ 50%。在比较高的温度下，疲劳强度已经没有意义。

7.2.4.8　环境介质的影响

环境介质是指酸、碱、盐等腐蚀性物质对疲劳强度的影响。腐蚀通常分为化学腐蚀和吸附腐蚀两种。化学腐蚀是由酸、碱、盐及其溶液、海水、人体排泄物等对金属的腐蚀。由于腐蚀在金属表面造成嵌入式破坏，造成应力集中，引发裂纹，降低疲劳强度。吸附腐蚀作用主要由于活性介质改变表面原子结合状态而降低表面质量。普通钢铁材料在水中的疲劳强度比空气中的低。另外，在腐蚀条件下金属的疲劳强度不随抗拉强度提高而提高，同样不存在疲劳曲线的水平部分。

7.2.4.9　表层残余应力对疲劳强度的影响

零部件如果承受弯曲疲劳载荷、扭转疲劳载荷，表层残余应力对疲劳强度有显著的影响。残余压应力能够提高疲劳强度，残余拉应力则降低疲劳强度。

表面残余压应力对疲劳强度的贡献，不仅与表面残余压应力的数值大小有关，还与残余压应力层的深度和分布状态有关。压应力层的深度增加到 4mm 左右时，随压应力层的加厚，疲劳强度提高；层深超过 4mm 之后，再增加压应力层深度，疲劳强度不再提高。

获得表面压应力层的方法主要有零部件表面喷丸强化、表面化学热处理强化，例如氮化、渗碳、碳氮共渗等。

7.2.4.10　非金属夹杂物及冶金缺陷的影响

非金属夹杂物是钢在冶炼时形成的，它对疲劳强度有明显的影响。从疲劳裂纹沿第二相或夹杂物的形成机制来看，非金属夹杂物是萌生疲劳裂纹的发源地之一，也是降低疲劳强度的一个显著因素。试验表明，减少夹杂物的数量及尺寸都能有效地提高疲劳强度。此外，还可以通过改变夹杂物与基体之间的界面结合性质来改变疲劳强度，例如用适当增加硫含量的办法，使塑性好的硫化物包围塑性极差的氧化物夹杂，以解决原氧化物界面的疲劳开裂问题，也能提高疲劳强度。

钢材在冶炼和轧制生产中还有气孔、缩孔、偏析、白点、折叠等冶金缺陷，零件在铸造、锻造、焊接及热处理中也会有缩孔、裂纹、过烧及过热等缺陷。这些缺陷往往都是疲劳裂纹的发源地，严重地降低机件的疲劳强度。钢材在轧制和锻造时，因夹杂物沿压延方向分布而形成流线，流线纵向的疲劳强度高，横向的疲劳强度低。

7.3　低周疲劳

金属在循环载荷作用下，疲劳寿命为 $10^2 \sim 10^5$ 次的疲劳断裂称为低周疲劳。工程和实验都发现，在较高应力情况下金属构件常常也会发生低周疲劳断裂。例如，风暴席卷的海船壳体断裂、大型桥梁突然断裂、飞机起落架断裂失效以及高压容器爆炸等均属于大应力和短寿命的低周疲劳断裂。

低周疲劳时，构件的名义应力低于材料的屈服强度，但在实际构件缺口根部因应力集中却能产生塑性变形，并且这个变形总是受到周围弹性体的约束，即缺口根部的变形是受控制的。所以，机件或构件受循环应力作用，而缺口根部则受循环塑性应变作用，疲劳裂纹总是在缺口根部形成。因此，这种疲劳也称塑性疲劳或应变疲劳。

1952 年，美国国家航空和航天管理局 NASA 刘易斯研究所的 S. S. Manson（曼森）和 L. F. Coffin（科芬）在大量实验数据的基础上提出了表达塑性应变和疲劳寿命间关系的 Manson-Coffin 方程，奠定了低周疲劳的基础。

7.3.1　低周疲劳的特点

（1）低周疲劳时，因局部区域产生宏观塑性变形，故循环应力与应变之间不再呈直线关系，形成如图 7-10 所示的滞后回线。

在图 7-10 中，开始加载时，曲线沿 OAB 进行，卸载时沿 BC 进行；反向加载时沿 CD 进行，从 D 点卸载时沿 DE 进行。再次拉伸时沿 EB 进行。如此循环经过一定周次（通常不超过 100 周次）后，就达到图 7-10 所示的稳定状态滞后回线。图 7-10 中 $\Delta\varepsilon_t$ 为总应变范围，$\Delta\varepsilon_p$ 为塑性应变范围，$\Delta\varepsilon_e$ 为弹性应变范围，$\Delta\varepsilon_t = \Delta\varepsilon_p + \Delta\varepsilon_e$。

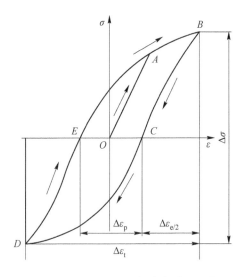

图 7-10　低周疲劳应力-应变滞后回线

（2）低周疲劳试验时，或者控制总应变范围，或者控制塑性应变范围，在给定的 $\Delta\varepsilon_t$ 或 $\Delta\varepsilon_p$ 下测定疲劳寿命。试验结果处理不用 S-N 曲线，而要改用 $\Delta\varepsilon_t/2$-$2N_f$ 或 $\Delta\varepsilon_p/2$-$2N_f$ 曲线，以描述材料的低周疲劳规律。$\Delta\varepsilon_t/2$ 和 $\Delta\varepsilon_p/2$ 分别为总应变幅和塑性应变幅。

（3）低周疲劳破坏有几个裂纹源，这是由于应力比较大，裂纹容易形核，其形核期较短，只占总寿命的 10%。低周疲劳微观断口的疲劳条带较粗，间距也宽一些，并且常常不连续。

（4）低周疲劳寿命决定于塑性应变幅，而高周疲劳寿命则决定于应力幅或应力强度因子范围，但两者都是循环塑性变形累积损伤的结果。

7.3.2　金属低周疲劳的循环硬化与循环软化

金属承受恒定应变范围循环载荷时，循环开始的应力应变滞后回线是不封闭的，只有经过一定周次后才形成封闭滞后回线。金属材料由循环开始状态变成稳定状态的过程，与其在循环应变作用下的形变抗力变化有关。这种变化有两种情况，即循环硬化和循环软化。若金属材料在恒定应变范围循环作用下，随循环周次增加其应力（形变抗力）不断增加，即为循环硬化，如图 7-11(a) 和(b)所示；若在循环过程中，应力逐渐减小，则为循环软化，如图 7-11(c) 和(d)所示。将不同应变范围的稳定滞后回线的顶点连接起来，便得到一条如图 7-12 所示的循环应力-应变曲线。图中还用虚线画出 40CrNiMo 钢的单次拉伸应力-应变曲线。

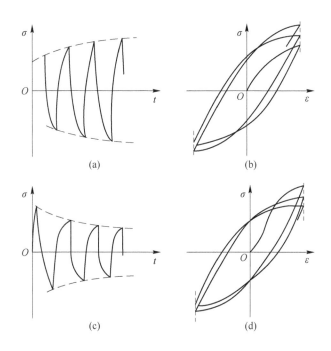

图 7-11 低周疲劳初期的 σ-t 线与 σ-ε 曲线

(a)，(b) 循环硬化；(c)，(d) 循环软化

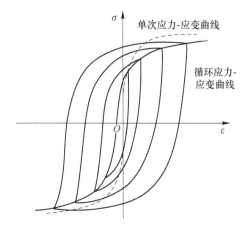

图 7-12 40CrNiMo 钢的循环应力-应变曲线

由此可见，循环应变会导致材料形变抗力发生变化，使材料的强度变得不稳定，特别是由循环软化材料制造的机件，在承受大应力循环使用过程中，将因循环软化产生过量的塑性变形而使机件破坏。因此，承受低周大应变的机件，应该选用循环稳定或循环硬化型材料。

金属材料产生循环硬化还是循环软化取决于材料的初始状态、结构特性以及应变幅和温度等。退火状态的塑性材料往往表现为循环硬化，而加工硬化的材料则往往是循环软化。试验发现，可用应变硬化指数 n 来判断循环应变对材料性能的影响，$n < 0.1$ 时，材料表现为循环软化；当 $n > 0.1$ 时，材料表现为循环硬化或循环稳定。

循环硬化和循环软化现象与位错循环运动有关。在一些退火软金属中，在恒应变幅的循环载荷下，由于位错往复运动和交互作用，产生了阻碍位错继续运动的阻力，从而产生循环硬化。在冷加工后的金属中，充满位错缠结和障碍，这些障碍在循环加载中被破坏；或在一些沉淀强化不稳定的合金中，由于沉淀结构在循环加载中被破坏均可导致循环软化。

7.3.3 低周疲劳的应变-寿命曲线

曼森（S. S. Manson）和柯芬（L. F. Coffin）等分析了低周疲劳的实验结果和规律，提出了低周疲劳寿命公式：

$$\frac{\Delta \varepsilon_t}{2} = \frac{\Delta \varepsilon_e}{2} + \frac{\Delta \varepsilon_p}{2} = \frac{\sigma_f'}{E}(2N_f)^b + \varepsilon_f'(2N_f)^c \qquad (7-9)$$

式中 σ_f'——疲劳强度系数，约等于材料静拉伸的真实断裂应力，$\sigma_f' \approx \sigma_k$；

       b——疲劳强度指数，$b = -0.12 \sim -0.05$，通常取 -0.10；

       ε_f'——疲劳塑性系数，约等于材料静拉伸时的真实断裂应变，$\varepsilon_f' \approx \varepsilon_f$，$\varepsilon_f = \ln \dfrac{1}{1-Z}$；

       c——疲劳塑性指数，$c = -0.5 \sim -0.7$，通常取 -0.6；

       E——弹性模量；

       Z——断面收缩率；

    $2N_f$——总的应力反向次数，一个循环周次中应力反向两次。

在双对数坐标图上，式（7-9）等号右边两项是两条直线，分别代表弹性应变幅-寿命曲线和塑性应变幅-寿命曲线。其中表示塑性应变幅-寿命关系的公式 $\dfrac{\Delta \varepsilon_p}{2} = \varepsilon_f'(2N_f)^c$ 通常即称为曼森-柯芬（Manson-Coffin）公式。两条直线叠加，即得总应变幅-寿命曲线，如图 7-13 所示。两条直线斜率不同，故存在一个交点，交点对应的寿命 $(2N_f)_t$ 称为过渡寿命。在交点左侧，即低周疲劳范围内，塑性应变幅起主导作用，材料的疲劳寿命由塑性控制；在交点右侧，即高周疲劳范围内，弹性应变幅起主导作用，材料的疲劳寿命由强度决定。为此，要区分机件服役条件是哪一类疲劳，如属于高周疲劳，应主要考虑材料的强度；如属于低周疲劳，则应在保持一定强度基础上尽量选用塑性好的材料。显然，此处提出的以过渡寿命为界划分高周疲劳和低周疲劳，比以 $10^2 \sim 10^5$ 周次分界要科学得多。

过渡寿命也是材料的疲劳性能指标，在设计与选材方面具有重要意义，其值与材料性能有关。一般提高材料强度，过渡寿命减小；提高材料塑性和韧性，过渡寿命增大。高强

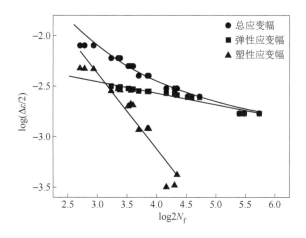

图 7-13 *E-N* 曲线（800MPa 级 AHSS 钢）

度材料过渡寿命可能少至 10 次，低强度材料则可能超过 10^5 次。

为了应用更为方便，曼森通过对 29 种金属材料的试验研究发现，总应变幅 $\Delta\varepsilon_t/2$ 与疲劳断裂寿命 $2N_f$ 之间存在下列关系：

$$\frac{\Delta\varepsilon_t}{2} = 3.5\left(\frac{R_m}{E}\right)(2N_f)^{-0.12} + \varepsilon^{0.6}(2N_f)^{-0.6} \qquad (7\text{-}10)$$

式中　　R_m——抗拉强度；

ε——真实应变。

可见，只要知道材料的静拉伸性能 R_m、E、ε（或 Z），就可求得材料光滑试样完全对称循环下的低周疲劳寿命。这种预测低周疲劳寿命的方法，称为通用斜率法。应当指出，各种表面强化手段，对提高低周疲劳寿命均无明显效果。

7.4 疲劳过程及其机理

疲劳过程包括疲劳裂纹萌生、裂纹亚稳扩展及最后失稳扩展三个阶段，了解疲劳各阶段的微观过程，对认识疲劳失效机理，延长疲劳寿命是非常重要的。

7.4.1 疲劳裂纹萌生过程及机理

宏观疲劳裂纹是由微观裂纹的形成、长大及连接而成的，通常将 0.05 ~ 0.10mm 的裂纹定为疲劳裂纹核，并由此定义疲劳裂纹萌生期。

大量研究表明，疲劳微观裂纹都是由不均匀的局部滑移和显微开裂引起的。主要方式有表面滑移带开裂，第二相、夹杂物或其界面开裂，晶界或亚晶界开裂等。

7.4.1.1 滑移带开裂产生裂纹

大量试验表明，金属在循环应力长期作用下，即使其应力低于屈服强度，也会发生循环滑移并形成循环滑移带。与静载荷时均匀滑移带相比，循环滑移是极不均匀的，总是集中分布于某些局部薄弱区域，形成驻留滑移带。驻留滑移带一般只在表面形成，其深度较浅。驻留滑移带在加宽过程中，会出现挤出脊和侵入沟，于是此处就产生应力集中和微裂纹（如图 7-14 所示）。

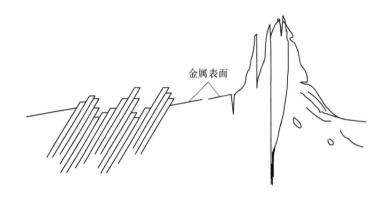

图 7-14 金属表面"挤出""侵入"并形成裂纹

柯垂尔（A. H. Cottrell）和赫尔（D. Hull）提出交叉滑移模型来描述金属表面"挤出"及"侵入"的过程（如图 7-15 所示）。

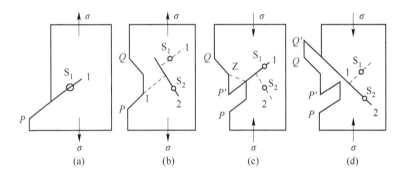

图 7-15 金属表面"挤出"及"侵入"的柯垂尔和赫尔模型

（a）在拉应力的半周期内，位错源 S_1 激活，并留下一个滑移台阶；

（b）在同一半周期内，位错源 S_2 激活，留下另一个滑移台阶；

（c）在压应力的半周期内，S_1 又被激活，位错反方向滑动形成一个侵入沟；

（d）同一半周期内，S_2 又被激活，位错沿相反方向运动形成一个挤出脊

在拉应力的半周期内，先在取向最有利的滑移面上位错源 S_1 被激活，当大量位错滑动到表面时，便在 P 处留下一个滑移台阶，如图 7-15(a) 所示。在同一半周期内，随着拉应力增大，在另一个滑移面上的位错源 S_2 也被激活，当大量位错滑动到表面时，在 Q 处留下一个滑移台阶；与此同时，后一个滑移面上位错运动使第一个滑移面错开，造成位错源 S_1 与滑移台阶 P 不再处于同一个平面内，如图 7-15(b) 所示。在压应力的半周期内，位错源 S_1 又被激活，位错向反方向滑动，在晶体表面留下一个反向滑移台阶 P'，于是 P 处形成一个侵入沟；与此同时，也造成位错源 S_2 与滑移台阶 Q 不再处于一个平面内，如图 7-15(c) 所示。同一半周期内，随着压应力增加，位错源 S_2 又被激活，位错沿相反方向运动，滑出表面后留下一个反向的滑移台阶 Q'，于是在此处形成一个挤出脊，如

图 7-15(d)所示；与此同时又将位错源 S_1 带回原位置，与滑移台阶 P 处于一个平面内。若应力如此不断循环下去，挤出脊高度和侵入沟深度将不断增加，而宽度不变。

从以上疲劳裂纹的形成机理来看，只要能提高材料的滑移抗力（如采用固溶强化、细晶强化等手段），均可以阻止疲劳裂纹萌生，提高疲劳强度。

7.4.1.2 相界面开裂产生裂纹

在疲劳失效分析中，常常发现很多疲劳源都是由材料中的第二相或夹杂物引起的，因此便提出了第二相、夹杂物和基体界面开裂，或第二相、夹杂物本身开裂的疲劳裂纹萌生机理。

7.4.1.3 晶界开裂产生裂纹

多晶体材料由于晶界的存在和相邻晶粒的不同取向性，位错在某一晶粒内运动时会受到晶界的阻碍作用，在晶界处发生位错塞积和应力集中现象，当应力集中超过晶界强度时就会在晶界处产生裂纹。

抑制疲劳裂纹萌生的措施包括：提高金属材料强度；降低金属中夹杂物的含量；增加晶界强度以及改善工件表面质量等。

7.4.2 疲劳裂纹扩展过程及机理

根据裂纹扩展方向，疲劳裂纹扩展可分为两个阶段，如图 7-16 所示。

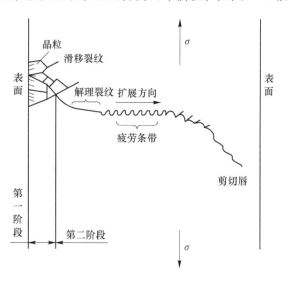

图 7-16 疲劳裂纹扩展两个阶段

第一阶段是从表面个别侵入沟（或挤出脊）先形成微裂纹，随后裂纹主要沿主滑移系方向（最大切应力方向），以纯剪切方式向内扩展。在扩展过程中，多数微裂纹成为不扩展裂纹，只有少数微裂纹会扩展 2~3 个晶粒范围。在此阶段，裂纹扩展速率很低，每一应力循环大约只扩展 $0.1\mu m$。

在第一阶段裂纹扩展时，由于晶界的不断阻碍作用，裂纹扩展逐渐转向垂直于拉应力方向，进入第二阶段扩展。在室温及无腐蚀条件下疲劳裂纹扩展是穿晶的。这个阶段的大部分循环周期内，裂纹扩展速率为 $10^{-5}\sim10^{-3}$ mm/次，第二阶段属于疲劳裂纹亚稳扩展阶段。

　　电镜断口分析表明，第二阶段的断口特征是具有略呈弯曲并相互平行的沟槽花样，称为疲劳条带（疲劳条纹、疲劳辉纹），如图 7-17 所示。它是裂纹扩展时留下的微观痕迹，每一条带可视作一次应力循环的扩展痕迹，裂纹的扩展方向与条带垂直。图 7-17 所示即为疲劳条带花样。

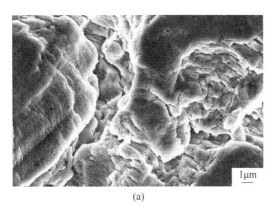 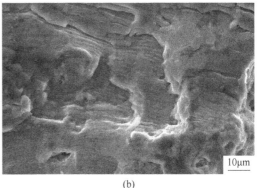

(a)　　　　　　　　　　　　　　　　　　(b)

图 7-17　扫描电镜下的疲劳条带

（a）韧性条带；（b）脆性条带

　　疲劳条带是疲劳断口最典型的微观特征，也是分析疲劳失效的重要信息。一般情况下越靠近疲劳源处的疲劳条带越密，反之，则疲劳条带越疏。疲劳条带越密，条带范围越大，则疲劳寿命越长。另外，金属材料塑性越好，应力强度因子 ΔK（$\Delta K = K_{max} - K_{min}$）越小，则疲劳条带越密。

　　应该指出，这里所指的疲劳条带和前面提到的宏观疲劳断口的贝纹线并不是一回事，条带是疲劳断口的微观特征，贝纹线是疲劳断口的宏观特征，在相邻贝纹线之间可能有成千上万个疲劳条带。为了说明第二阶段疲劳裂纹扩展的物理过程，解释疲劳条带的形成原因，曾提出不少裂纹扩展模型，其中比较公认的是塑性钝化模型。

　　Laird 和 Smith 在研究铝、镍金属疲劳时提出，高塑性的 Al、Ni 材料在交变循环应力作用下，因裂纹尖端的塑性张开钝化和闭合锐化，会使裂纹向前延续扩展，具体扩展过程如图 7-18 所示。

　　图 7-18（a）到（e）左侧曲线的实线段表示交变应力的变化，右侧为疲劳扩展第二阶段中疲劳裂纹的剖面示意图。图 7-18（a）表示交变应力为零时，右侧裂纹呈闭合状

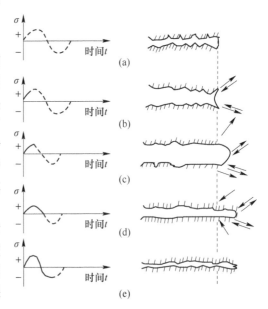

图 7-18　Laird 疲劳裂纹扩展模型

（a）应力为零；（b）拉应力时裂纹张开；

（c）拉应力最大值时，裂纹尖端钝化停止扩展；

（d）压应力时，裂纹尖端被弯折成一对耳状切口；

（e）压应力最大时，裂纹表面被压合形成一对尖角

态；图 7-18（b）表示受拉应力时裂纹张开，裂纹尖端由于应力集中，沿 45°方向发生滑移；图 7-18（c）表示拉应力达到最大值时，滑移区扩大，裂纹尖端变为半圆形，发生钝化，裂纹停止扩展。这种由于塑性变形使裂纹尖端的应力集中减小，滑移停止，裂纹不再扩展的过程称为"塑性钝化"。图 7-18（c）中两个同向箭头表示滑移方向，两箭头之间距离表示滑移进行的宽度；图 7-18（d）表示交变应力为压应力时，滑移沿相反方向进行，原裂纹与新扩展的裂纹表面被压近，裂纹尖端被弯折成一对耳状切口，为沿 45°方向滑移准备了应力集中条件；图 7-18（e）表示压应力达到最大值时，裂纹表面被压合，裂纹尖端又由钝变锐，形成一对尖角。由此可见，应力循环一周期便在断口上留下一条疲劳条带，裂纹向前扩展一个条带的距离。如此反复进行，不断形成新的条带，疲劳裂纹也就不断向前扩展。

抑制疲劳裂纹扩展的措施包括：提高金属材料强硬度，抵抗裂纹萌生及扩展；同时保持材料有较高塑性，以使裂纹尖端应力集中可以通过塑性变形而松弛，进而使裂纹扩展速率下降。

7.5 疲劳裂纹扩展速率及疲劳裂纹扩展门槛值

从疲劳断口分析可知，疲劳过程是由裂纹萌生、亚稳扩展及失稳扩展所组成的，其中裂纹亚稳扩展占有很大比例，是决定机件整体疲劳寿命的关键阶段。因此，研究疲劳裂纹的扩展规律、扩展速率及其影响因素，对延长疲劳寿命和预测实际机件疲劳寿命均具有重要意义。

7.5.1 疲劳裂纹扩展曲线

在高频疲劳试验机上测定疲劳裂纹扩展曲线，一般常用三点弯曲单边缺口试样（SENB3）、中心裂纹拉伸试样（CCT）或紧凑拉伸试样（CT），先预制疲劳裂纹，随后在固定应力比 r 和应力范围 $\Delta\sigma$ 条件下循环加载。观察并记录裂纹长度 a 随 N 循环扩展的情况，便可作出疲劳裂纹扩展曲线 $a\text{-}N$ 曲线（如图 7-19 所示）。由图 7-19 可见，在一定循环应力条件下，疲劳裂纹扩展时其长度是不断增长的。曲线的斜率表示疲劳裂纹扩展速率 $\mathrm{d}a/\mathrm{d}N$，即每循环一次裂纹扩展的距离，也是不断增加的。当加载循环周次达到 N_p 时，

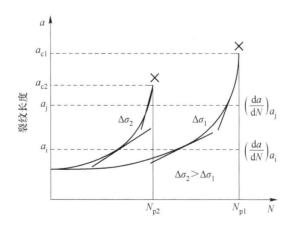

图 7-19 典型的疲劳裂纹扩展曲线（图中 $\Delta\sigma_2 > \Delta\sigma_1$）

a 长大到临界裂纹尺寸 a_c，da/dN 增大到无限大，裂纹失稳扩展，试样最后断裂。若改变应力，将 $\Delta\sigma_1$ 增加到 $\Delta\sigma_2$，则裂纹扩展加快，曲线位置向左上方移动，a_c 和 N_P 都相应减小。

7.5.2 疲劳裂纹扩展速率曲线

图 7-19 表明，材料的疲劳裂纹扩展速率 da/dN 不仅与应力水平有关，而且与当时的裂纹尺寸有关，将应力范围 $\Delta\sigma$ 和 a 复合为应力强度因子范围 ΔK（$\Delta K = Y\Delta\sigma\sqrt{a}$）。$\Delta K$ 就是在裂纹尖端控制裂纹扩展的复合力学参量，为此可建立 da/dN-ΔK 双对数曲线，即疲劳裂纹扩展速率曲线（如图 7-20 所示）。

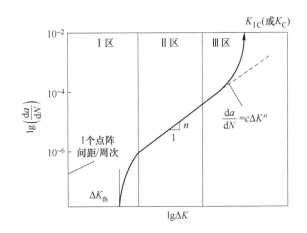

图 7-20　疲劳裂纹扩展速率曲线

由图 7-20 可见，曲线可分为 Ⅰ、Ⅱ、Ⅲ 三个区段。其中 Ⅰ 区、Ⅲ 区 ΔK 影响较大，在 Ⅱ 区，ΔK 与 da/dN 之间呈幂函数关系。

Ⅰ 区是疲劳裂纹初始扩展阶段，da/dN 值很小，为 $10^{-8} \sim 10^{-6}$ mm/周次。从 ΔK_{th} 开始，随 ΔK 增加，da/dN 快速提高，但因 ΔK 变化范围很小，所以 da/dN 提高有限，所占扩展寿命不大。

Ⅱ 区是疲劳裂纹扩展的主要阶段，占据亚稳扩展的绝大部分，是决定疲劳裂纹扩展寿命的主要组成部分，da/dN 较大，为 $10^{-5} \sim 10^{-2}$ mm/周次；且 ΔK 变化范围大，扩展寿命长。

Ⅲ 区是疲劳裂纹扩展最后阶段，da/dN 很大，并随 ΔK 增加而快速地增大，只需扩展很少周次即会导致材料失稳断裂。

7.5.3 疲劳裂纹扩展门槛值

由图 7-20 可知，在 Ⅰ 区，当 $\Delta K \leq \Delta K_{th}$ 时，$da/dN = 0$，表示裂纹不扩展；只有当 $\Delta K > \Delta K_{th}$ 时，$da/dN > 0$，疲劳裂纹才开始扩展。因此，ΔK_{th} 是疲劳裂纹不扩展的 ΔK 临界值，称为疲劳裂纹扩展门槛值。ΔK_{th} 表示材料阻止疲劳裂纹开始扩展的性能，也是材料的力学性能指标，其值越大，阻止疲劳裂纹开始扩展的能力就越大，材料就越好。

ΔK_{th} 与疲劳极限 σ_{-1} 相类似，都是表示无限寿命的疲劳性能，也都受材料成分和组织、载荷条件及环境因素等影响。但是光滑试样的无限寿命疲劳强度，用于传统的疲劳强度设计；而含有裂纹试样的无限寿命疲劳性能，适于裂纹件的设计。根据 ΔK_{th} 的定义可以建立裂纹件不疲劳断裂的设计公式：

$$\Delta K = Y\Delta\sigma\sqrt{a} \leqslant \Delta K_{th} \tag{7-11}$$

常见的金属材料 ΔK_{th} 值见表 7-3。

表 7-3 几种工程金属材料的 ΔK_{th} 测定值($r=0$)

材 料	$\Delta K_{th}/(MPa \cdot m^{1/2})$	材 料	$\Delta K_{th}/(MPa \cdot m^{1/2})$
低合金钢	6.6	纯铜	2.5
18-8 不锈钢	6.0	60/40 黄铜	3.5
纯铝	1.7	纯镍	7.9
4.5 铜铝合金	2.1	镍基合金	7.1

7.5.4 疲劳裂纹扩展寿命的估算

在疲劳裂纹扩展方面，1957 年美国人 P. C. Paris（帕里斯）提出，在循环载荷作用下，裂纹尖端的应力强度因子范围是控制金属构件疲劳裂纹扩展速率的基本参量，并于 1963 年提出了著名的幂指数定律，即 Paris 公式，给疲劳研究提供了一个估算疲劳裂纹扩展寿命的新方法，后来在此基础上发展出了损伤容限设计，从而使断裂力学和疲劳这两门学科逐渐结合起来。1967 年（福尔曼）提出了可以考虑平均应力影响的修正公式 Forman 公式。现在，以上两个公式都广泛用于零件及构件的疲劳裂纹扩展寿命估算。

7.5.4.1 Paris 公式

Paris 根据大量试验数据，提出疲劳裂纹扩展速率曲线 II 区，da/dN 与 ΔK 符合以下关系式：

$$\frac{da}{dN} = c(\Delta K)^n \tag{7-12}$$

式中 da/dN——单位为 m/周次；

ΔK——单位为 $MPa \cdot m^{1/2}$；

c，n——材料试验常数，与材料、应力比、环境等因素有关，而与显微组织关系不大，多数材料 n 值在 2 ~ 4 之间。

Paris 公式适用于材料高周疲劳（$N_f > 10^4$ 周次）裂纹扩展规律及其疲劳寿命估算，为机件的疲劳设计及其失效分析提供了理论基础。

7.5.4.2 疲劳件剩余寿命估算

对于机件疲劳剩余寿命的估算，一般先用无损探伤方法确定机件初始裂纹尺寸 a_0、形状及位置，然后根据机件的受力状况可以确定 ΔK，根据式（7-12）可以得到临界裂纹长度 a_c，然后根据实验得到的各材料机件具体疲劳裂纹扩展速率，通过积分方法可以计算裂纹长度从 a_0 扩展到 a_c 的循环周次，即疲劳剩余寿命。

例：某汽轮机转子的 $R_{p0.2} = 672MPa$，$K_{IC} = 34.1MPa \cdot m^{1/2}$，$da/dN = 10^{-11} \times (\Delta K)^4$。工作时，因起动或停机在转子中心孔壁的最大合成惯性应力 $\sigma_0 = 352MPa$。经超声波探伤，

得知中心孔壁附近有 $2a_0 = 8\text{mm}$ 的圆片状埋藏裂纹，裂纹离孔壁距离 $h = 5.3\text{mm}$。如果此发电机平均每周起动和停机各一次，试估算转子在循环惯性力作用下的疲劳寿命。

A 计算应力场强度 K_I

根据第 6 章相关理论，可参照下式（7-13）来计算应力强度因子 K_I。

$$K_I = M_e \sigma \sqrt{\frac{\pi a}{Q}} \tag{7-13}$$

式中 M_e——自由表面修正因子，其值与 a/c 及裂纹厚度比有关，可由本书末附录 C 中查得；

Q——裂纹形状参数，可由书末附录 C 的表格中查得或通过计算获得。

由于埋藏圆片状裂纹的 $a/2c = 0.5$，$a/h = 0.75$，查表可得 $M_e = 1.1$。计算可得 $Q = 2.41$，则有：

$$K_I = 1.1 \times 352 \sqrt{\frac{\pi a}{2.41}} \tag{7-14}$$

B 计算裂纹临界尺寸 a_c

由断裂判据有：

$$K_{IC} = M_e \sigma_c \sqrt{\frac{\pi a_c}{Q}} \tag{7-15}$$

将 M_e、K_{IC}、σ_c 及 Q 等值代入式（7-15）可得，$a_c = 6.2\text{mm}$。

C 估算疲劳寿命

当 $K_{I\min} = 0$ 时，则有：

$$\frac{da}{dN} = 10^{-11}(\Delta K)^4 = 10^{-11}(M_e \sigma \sqrt{\pi a/Q})^4 \tag{7-16}$$

对式（7-16）积分可得：

$$N_c = \int_{a_0}^{a_c} \frac{da}{10^{-11}(1.1 \times 352 \sqrt{\pi a/2.41})^4} = 2350 \text{ 周次} \tag{7-17}$$

因一年为 52 周，故疲劳寿命 (t) 为：

$$t = \frac{N_c}{52 \times 2} = \frac{2350}{104} = 22.6 \text{ 年} \tag{7-18}$$

由于机件材质均匀性、介质状况、温度波动及工作应力等均会对疲劳裂纹扩展速率产生影响，因此其结果只有参考价值。

7.6 超高周疲劳

以上所述疲劳方面的研究工作，疲劳循环周次均不超过 10^7。

传统疲劳知识认为合金材料存在疲劳极限，即对应 10^7 循环周次的疲劳强度被确定为疲劳极限（ASTM E468-90，2004），循环应力低于疲劳极限不发生疲劳损伤和破坏。

近年来，随着工业技术的发展，在许多工业部门，如冶金、航空航天、交通运输、核电以及机械制造等领域的安全性要求大幅提高，一些关键结构件在服役期间所承受的交变应力载荷下的循环周次增加了 2~3 个数量级，实际的疲劳使用寿命已经远远超过了疲劳

设计的 10^7 循环周次，有的甚至已经达到了 10^{12} 循环周次（见表 7-4）。这种情况下，传统的疲劳寿命研究已经不能满足发展的需要，所以迫切需要研究这类材料在超长寿命阶段的疲劳行为。

表 7-4 不同结构件及其需承载的疲劳寿命

类型	发动机涡轮	高速车轮	汽车轮毂	涡轮叶片	沿海地区结构	直升机涡轮机	干线用管
服役期限	20 年	10 年	30 万公里	1 年	60 年	5000 小时	30 年
疲劳寿命/周次	10^{10}	10^9	3×10^8	10^{12}	10^{10}	10^9	10^8

7.6.1 超高周疲劳研究的起源

从 20 世纪 80 年代至今，超高周疲劳研究逐渐得到越来越广泛的重视，主要有两个方面原因，一方面，在越来越多的工程应用中，包括飞行器、高铁、汽车、桥梁、船舶等，其结构和部件需要达到 $10^7 \sim 10^{10}$ 周次的（安全）疲劳寿命；实际上，若载荷频率为 1Hz，服役 3 年 2 个月就达到 10^8 载荷周次。另一方面，超高周疲劳的裂纹萌生和初始扩展机理与传统高周疲劳、低周疲劳范畴的情形不同，新的疲劳机理有待揭示。

研究结果表明，把加载应力频率提高到 20kHz，当疲劳寿命超过 10^7 循环周次以后，仍然发生疲劳断裂，传统 10^7 疲劳极限是不存在的，并且疲劳断裂的机理也发生了转变。这些超高周疲劳的研究结果引起了科研人员的兴趣，同时也促进了超高周疲劳的试验方法和试验装备的发展。

7.6.2 超高周疲劳的主要特征

超高周疲劳之所以成为疲劳研究的新领域，不仅是因为其疲劳断裂周次大于 10^7，疲劳强度逐渐降低，还因为其 *S-N* 曲线趋势发生了变化，呈现了独特的疲劳裂纹萌生和初始扩展特征。换言之，在超高周疲劳阶段，疲劳裂纹萌生与初始扩展的方式与机理不同于传统的低周、高周疲劳的情形，由此导致了超高周疲劳特异的力学特性。

Nishijima 和 Kanazawa（1999）归纳分析了早期关于以表面硬化钢为代表的高强钢 *S-N* 曲线的结果（如图 7-21 所示）。他们认为，表面起源和内部起源两种疲劳裂纹萌生模式导

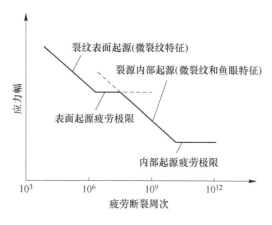

图 7-21 双重 *S-N* 曲线示意图（Nishijima & Kanazawa, 1999）

致了两套 *S-N* 曲线；裂纹内部起源对应的载荷条件低于表面起源的载荷条件，只有表面起源受到抑制时，才可能发生裂纹内部起源。

Hong 在 2012 年的 GCr15 和 40Cr 的旋转弯曲实验（52Hz）显示了疲劳性能具有"双重 *S-N* 曲线"特征，如图 7-22 所示。

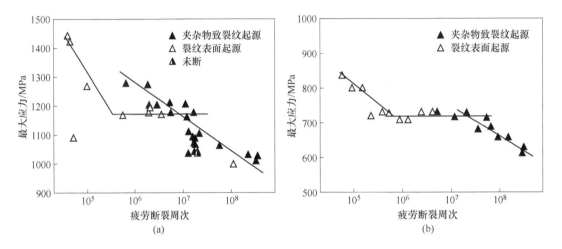

(a)   (b)

图 7-22   旋转弯曲加载的双重 *S-N* 曲线（Hong et al., 2012）

(a) GCr15 钢；(b) 40Cr 钢

图 7-23 显示了裂纹亚表面起源所呈现的鱼眼特征。

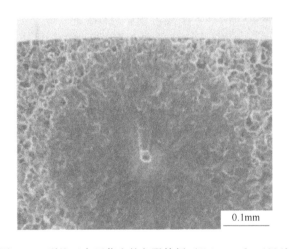

0.1mm

图 7-23   裂纹亚表面萌生的鱼眼特征（Naito et al., 1984）

图 7-24(a)为高强钢超高周疲劳裂纹内部萌生特征区的典型图像，图 7-24(b)为超高周疲劳裂纹内部萌生特征区及发展至断裂示意图。由图 7-24(a)可见，光学显微镜图像显示鱼眼区域内的 FGA (fine-granular-area, FGA) 为灰度大的深色特征，因而也被称为暗区 (optical dark area, ODA)(Murakami et al., 2000)；而扫描电子显微镜（SEM）图像显示的 FGA 是灰度相对小的亮区，因而也被称为颗粒状亮面区 (granular bright facet, GBF) (Shiozawa et al., 2001)，这是由于扫描电镜对粗糙断面成像的缘故。

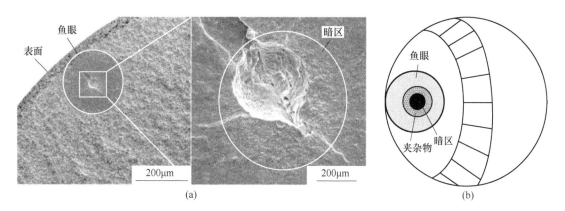

图 7-24　高强钢超高周疲劳裂纹内部萌生特征区典型图像
和裂纹内部萌生特征区及发展至断裂示意图

（a）GCr15 钢旋弯加载超高周疲劳裂纹内部萌生特征区，$N_f = 1.79 \times 10^7$（Hong et al., 2014）；

（b）超高周疲劳裂纹萌生特征区及发展至断裂示意图

7.6.3　超高周疲劳裂纹萌生特征区和特征参量

7.6.3.1　裂纹萌生特征区

高强合金超高周疲劳裂纹萌生的主要特点是起源于材料（试样）内部，这是超高周疲劳不同于低周疲劳和高周疲劳的基本特征。内部萌生的裂纹在断面上呈现"鱼眼"（FiE）特征：在其范围内，往往可见一表面相对粗糙的小区域。对于高强钢，该区域被称为光学暗区（optical dark area, ODA）或 FGA，下文将其称为 FGA。对于钛合金，该区域被称为粗糙区（RA）。Hong 的研究认为 FGA 和 FiE 是高强钢超高周疲劳裂纹萌生的特征区，FGA 和 FiE 所对应的参量是高强钢超高周疲劳裂纹萌生特征参量。

如图 7-25 所示，裂纹从 FGA 经过第 1 转折点发展到 FiE，再从 FiE 经过第 2 转折点进入稳态裂纹扩展阶段。FGA 对应的疲劳寿命 N_i，FiE 对应的疲劳寿命 N_1，稳态裂纹扩展对应的疲劳寿命 N_2。需要特别关注第 1 转折点之前 FGA 的特征和对应的参量。

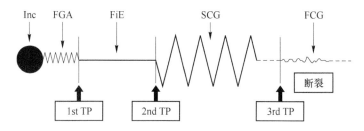

图 7-25　高强钢超高周疲劳裂纹内部萌生至断裂全过程示意图

（Inc：夹杂物；FGA：细颗粒区；FiE：鱼眼；SCG：稳态裂纹扩展；FCG：快速裂纹扩展；
TP：转折点；完整的 FiE 包含 Inc 和 FGA，图中 FiE 指 FGA 之外的部分）

需要说明，在超高周疲劳领域，应力强度因子 K 通常被作为描述裂纹萌生和扩展的表征量。Murakami 等 1989 年的分析结果给出了表面或内部缺陷萌生裂纹的应力强度因子

最大值 K_{Imax} 表达式。对于表面缺陷：

$$K_{\mathrm{Imax}} = 0.65\sigma_{\max}(\pi\sqrt{area_{\mathrm{s}}})^{1/2} \tag{7-19}$$

式中 $\sigma_{\max}$——最大拉伸应力；

       $area_{\mathrm{s}}$——表面缺陷在垂直于拉应力平面的投影面积。对于内部缺陷：

$$K_{\mathrm{Imax}} = 0.5\sigma_{\max}(\pi\sqrt{area_{\mathrm{i}}})^{1/2} \tag{7-20}$$

式中 $area_{\mathrm{i}}$——内部缺陷在垂直于拉应力平面的投影面积。

7.6.3.2 裂纹萌生区的形成机理与模型

超高周疲劳的裂纹往往萌生于材料（试样）内部。对于高强钢，裂纹萌生区呈现 FiE 和 FGA 特征。尽管 FiE 尺度仅为 $100\mu\mathrm{m}$ 量级，FGA 尺度仅为 $10\mu\mathrm{m}$ 量级；作为超高周疲劳裂纹萌生特征区，FGA 消耗了疲劳总寿命的 95% 以上（Tanaka & Akiniwa，2002）。因此，揭示裂纹萌生区 FGA 的形成机理对于理解超高周疲劳的特有行为和寿命预测格外重要。

ΔK_{FGA} 是超高周疲劳裂纹萌生的一个稳定特征参量，洪友士等明确提出 FGA 是超高周疲劳裂纹萌生的基本特征区，对应的 ΔK_{FGA} 即为裂纹萌生阈值 ΔK_{th}。对于超高周疲劳过程，这一特征区具有本征存在性。

当 FGA 裂尖塑性区尺寸与材料微结构特征尺度相等时，FGA 裂纹终止发展，即有如下关系式：

$$\Delta K_{\mathrm{FGA}} = G\sqrt{\pi b} \tag{7-21}$$

式中 G——剪切模量；

       b——柏氏矢量。

式（7-21）表明，超高周疲劳裂纹萌生特征区 FGA 对应的特征参量 ΔK_{FGA} 可简单表达为材料剪切模量和柏氏矢量的函数。

常用金属材料的 ΔK_{FGA} 预测值与试验结果的对照见表7-5。

表 7-5 ΔK_{FGA} 预测值与试验结果的对照

金属材料	ΔK_{FGA} 计算值/MPa·$\mathrm{m}^{1/2}$	实验结果/MPa·$\mathrm{m}^{1/2}$	文　献
钢	5.54	4~6	Sakai et al.，2002；Ochi et al.，2002；Shiozawa et al.，2006b；Yang et al.，2008；Zhao et al.，2011；Lei et al.，2012
铝合金	1.911	1.5~2.8	Paris et al.，1999；Papakyriacou et al.，2002；Holper et al.，2004；Borrego et al.，2004；Huang & Moan，2007
钛合金	3.385	3.4~4.0	Ritchie et al.，1999；Petit & Sarrazin-Baudoux，2006；Huang & Moan，2007
镁合金	1.179	1.3~1.5	Papakyriacou et al.，2002

7.6.4 超高周疲劳特性预测模型

近20年来，陆续有研究报道了针对高强钢超高周疲劳寿命或疲劳强度的预测模型，如 Murakami 等（Murakami & Usuki，1989；Murakami et al.，1999）、Harlow 等（2006）、Zhao 等（2009）、Sun 等（2012，2013）、Stepanskiy（2012），其中，Murakami 等（1999）的模型较有影响。该模型认为材料内部的缺陷（如夹杂、孔洞等）均可看成小裂纹，从而导出反映材料缺陷尺度影响的疲劳强度预测公式：

$$\sigma_{D} = \frac{C(HV + 120)}{(\sqrt{area})^{1/6}} \left(\frac{1-r}{2}\right)^{\alpha} \tag{7-22}$$

式中   HV——材料的维氏硬度，kgf/mm^2；

     $area$——缺陷在最大主应力垂直方向上的投影面积，μm^2；

     σ_D——疲劳极限，MPa；

     C——常数，$C = 1.43$（对应表面夹杂或缺陷）或 $C = 1.56$（对应内部夹杂或缺陷）；

     r——应力比；

     α——$\alpha = 0.226 + HV \times 10^{-4}$。

需指出，式（7-22）最初是针对 10^7 周次的疲劳性能，并没有引入疲劳寿命的影响。

Wang 等（1999）对 Murakami 模型进行了改进，引入了疲劳寿命的影响，给出了预测低合金高强钢疲劳寿命的模型：

$$\sigma_{D} = \frac{\beta(HV + 120)}{(\sqrt{area_{Inc}})^{1/6}} \left(\frac{1-r}{2}\right)^{\alpha} \tag{7-23}$$

对于4种中碳低合金高强度钢，$\beta = 3.09 - 0.12\log N_f$（内部夹杂或缺陷）或 $\beta = 2.79 - 0.108\log N_f$（表面夹杂或缺陷），$area_{Inc}$ 为缺陷在最大主应力垂直方向上的投影面积（μm^2）。式(7-23)和式(7-22)对疲劳强度的预测结果与实验结果比较表明，引入疲劳寿命影响的式(7-23)给出了较好的预测结果（Wang et al.，1999）。

Chapetti 等（2003）对 SUJ2、SCM435 和 SNCM439 钢的实验数据整理归纳出式(7-24)，用于描述 FGA 尺寸、夹杂物尺寸和疲劳寿命之间的关系：

$$\frac{\sqrt{area_{FGA}}}{\sqrt{area_{Inc}}} = 0.25 N_f^{0.125} \tag{7-24}$$

进而给出如下关联疲劳寿命、夹杂物尺寸和门槛应力 σ_{th} 的关系：

$$\Delta\sigma_{th} N_f^{\frac{1}{48}} = 4.473 \frac{HV + 120}{R_i^{\frac{1}{6}}} \tag{7-25}$$

式中 $\Delta\sigma_{th}$——门槛应力幅值，MPa；

     R_i——$R_i = \sqrt{area_{Inc}/\pi}$，$\mu m$；

     HV——维氏硬度，kgf/mm^2。

记 $\Delta\sigma_{th} = 2\sigma_D$，式（7-25）可写成：

$$\sigma_{D} = 2.460 \frac{HV + 120}{(\sqrt{area_{Inc}})^{\frac{1}{6}}} N_f^{-\frac{1}{48}} \tag{7-26}$$

Akiniwa 等（2006）假定 Paris 关系对 FGA 内的裂纹扩展行为仍然成立，导出了疲劳强度和载荷周次之间的关系：

$$\sigma_{\mathrm{D}} = \frac{2}{\sqrt{\pi}} \left[\frac{2}{C_{\mathrm{A}}(m_{\mathrm{A}}-2)} \right]^{\frac{1}{m_{\mathrm{A}}}} (\sqrt{area_{\mathrm{Inc}}})^{\frac{1}{m_{\mathrm{A}}}-\frac{1}{2}} N_{\mathrm{f}}^{-\frac{1}{m_{\mathrm{A}}}} \tag{7-27}$$

式中　m_{A}，C_{A}——材料参数。

现有的超高周疲劳寿命/疲劳强度预测模型有：

（1）"氢助裂纹萌生"模型与机理；

（2）"球状碳化物弥散分离"模型与机理；

（3）"细晶层形成与分离"模型与机理；

（4）"涡动塑性流动导致纳米微结构薄层形成"模型与机理；

（5）"萌生区裂纹面冷焊"模型与机理；

（6）"大数往复挤压（numerous cyclic pressing，NCP）"模型与机理。

7.7　其他形式的疲劳

7.7.1　低周冲击疲劳

冲击疲劳是机件在重复冲击载荷作用下的疲劳断裂，且断裂周次 $<10^5$ 时为低周冲击疲劳。在航空、军械和锻压设备中的许多机件，如飞机起落架、炮身、凿岩机活塞、锤杆、锻模等是在多次冲击载荷下工作的，它们是常因低周冲击疲劳而失效的典型例子。

研究材料在低周冲击疲劳条件下的力学性能有两种试验方法：一是落锤式多次冲击试验（多冲试验），加载方式以多冲弯曲或多冲拉伸应用较多，也有进行多冲压缩试验的；二是应用分离式霍普金森压杆试验技术进行的高应变速率冲击拉伸-压缩疲劳试验。

常见的多冲试验机有 PC-150 型等，一般冲击频率为 450 周次/min 和 600 周次/min，冲击能量可在一定范围内变化，试样形状和尺寸及加载方式根据研究目的也有所不同。试验时锤头以一定的能量重复冲击试样，直至某一周次下试样疲劳断裂或开裂（多次冲击压缩时）为止。将不同冲击能量下的断裂周次整理，绘制成多次冲击曲线，即冲击功 KV_2-断裂周次 N 的多冲曲线，如图 7-26 和图 7-27 所示。

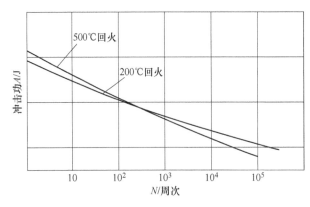

图 7-26　35 钢的多冲曲线

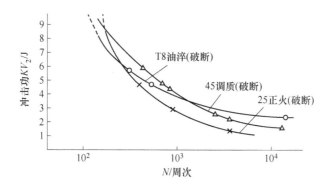

图 7-27　三种典型材料的多冲曲线

由图 7-26 和图 7-27 可见，KV_2-N 多冲曲线和普通低周疲劳的 $\Delta\varepsilon_t/2$-$2N_f$ 曲线非常相似：随着冲击能量减小，断裂周次增加。材料的低周冲击疲劳强度可用一定冲击能量下的断裂周次或用要求的断裂周次时的冲击能量表示。这种试验方法简单，但不能测出试样中的应力和应变。因此，实践中主要用于机件选材和优化工艺的相对比较，不能用于机件设计计算。

7.7.2　热疲劳

有些机件在服役过程中温度要发生反复变化，如热锻模、热轧辊及涡轮机叶片等。机件在由温度循环变化时产生的循环热应力及热应变作用下发生的疲劳，称为热疲劳。若温度循环和机械应力循环叠加所引起的疲劳，则为热机械疲劳。产生热应力必须有两个条件，即温度变化和机械约束。温度变化使材料膨胀收缩，但因有约束而产生热应力。

温度差 Δt 引起的膨胀热应变为 $\alpha\Delta t$（α 为材料的线膨胀系数），如果该应变完全被约束，则产生热应力 $\Delta\sigma = -E\alpha\Delta t$（$E$ 为弹性模量）。当热应力超过材料高温下的弹性极限时，将发生局部塑性变形。经过一定循环次数后，热应变可引起疲劳裂纹。可见，热疲劳和热机械疲劳破坏也是塑性应变累积损伤的结果，基本上服从低周应变疲劳规律。例如，柯芬研究一些材料的热疲劳行为时，发现塑性应变范围 $\Delta\varepsilon_p$ 和寿命 N_f 之间也存在下列关系：

$$\left.\begin{array}{l} \Delta\varepsilon_p N_f^{1/2} = c \\ c = 0.5\varepsilon_f = 0.5\ln\dfrac{1}{1-Z} \end{array}\right\} \tag{7-28}$$

式中　　ε_f——材料的静拉伸真实断裂应变；

　　　　Z——同一温度下材料的断面收缩率。

热疲劳裂纹是在表面热应变最大的区域形成的，也常从应力集中处萌生。裂纹源一般有几个，在热循环过程中，有些裂纹发展形成主裂纹。裂纹扩展方向垂直于表面，并向纵深扩展而导致断裂。

金属材料抗热疲劳性能不但与材料的热传导、比热容等热学性质有关，而且还与弹性模量、屈服强度等力学性能，以及密度、几何因素等有关。一般，脆性材料导热性差，热应力又得不到应有的塑性松弛，故热疲劳危险性较大；而塑性好的材料，其热疲劳寿命则较高。

7.8 金属疲劳的工程应用

7.8.1 异种铝合金材料焊缝低周疲劳行为

研究了异种铝合金对接接头与搭接接头的低周疲劳行为。

7.8.1.1 循环应力-应变曲线

图 7-28 为异种铝合金材料 6082 与 A356 的对接接头与搭接接头，以及两种母材的循环应力-应变曲线与静态拉伸应力-应变曲线，实线部分为准静态拉伸曲线，黑点为对应循环应力-应变曲线的点。循环应力与单调应力随应变变化的曲线有明显的不同，无论是母材或接头循环曲线与单调拉伸应力-应变曲线都有偏差，由于目前一般以单调静载荷拉伸得出的应力-应变作为疲劳安全评定的基础。如图 7-28(c) 中的母材 6082 可知，对于小应变部分容易带来不安全因素，而对于大应变部分则评定又过于保守，而母材 A356、6082/ A356 对接接头、6082/A356 搭接接头等依靠静态拉伸的疲劳安全评定都要比实际循环应

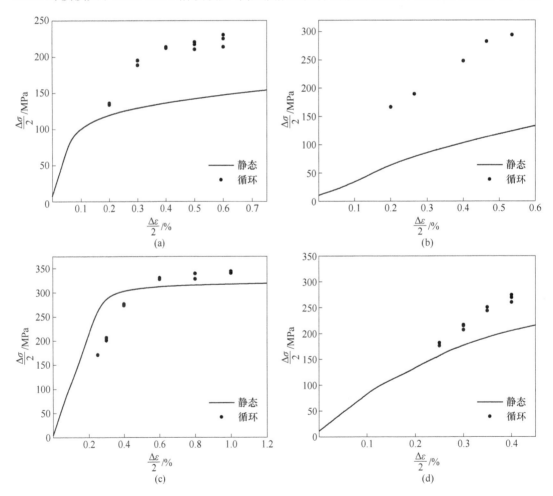

图 7-28 静态拉伸与循环应力-应变曲线对比

(a) 对接接头；(b) 搭接接头；(c) 母材 6082；(d) 母材 A356

力更加保守。通过对循环应力-应变曲线的求解，使疲劳安全评定更准确。

7.8.1.2　循环应力响应

图 7-29 是对接接头与搭接接头及母材 6082 与母材 A356 的应力幅值随循环周次的变化曲线。

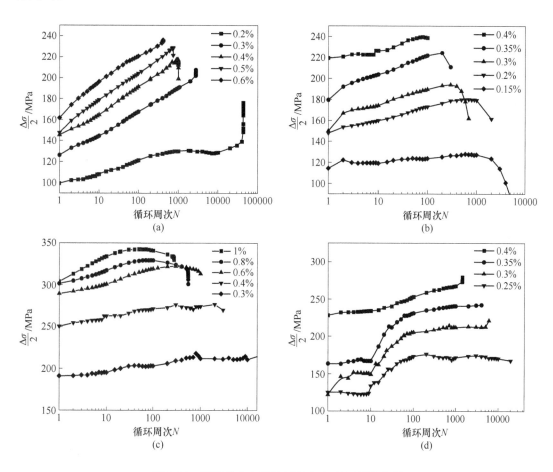

图 7-29　不同总应变幅的循环应力-循环周次曲线

（a）对接接头；（b）搭接接头；（c）母材 6082；（d）母材 A356

从图 7-29 中可以看出，不论在何种应变幅下，材料都发生了循环硬化，且循环硬化一直持续到最终断裂阶段。材料开始的循环硬化较为明显，之后材料的硬化速率下降，进入相对稳定的循环阶段，材料均在循环前期约 $N = 100$ 周次内进入快速硬化阶段，然后材料的硬化速率降低，但仍有循环硬化发生，直至最终断裂。合金的循环硬化与循环载荷作用下合金中位错的运动有关，铝具有面心立方结构和较高的层错能，位错的可动性很高，即使在较低的载荷下，位错也容易在组织内部产生移动、堆积和缠结。相关文献表明即使在很低的应变幅下，材料中也可观察到明显的位错胞。随着应变幅的增加，位错密度逐渐增加，必然对后续位错的阻碍作用增强，从而引起合金的循环硬化。

无论是母材还是接头，其循环应力-循环周次曲线都呈现出以下规律：（1）材料在不同应变幅值下的变形特性表现为循环硬化。（2）在循环前 100～200 周次，材料的循环硬化显著，循环硬化速率逐渐趋于稳定，但循环硬化一直持续到最终断裂。（3）随应变幅值的增大，材料的疲劳寿命逐渐缩短，应变幅值越大，材料的循环硬化越显著。（4）接头的循环硬化效应较母材更加显著。

7.8.1.3 循环应变抗力

在低周疲劳试验中，塑性应变幅值是引发若干损伤过程并影响内部微观结构的物理量，从而影响应变抗力并最终影响疲劳寿命。图 7-30 为对接接头、搭接接头及母材 6082 以及母材 A356 等在不同的总应变幅下，循环变形过程中塑性应变幅值 $\Delta\varepsilon_p/2$ 与循环周次之间的关系。从图 7-30 中可发现，两种类型的焊接接头均表现为明显的塑性随周次的变化规律，且在已经稳定阶段（循环周次 >100）表现为明显的线性关系，随着应变幅的降低，曲线趋于水平的变化规律。而两种母材塑性随循环周次的变化规律不明显，母材 6082 塑性变化较为稳定，表明塑性不随周次发生变化，而母材 A356 的规律不明显。

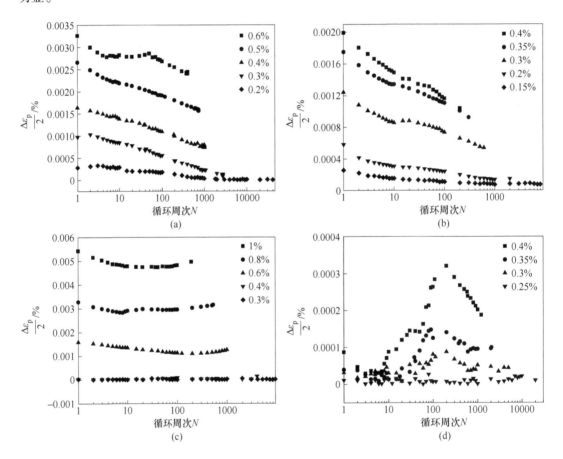

图 7-30 不同总应变幅下塑性应变幅-循环周次曲线

（a）对接接头；（b）搭接接头；（c）母材 6082；（d）母材 A356

有文献指出，塑性与循环周次满足以下关系式：

$$\frac{\Delta\varepsilon_p}{2} = \alpha\beta\log N \tag{7-29}$$

式中　N——循环周次；

　　　α——第 50 循环时的初始塑性应变幅值，依赖于所施加的应变幅；

　　　β——负值，依赖于所施加的应变幅。

图 7-31 描述了对接接头与搭接接头的斜率 β 值在总应变幅下的散点分布。β 值的绝对值可视为硬化系数，在较低的总应变幅下，β 值随着应变幅的增大而急剧减小，而后 β 值趋于稳定变化，当总应变幅较高时，β 值又急剧下降。

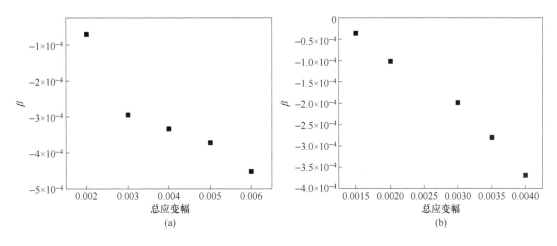

(a)　　　　　　　　　　　　　　(b)

图 7-31　β 值与总应变幅的关系

（a）对接接头；（b）搭接接头

7.8.1.4　循环迟滞回线

循环迟滞回线是在周期性的形变中，表示疲劳加载过程中一次连续应力-应变状态的封闭曲线，铝合金焊接接头在循环过程中具有连续循环硬化的特点，因此，通常将半寿命周期视为其稳定阶段，此时的循环迟滞回线可分离弹性与塑性应变，以及记录载荷与周次间的关系。

图 7-32 为 6082/A356 对接接头、6082/A356 搭接接头、母材 6082 及母材 A356 在不同应变幅值下半寿命周期的循环迟滞回线。

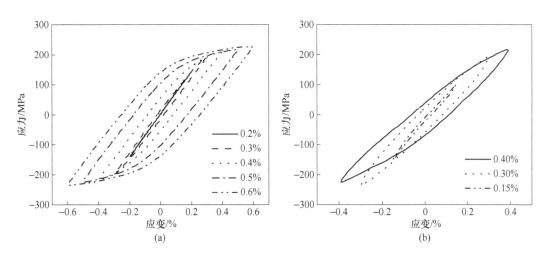

(a)　　　　　　　　　　　　　　(b)

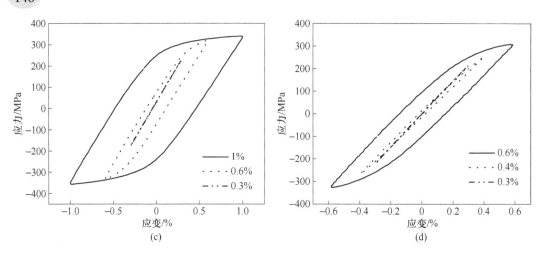

图 7-32　不同总应变幅的半寿命周期循环迟滞回线
（a）对接接头；（b）搭接接头；（c）母材 6082；（d）母材 A356

　　在一种材料中，不同的应变幅，呈现"胖"与"瘦"的区别，主要是其加载不同大小的总应变，产生的塑性应变也不同，较大的载荷下，塑性应变更大，表现为迟滞回线更"胖"。根据奥斯特格伦（Ostergrum）理论，循环迟滞回线的面积可认定为经过这个周期的损伤值。对接接头选用了 0.2%～0.6% 进行疲劳试验，搭接接头选取 0.15%～0.4% 进行疲劳试验，而母材 6082 与母材 A356 则分别选取了 0.3%～1% 及 0.25%～0.6% 进行疲劳试验研究与分析。

7.8.2　相变诱发塑性钢的疲劳特性

　　笔者发现相变诱发塑性（TRIP）钢具备极佳的疲劳性能。对新型低碳低硅相变塑性钢 SH-TRIP600 进行高频疲劳、低周疲劳和裂纹扩展试验，研究其疲劳特性。

7.8.2.1　*S-N* 曲线

　　依据 GB 3075—1982 金属轴向疲劳试验方法规定，取应力比 $r = 0.1$ 进行 TRIP 钢的拉-拉疲劳试验。在双对数坐标上，对高频疲劳的 *S-N* 数据点进行线性回归，其斜率为 b。斜线在纵坐标上的截距就是 *SRI*1。图 7-33 所示为 SH-TRIP600 钢的 *S-N* 曲线。

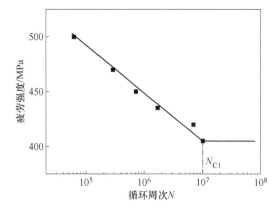

图 7-33　低碳低硅 TRIP600 钢的 *S-N* 曲线和疲劳极限

由图 7-33 可得：

$SRI1 = 774$ （斜线的截距）；

$N_{C1} = 1.17 \times 10^7$ （两条线的交点）；

$b = -0.0398$ （斜线的斜率）；

相关系数：$r = 0.9943$；

疲劳极限：$\sigma_{0.1} = 405\text{MPa}$。

SH-TRIP600 的疲劳极限 $\sigma_{0.1}$ 达到了 405MPa。

7.8.2.2 低周疲劳 E-N 曲线

低周疲劳试验时将应变幅分成 6 级，每级做三根试样，每级试验的三根试样的寿命反复数($2N_f$)及应力取平均值。依据 GB/T 15248—1994 金属材料轴向等幅低循环疲劳试验方法的规定，在双对数坐标上，对 E-N 数据点进行线性回归。

根据循环应力-应变特性：

$$\frac{\Delta\sigma}{2} = K'\left(\frac{\Delta\varepsilon_p}{2}\right)^{n'}$$

$$\lg\left(\frac{\Delta\sigma}{2}\right) = \lg K' + n'\lg\left(\frac{\Delta\varepsilon_p}{2}\right) \tag{7-30}$$

在图 7-34 双对数坐标上，对 $\Delta\sigma/2$-$\Delta\varepsilon_p/2$ 数据点进行线性回归，其斜率为循环应变硬化指数 n'。$\Delta\varepsilon_p/2 = 1$ 对应的纵坐标截距就是循环强度系数 K'。

根据应变疲劳寿命关系式：

$$\left.\begin{array}{l} \Delta\sigma/2 = \sigma_f'(2N_f)^b \\ \lg(\Delta\sigma/2) = \lg\sigma_f' + b\lg(2N_f) \end{array}\right\} \tag{7-31}$$

在图 7-35 双对数坐标上，对 $\Delta\sigma/2$-$2N_f$ 数据点进行线性回归，其斜率为疲劳强度指数 b。$2N_f = 1$ 对应的纵坐标截距就是疲劳强度系数 σ_f'。

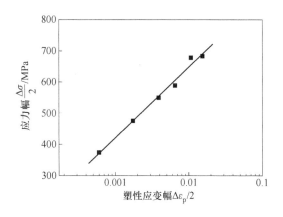

图 7-34 TRIP600 钢应变疲劳的
循环应力-应变特性

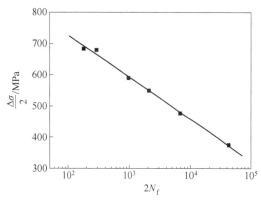

图 7-35 TRIP600 钢应变疲劳的
疲劳强度-寿命关系图

得循环应变硬化指数：$n' = 0.1887$；

循环强度系数：$K' = 1547\text{MPa}$；

相关系数：$r = 0.9941$。

$$\frac{\Delta\sigma}{2} = 1547 \times \left(\frac{\Delta\varepsilon_p}{2}\right)^{0.1887} \tag{7-32}$$

疲劳强度指数：$b = -0.1122$；

疲劳强度系数：$\sigma_f' = 1265\text{MPa}$；

相关系数：$r = 0.9952$。

$$\frac{\Delta\sigma}{2} = 1265 \times (2N_f)^{-0.1122} \tag{7-33}$$

由图 7-35 可见，SH-TRIP600 钢在 1000 次疲劳情况下，可以承受 600MPa 的疲劳强度，在 100000 次疲劳情况下，可以承受 330MPa 的疲劳强度。

根据应变疲劳寿命关系式：

$$\left.\begin{array}{l} \dfrac{\Delta\varepsilon_p}{2} = \varepsilon_f'(2N_f)^c \\[2mm] \lg\left(\dfrac{\Delta\varepsilon_p}{2}\right) = \lg\varepsilon_f' + c\lg(2N_f) \end{array}\right\} \tag{7-34}$$

在图 7-36 双对数坐标上，对 $\Delta\varepsilon_p/2$-$2N_f$ 数据点进行线性回归，其斜率为疲劳延性指数 c。$2N_f = 1$ 对应的纵坐标截距就是疲劳延性系数 ε_f'。因此，SH-TRIP600 钢的低周疲劳 E-N 曲线如图 7-37 所示。

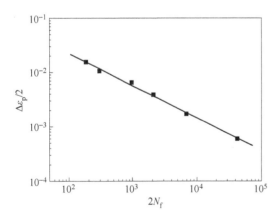

图 7-36 TRIP600 钢塑性应变幅-疲劳
寿命关系图

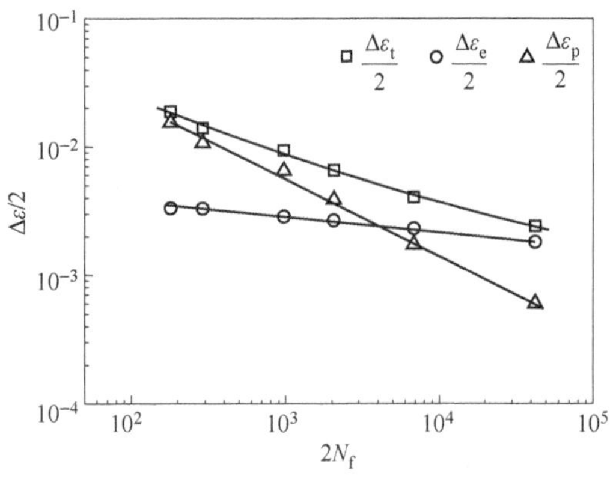

图 7-37 TRIP600 钢应变幅-疲劳
寿命的关系图

得疲劳延性指数：$c = -0.5929$；

疲劳延性系数：$\varepsilon_f' = 0.3396$；

相关系数：$r = 0.9980$。

$$\left.\begin{array}{l} \dfrac{\Delta\varepsilon_p}{2} = 0.3396 \times (2N_f)^{-0.5929} \\[3mm] \dfrac{\Delta\varepsilon_t}{2} = \dfrac{\sigma_f'}{E}(2N_f)^b + \varepsilon_f'(2N_f)^c \\[3mm] \dfrac{\Delta\varepsilon_t}{2} = \dfrac{1265}{2.05 \times 10^5}(2N_f)^{-0.1122} + 0.3396 \cdot (2N_f)^{-0.5929} \end{array}\right\} \tag{7-35}$$

循环应变硬化系数：$n' = 0.1887$；

循环强度系数：$K' = 1547\mathrm{MPa}$，相关系数：$r = 0.9941$；

疲劳强度指数：$b = -0.1122$；

疲劳强度系数：$\sigma_f' = 1265\mathrm{MPa}$，相关系数：$r = 0.9952$；

疲劳延性指数：$c = -0.5929$；

疲劳延性系数：$\varepsilon_f' = 0.3396$；

相关系数：$r = 0.9980$。

7.8.2.3 裂纹扩展速率 da/dN-ΔK 曲线

通常所说的裂纹扩展速率 $\mathrm{d}a/\mathrm{d}N$ 是指 Ⅱ 区，它可用 Paris 公式表述，即：

$$\mathrm{d}a/\mathrm{d}N = C(\Delta K)^n$$

$$\lg(\mathrm{d}a/\mathrm{d}N) = \lg C + n\lg(\Delta K)$$

当 $\mathrm{d}a/\mathrm{d}N = 10^{-7}\mathrm{mm}/$周时，应力强度因子幅 ΔK 为门槛值 ΔK_{th}。

依据 GB/T 6398—2000 金属材料疲劳裂纹扩展速率试验方法对裂纹扩展速率数据进行线性回归，得到 $\mathrm{d}a/\mathrm{d}N$-ΔK 关系，如图 7-38 所示。取 $\mathrm{d}a/\mathrm{d}N = 10^{-7}$，得到门槛值：$\Delta K_{th} = 229\mathrm{MPa} \cdot \mathrm{mm}^{1/2}$，$\Delta K_{th} = 7.2372\mathrm{MPa} \cdot \mathrm{m}^{1/2}$。

$$\frac{\mathrm{d}a}{\mathrm{d}N} = 4.130475 \times 10^{-13} (\Delta K)^{2.772} \tag{7-36}$$

7.8.3 复相钢 CP800 的低周疲劳特性

复相钢 CP800 的低周疲劳 E-N 曲线如图 7-39 所示，其应变疲劳寿命关系见式（7-37）。

$$\frac{\Delta\varepsilon_t}{2} = \frac{2269.4}{2.3 \times 10^5}(2N_f)^{-0.107} + 0.72 \times (2N_f)^{-0.779} \tag{7-37}$$

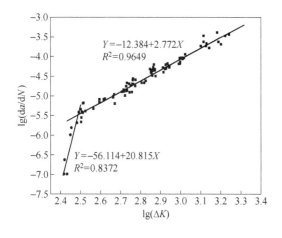

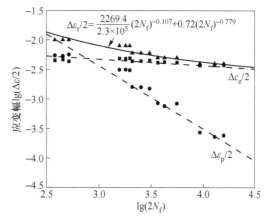

图 7-38   TRIP600 钢 da/dN-ΔK 关系图   图 7-39   CP800 钢的 E-N 曲线

图 7-40 所示为 CP800 疲劳断口的宏观形貌。图 7-41 所示为断口的扫描电镜照片。

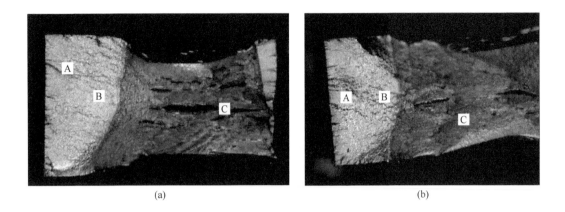

图 7-40　CP800 钢疲劳断口的宏观形貌

（a）0.6% 应变幅；（b）0.8% 应变幅

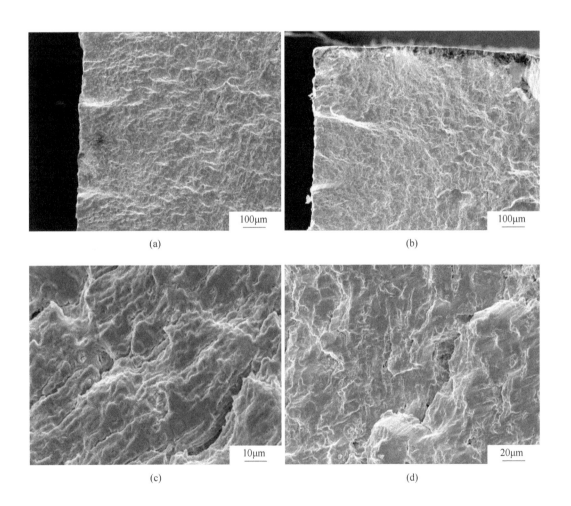

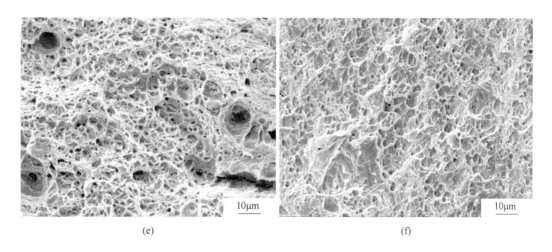

(e)　　　　　　　　　　　　　　　　　(f)

图7-41　应变幅0.6%、0.8%下CP800钢断口的扫描电镜图像
（a）应变幅0.6%，裂纹源区；（b）应变幅0.8%，裂纹源区；（c）应变幅0.6%，疲劳扩展区；
（d）应变幅0.8%，疲劳扩展区；（e）应变幅0.6%，瞬断区；（f）应变幅0.8%，瞬断区

由图7-40可见，断口明显分为裂纹源区 A 区、疲劳扩展区 B 区和瞬断区 C 区这三个区域。对应图7-40的 A 区，通过图7-41（a）和（b）的 SEM 观察发现样品的表面有多个裂纹源；对应图7-40的 B 区，图7-41（c）和（d）在经过疲劳试验拉压后一条条沙滩状细小条纹从裂纹源处向外扩展，放大可见疲劳辉纹；对应图7-40的 C 区（深色区），存在明显塑性变形，局部放大如图7-41（e）和（f）所示，为瞬断区，可见大量深浅不一的韧窝。

总体上，样品均为多源疲劳失效。在试样的扩展区可以观察到疲劳辉纹，并且随应变幅增加，疲劳条带间距增加。这是由于平均应力与应变幅成正比，应变幅增加使平均应力增大，导致裂纹扩展速率的增大。

桥梁用稀土耐候钢　　　学习成果展示：
案例　　　　　　　如何提高螺伞齿轮
　　　　　　　　　　疲劳性能

思 考 题

7-1　解释下列名词：
（1）应力范围 $\Delta\sigma$；（2）应变范围 $\Delta\varepsilon$；（3）应力幅 σ_a；（4）应变幅（$\Delta\varepsilon_t/2$，$\Delta\varepsilon_e/2$，$\Delta\varepsilon_p/2$）；（5）平均应力 σ_m；（6）应力比 r；（7）疲劳源；（8）疲劳贝纹线；（9）疲劳条带；（10）驻留滑移带；（11）挤出脊和侵入沟；（12）ΔK；（13）疲劳寿命；（14）热疲劳；（15）过载损伤。
7-2　解释下列疲劳性能指标的意义：
（1）疲劳强度 σ_{-1}、σ_{-1p}、σ_{-1N} 及 τ_{-1}；（2）疲劳缺口敏感度 q_f；（3）疲劳裂纹扩展门槛值 ΔK_{th}。
7-3　试述金属疲劳断裂的特点。

7-4 试述疲劳宏观断口的特征及其形成过程。

7-5 试述疲劳曲线(S-N)及疲劳极限的测试方法。

7-6 试述疲劳裂纹的形成机理及阻止疲劳裂纹萌生的一般方法。

7-7 试述影响疲劳裂纹扩展速率的主要因素，并与疲劳裂纹萌生的影响因素进行对比分析。

7-8 试述疲劳微观断口的主要特征及其形成模型。

7-9 什么叫低周疲劳和高周疲劳？为什么高周疲劳多用应力控制？低周疲劳多用应变控制？用应变控制进行低周疲劳试验有哪些优点？

7-10 提高零件的疲劳寿命有哪些方法？试就每种方法各举一应用实例，并对这种方法做具体分析，其在抑制疲劳裂纹的萌生中起有益作用，还是在阻碍疲劳裂纹扩展中有良好的效果？

7-11 说明材料在循环载荷下寿命预测的原理。

7-12 中心裂纹板的裂纹长为 $2a = 0.2$mm，设板受垂直于裂纹的脉动应力 $\Delta\sigma = 180$MPa 的作用。已知板材的 $K_{IC} = 54$MPa $\cdot$ m$^{1/2}$，Paris 公式的参数 $C = 4 \times 10^{-27}$，并且 $\dfrac{da}{dN} \propto (R_0)^2$（$R_0$ 为塑性区尺寸），试估算中心裂纹板的循环寿命。

7-13 试述 σ_{-1} 和 ΔK_{th} 的异同及其强化方法的异同。

7-14 试述金属表面强化对疲劳强度的影响。

7-15 试述金属循环硬化和循环软化现象及产生条件。

7-16 试述低周疲劳的规律及曼森-柯芬关系。

7-17 试述低周冲击疲劳的规律，提高低应变速率低周冲击疲劳强度的方法。

7-18 试述热疲劳和热机械疲劳的特征及规律。欲提高热锻模具的使用寿命，应该如何处理热疲劳与其他性能的相互关系？

7-19 有一板件在脉动载荷下工作，$\sigma_{max} = 200$MPa，$\sigma_{min} = 0$，材料的 $R_m = 670$MPa、$R_{p0.2} = 600$MPa，$K_{IC} = 104$MPa $\cdot$ m$^{1/2}$，Paris 公式中 $C = 6.9 \times 10^{-12}$，$n = 3.0$，使用中发现有 0.5mm 和 1mm 的单边横向穿透裂纹，试估算它们的疲劳剩余寿命。

7-20 为何材料的疲劳强度一般低于抗拉强度？

7-21 为何疲劳裂纹源一般位于工件的表面？

7-22 为何贝纹线是一簇以疲劳源为圆心的平行弧线，近源处则贝纹线间距密，远离源处则贝纹线间距越疏？

7-23 为何工件表面残余压应力可以提高疲劳寿命？如何获取工件表面的残余压应力？

参 考 文 献

[1] 束德林. 工程材料力学性能 [M]. 2 版. 北京：机械工业出版社，2011.

[2] 那顺桑. 金属材料力学性能 [M]. 北京：冶金工业出版社，2011.

[3] 王吉会. 材料力学性能 [M]. 天津：天津大学出版社，2006.

[4] 刘瑞堂. 工程材料力学性能 [M]. 哈尔滨：哈尔滨工业大学出版社，2001.

[5] 周晓航. TWIP 钢的激光焊接性及其疲劳性能研究 [D]. 上海：上海大学，2018.

[6] Mintz B. Hot dip galvanizing of TRIP and other intercritically annealed steels [R]. London：Final Report ILZRO ZCO-33，2000.

[7] Yokoi T，Kawasaki K，Takahashi M，et al. Fatigue properties of high strength steels containing retained austenite [J]. Tech. Notes/JSAE Review 17，1996，210～212.

[8] 中国国家标准化管理委员会. 金属轴向疲劳试验方法：GB 3075—82 [S]. 北京：中国标准出版社，1982.

[9] 中国国家标准化管理委员会. 金属材料轴向等幅低循环疲劳试验方法：GB/T 15248—94 [S]. 北

京：中国标准出版社，1994.

［10］ 中国国家标准化管理委员会. 金属材料疲劳裂纹扩展速率试验方法：GB/T 6398—2000 ［S］. 北京：中国标准出版社，2000.

［11］ 张梅，宁宇翔，李宏涛，等. 微合金钢 S500MC 的高频疲劳特性 ［J］. 上海金属，2014，36(1)：11 ~ 13，17.

［12］ 甘露，金一，张梅. CP800 钢的低周疲劳特性研究 ［J］. 上海金属，2020，42(4)：1 ~ 5.

［13］ 王国凡. 材料成形与失效 ［M］. 北京：化学工业出版社，2002.

［14］ 张梅. 高强度和超高强度相变塑性钢的开发和研究 ［D］. 上海：上海大学，2007.

［15］ 金一. 预应变及烘烤状态下 CP800 钢低周疲劳性能研究 ［D］. 上海：上海大学，2021.

［16］ Bathias C, Drouillac L, Francois L P. How and why the fatigue S-N curve does not approach a horizontal asymptote ［J］. International Journal of Fatigue, 2001, 23：143 ~ 151.

［17］ Furuya Y, Matsuoka S, Abe T, et al. Gigacycle fatigue properties for high-strength low-alloy steel at 100 Hz, 600Hz, and 20kHz ［J］. Scr Mater, 2002, 46(2)：157 ~ 162.

［18］ 张继明，杨振国，李守新，等. 汽车用高强度弹簧钢 54SiCrV6 和 54SiCr6 的超高周疲劳行为 ［J］. 金属学报，2006，42(3)：259 ~ 264.

［19］ Zhang J M, Yang Z G, Li S X, et al. Ultra high cycle fatigue behavior of automotive high strength spring steels 54SiCrV6 and 54SiCr6 ［J］. Acta Metallurgical Sinica, 2006, 42(3)：259 ~ 264.

［20］ 张继明，杨振国，李守新，等. 零夹杂物 42CrMo 高强钢的超长寿命疲劳性能 ［J］. 金属学报，2005，41(2)：145 ~ 149.

［21］ Zhang J M, Yang Z G, Li S X, et al. Fatigue property of ultra-long life of high strength 42CrMo zero-inclusion steel ［J］. Acta Metallurgical Sinica, 2005, 41(2)：145 ~ 149.

［22］ Zhang J M, Ji L K, Bao D J, et al. Gigacycle fatigue behavior of 1800MPa grade high strength spring steel for automobile lightweight ［J］. Journal of Iron and Steel Research (International), 2014, 21(6)：614 ~ 618.

［23］ Zhang J M, Li S X, Yang Z G, et al. Influence of inclusion size on fatigue behavior of high strength steels in the gigacycle fatigue regime ［J］. International Journal of Fatigue, 2007, 29(4)：765 ~ 771.

［24］ Yang Z G, Zhang J M, Li S X, et al. On the critical inclusion size of high strength steels under ultra-high cycle fatigue ［J］. Materials Science and Engineering A, 2006, 427(1)：167 ~ 174.

［25］ Nishijima S, Kanazawa K. Stepwise S-N curve and fish-eye failure in gigacycle fatigue ［J］. Fatigue & Fracture of Engineering Materials & Structures, 1999, 22：601 ~ 607.

［26］ 洪友士，孙成奇，刘小龙. 合金材料超高周疲劳的机理与模型综述 ［J］. 力学进展，2018，48 (1)：1 ~ 65.

［27］ Naito T, Ueda H, Kikuchi M. Fatigue behavior of carburized steel with internal oxides and non martensitic microstructure near the surface ［J］. Metallurgical Transactions A, 1984, 15A：1431 ~ 1436.

［28］ Hong Y, Lei Z, Sun C, Zhao A. Propensities of crack interior initiation and early growth for very-high-cycle fatigue of high strength steels ［J］. International Journal of Fatigue, 2014, 58：144 ~ 151.

［29］ Tanaka K, Akiniwa Y. Fatigue crack propagation behaviour derived from S-N data in very high cycle regime ［J］. Fatigue & Fracture of Engineering Materials & Structures, 2002, 25：775 ~ 784.

［30］ 罗四维. 车用铝合金焊接及疲劳性能研究 ［D］. 上海：上海大学，2019.

8 金属的应力腐蚀和氢脆

金属部件在服役期间经常受到应力、氢和腐蚀介质等因素的作用，这 3 个因素中的每个因素、2 个因素或 3 个因素的耦合作用都可能使金属部件产生损伤（如图 8-1 所示），导致金属部件的使用寿命降低。单纯的应力可能导致金属部件过载断裂或疲劳断裂，腐蚀介质可使金属部件发生各种类型腐蚀，金属中的氢则能导致金属部件发生不可逆氢损伤——氢脆。而 2 个或 3 个因素的耦合将使金属部件在低于金属材料的断裂应力下发生断裂。在图 8-1 中，Ⅰ区的应力与腐蚀介质的耦合将导致金属部件发生应力腐蚀，或发生疲劳及其他与应力相关的腐蚀；Ⅱ区的应力与氢的耦合将导致金属部件发生氢致可逆塑性损伤，或氢致滞后开裂；Ⅲ区的氢与腐蚀的耦合将导致金属部件发生氢促进腐蚀和提高钝化膜成膜速度；而Ⅳ区则是应力、氢与腐蚀的耦合，在此区域内依据氢原子的来源不同包括两层含义，其一为应力腐蚀过程（阴极析氢过程）产生的氢原子导致金属部件发生开裂型的应力腐蚀；其二为金属中的氢原子或应力腐蚀过程中进入金属中的氢原子促进金属部件发生阳极溶解型应力腐蚀。不论金属部件是否发生应力腐蚀，氢和应力均能促进金属部件发生腐蚀，且对腐蚀的发生存在相同的促进作用。如果存在应力腐蚀，则析氢反应进入金属中的氢原子或金属中已存在的氢原子均能促进金属的阳极溶解型应力腐蚀。对氢致开裂型的应力腐蚀，析氢反应进入金属部件中的氢原子则控制着金属的应力腐蚀过程。

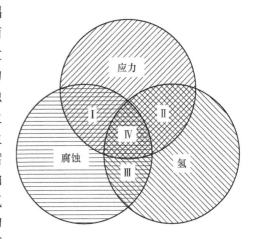

图 8-1 应力、氢和腐蚀介质对金属部件协同作用示意图

8.1 金属中的应力腐蚀及其发生机理

金属发生的腐蚀是一种电化学过程，作为阳极的金属溶解，同时放出电子，而这些电子又被阴极过程所吸收，这样就导致阳极金属的不断溶解。而在阴极上发生的反应可能是析氢反应，也可能是吸氧反应或其他吸收电子的过程。因此，在常见的金属腐蚀过程中，阳极金属被溶解，而阴极金属受到保护。但是，在某些特殊条件下，作为阴极的金属也会发生腐蚀，此类腐蚀称为阴极腐蚀。如钢试样在酸性溶液（如硫酸）中阴极充氢时，试样表面发黑或发生点蚀就属于阴极腐蚀。由于金属部件在服役过程发生的腐蚀大多数为阳极溶解型腐蚀，所以本章所述的金属腐蚀均为阳极溶解型腐蚀。

8.1.1 应力腐蚀及其特征和类型

金属在应力和特定化学介质的共同作用下发生的裂纹形核、扩展所导致的低应力滞后断裂（或开裂）的腐蚀性破坏现象，称为应力腐蚀断裂（stress corrosion crack，SCC），也称之为低应力脆断或应力腐蚀。应力腐蚀断裂不是金属在应力作用下的机械性破坏和在化学介质作用下的腐蚀性破坏的简单叠加，而是金属在应力和化学介质的协同作用下按特有的机理发生断裂，其断裂强度比单个因素分别作用后再叠加起来的断裂强度要低得多。大多数金属在一定的化学介质条件下均有发生应力腐蚀的倾向。

8.1.1.1 应力腐蚀的特征

（1）每一种金属或合金只在特定的化学介质中才会发生应力腐蚀。表8-1为常见金属发生应力腐蚀的化学介质。

表8-1 常见金属发生应力腐蚀的介质

金 属	发生应力腐蚀的介质
低强度钢	NaCl水溶液、氨水、NaOH溶液、土壤和H_2S水溶液等
高强度钢	湿空气、水介质、HCl溶液和H_2S水溶液等
铝合金	湿空气、含Cl^-的水溶液、高纯水和有机溶剂等
钛合金	水溶液、有机溶剂、热盐、发烟硝酸等

（2）只有存在应力（特别是拉应力）时，金属才能产生应力腐蚀。这种应力可以是外加应力，或是冷加工、焊接、热处理及装配等过程中引入的残余应力，也可以是腐蚀产物的楔入而引起的拉应力。宏观压应力在某些情况下也可以产生应力腐蚀裂纹。

（3）应力腐蚀是一种与时间相关的滞后破坏，即金属在应力腐蚀过程中产生的裂纹形核需要孕育期（约占总时间的90%）。因此，金属的应力腐蚀只有通过慢应变速率拉伸，或在恒应力（或恒位移）下形变才能显示出来。

（4）应力腐蚀是一种低应力脆性断裂。即在低的服役应力（远低于材料的断裂应力）下，应力腐蚀导致金属部件发生无先兆的灾难性事故。应力腐蚀发生的温度一般为 40~300℃。

（5）金属发生应力腐蚀时存在应力腐蚀开裂的应力强度因子门槛值 K_{ISCC}。只有当拉伸的应力强度因子大于 K_{ISCC} 时，裂纹才会扩展。应力腐蚀的主裂纹扩展时常有分枝（如图8-2所示），但也不是所有应力腐蚀裂纹都会出现分枝。

（6）应力腐蚀的裂纹多从表面腐蚀坑底部或点蚀小孔处开始，而裂纹的传播方向垂直于拉应力方向。

8.1.1.2 应力腐蚀类型

应力腐蚀类型按其宏观机理可分为阳极溶解型应力腐蚀和氢致开裂型应力腐蚀两类。

A 阳极溶解型应力腐蚀

阳极金属溶解（腐蚀）过程的阴极（pH>7）反应是吸氧反应（水分子和氧气分子得到电子生成氢氧根离子），或者虽然阴极（pH<7）发生析氢反应，但所产生并进入金属的氢原子浓度低于该金属氢致滞后开裂的门槛值，此时金属的阳极溶解过程控制着金属

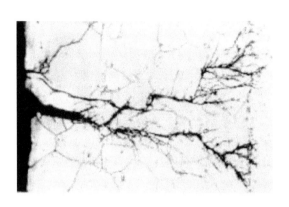

图 8-2 应力腐蚀裂纹的形状

中应力腐蚀裂纹的形核和扩展。黄铜在氨水中、α-Ti 在甲醇溶液中或奥氏体不锈钢在 $MgCl_2$ 溶液中的应力腐蚀等均属于此类应力腐蚀。

B   氢致开裂型应力腐蚀

阳极金属溶解（腐蚀）过程的阴极（pH < 7）反应是析氢反应（氢离子得到电子生成氢原子），而且氢原子能通过扩散进入金属，并控制着金属中裂纹的形核和扩展。它是氢致滞后断裂的一个特例，高强度钢在水溶液中的应力腐蚀属于此类应力腐蚀。

8.1.1.3   应力腐蚀的断口形貌

应力腐蚀裂纹的特点：它们起源于表面；一般呈树枝状（如图 8-2 所示），长宽尺寸相差几个数量级；裂纹的扩展方向一般垂直于主拉伸应力的方向。

（1）阳极溶解型应力腐蚀的断口因金属的强度、应力和化学介质的不同而不同，常见的断口形貌有沿晶断口形貌、穿晶（解理、准解理和韧窝）断口形貌和混合型断口形貌等。

（2）氢致开裂型应力腐蚀的断口形貌与金属的强度、应力和应力腐蚀过程中进入金属的氢原子浓度等有关，此类应力腐蚀的断口形貌可分为沿晶断口形貌、穿晶断口形貌和混合型断口形貌等。

8.1.2   阳极溶解型应力腐蚀机理

金属在应力和化学介质作用下发生的阳极溶解型应力腐蚀机理，因金属中合金元素和介质的不同而不同，目前尚没有一种机理可以解释所有金属中发生的阳极溶解型应力腐蚀。下面为常用于解释金属阳极溶解型应力腐蚀的两种主要机理。

8.1.2.1   滑移-溶解机理

金属在化学介质中发生腐蚀时，在其表面形成一层钝化膜（氧化膜），同时应力使金属发生的形变将导致位错在滑移面上开动。当位错滑出金属表面产生滑移台阶时使钝化膜破裂，露出无钝化膜的新鲜金属。钝化膜破裂处相对于有钝化膜处金属是阳极，故导致金属在钝化膜破裂处发生局部溶解，并在外表面出现腐蚀产物。金属上被溶解的缺口表面在溶液中会发生再钝化，当钝化膜重新形成后金属的溶解就停止了。局部溶解区域的顶端（如裂纹尖端或蚀坑底部）存在应力集中，因而该处的再钝化膜会通过位错运动而再次破裂，又发生局部溶解。这种钝化膜破裂、金属溶解、再钝化过程的循环重复，就导致金属中应力腐蚀裂纹的形核和扩展。而裂纹通过前进、止裂、再前进的方式扩展，且在断口上留下止裂线，但裂纹却以连续的方式扩展。

滑移-溶解机理虽然是最流行的阳极溶解型应力腐蚀机理，但并没有直接的证据表明，阳极溶解过程能导致应力腐蚀裂纹连续扩展。此外，在金属的实际应用中尚存在一些无法用滑移溶解机理解释的现象。因此，滑移溶解机理并不是金属阳极溶解型应力腐蚀的唯一机理。

8.1.2.2 氢致滞后开裂机理

当钢、不锈钢、铝合金及钛合金等金属在酸性溶液（pH < 7）中发生应力腐蚀时，此时阴极反应往往是析氢反应，除一部分产生的氢原子复合成氢分子而逸出外，其余的氢原子可能以溶入或扩散等方式进入金属材料内部。在应力作用下氢原子导致金属中的应力腐蚀裂纹形核、扩展过程就是一种氢致滞后裂纹产生和扩展的过程。

铝合金在水溶液中及不锈钢在沸腾 $MgCl_2$ 溶液中发生应力腐蚀时都会有氢气以气泡的形式逸出溶液。但是，即使裂纹尖端溶液是酸性时，也不能保证有足够的氢原子可以进入金属，从而引起氢致滞后裂纹。有可能大部分氢原子均复合成分子氢逸出，如果氢原子不能进入金属，或进入量太少，则氢原子不足以引起氢致滞后裂纹。此时金属的应力腐蚀裂纹扩展仍由阳极溶解过程控制。即裂纹前端溶液的酸化仅是能产生氢致滞后裂纹的必要条件，而不一定是充分条件。

8.1.3 应力腐蚀的表征参量

8.1.3.1 应力腐蚀敏感性 I_{SCC}

光滑金属试样（未预制裂纹）在应力腐蚀介质中以慢应变速率拉断后，试样的伸长率 A_{SCC}、断面收缩率 Z_{SCC}、断裂应力 σ_F 及断裂时间 t_F 均低于试样在惰性环境（如空气）中以相同应变速率拉伸时的相应值。这些参量的相对变化值越大，金属的应力腐蚀就越敏感，一般把这些参量的相对变化率定义为金属的应力腐蚀敏感性 I_{SCC}。例如，用金属的相对塑性（或强度）损失率定义 I_{SCC} 时，存在：

$$\left. \begin{aligned} I_{SCC}(A) &= \frac{A_0 - A_{SCC}}{A_0} \times 100\% \\[2mm] I_{SCC}(Z) &= \frac{Z_0 - Z_{SCC}}{Z_0} \times 100\% \\[2mm] I_{SCC}(\sigma) &= \frac{\sigma_0 - \sigma_{SCC}}{\sigma_0} \times 100\% \end{aligned} \right\} \tag{8-1}$$

式中　A_{SCC}——金属在腐蚀介质中拉伸时的伸长率；

　　　Z_{SCC}——金属在腐蚀介质中拉伸时的断面收缩率；

　　　A_0——金属在惰性环境中拉伸时的伸长率；

　　　Z_0——金属在惰性环境中拉伸时的断面收缩率。

脆性金属或缺口试样的应力腐蚀敏感性通常用 $I_{SCC}(\sigma)$ 表示，其中 σ_{SCC} 和 σ_0 分别为金属在腐蚀介质和惰性环境中的断裂应力。

某些金属有时用断面收缩率指标 $I_{SCC}(Z)$ 作为其应力腐蚀敏感性比用伸长率指标

$I_{SCC}(A)$更为合适。但有时$I_{SCC}(A)$能显示金属存在应力腐蚀，而用$I_{SCC}(Z)$则不能显示金属存在应力腐蚀。因此，在判断金属是否存在应力腐蚀敏感性时，应利用多种指标进行综合评判。

8.1.3.2　门槛应力强度因子K_{ISCC}

预制裂纹（或尖缺口）金属试样在特定化学介质中不发生应力腐蚀的最大应力强度因子称为金属的应力腐蚀门槛应力强度因子（或临界应力强度因子），用K_{ISCC}表示。

K_{ISCC}测定的试验方法主要有恒位移试验、恒载荷试验、慢应变速率试验（SSRT）和断裂力学试验等。常用恒载荷试验装置采用砝码加载，一般分为直接加载及通过杠杆加载两种方式。直接加载法是将砝码的质量通过夹具直接加载到试样上，一般用于较薄或易断（如陶瓷、玻璃等）的试样。杠杆加载法是将砝码的质量通过杠杆施加到试样上，其加载方式可以是拉伸（光滑或预制裂纹）试样加载，也可以是弯曲（悬臂梁）试样加载。用悬臂梁试验法可以测量金属的K_{ISCC}，所用试样与测量K_{IC}的三点弯曲试样相同，试验装置示意图如附图F-5所示。试样的一端固定在机架上，而另一端与力臂相连，力臂端头通过砝码进行加载，试样穿过溶液槽，使预制裂纹浸没在化学介质中。在整个试验过程中载荷恒定，所以随着裂纹的扩展，裂纹尖端的应力强度因子K_I值随之增大。K_I值可用下式进行计算：

$$K_I = \frac{4.12M}{BW^{3/2}}\sqrt{\frac{1}{\alpha^3}-\alpha^3} \tag{8-2}$$

式中　M——裂纹截面上的弯矩，$M = FL$；

　　　F——砝码的质量；

　　　L——试样的力矩；

　　　B——试样的厚度；

　　　W——试样的宽度；

　　　a——裂纹的长度，$\alpha = 1 - (a/W)$。

在试验时必须制备一组尺寸相同的预制裂纹合金试样，每个试样承受不同的恒定载荷F，使裂纹尖端产生不同大小的初始应力强度因子K_{Ii}，记录试样在各种K_{Ii}作用下的断裂时间t_F。以K_{Ii}与$\lg t_F$为坐标作图，K_{Ii}-$\lg t_F$曲线上的水平段所对应的K_{Ii}值即为金属试样的K_{ISCC}（如图8-3所示）。当所加初始载荷后的合金初始应力强度因子$K_{Ii} \geqslant K_{IC}$时，试样

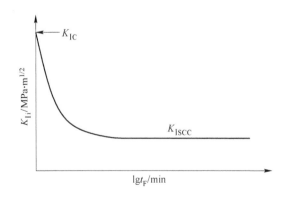

图8-3　预制裂纹试样恒载荷的K_{Ii}-$\lg t_F$曲线的示意图

中的裂纹立即失稳扩展而断裂；而当 $K_{Ii} < K_{IC}$ 时，随着 K_{Ii} 降低，合金应力腐蚀断裂时间 t_F 随之增加。当 K_{Ii} 降至 K_{ISCC} 时，合金试样在化学介质中将不发生应力腐蚀断裂。

大多数金属在特定的化学介质中的 K_{ISCC} 值是一定的，因此 K_{ISCC} 可作为金属的力学性能指标，其表征含有宏观裂纹的金属在应力腐蚀条件下的断裂韧性。对于含有裂纹的部件，当作用于裂纹尖端的初始应力强度因子 $K_{Ii} \leqslant K_{ISCC}$ 时，原始裂纹在化学介质和应力的共同作用下不会扩展，部件可以安全服役。因此，$K_{Ii} > K_{ISCC}$ 可作为金属在应力腐蚀条件下发生断裂的判据。

8.1.3.3 裂纹扩展速率 da/dt

应力腐蚀裂纹扩展速率 da/dt 是衡量金属腐蚀开裂敏感性的重要参数之一，其值可由裂纹长度 a 随时间 t 变化的 a-t 曲线上每一时刻的斜率求得，再利用式（8-2）计算出相对应 K_I，由此作出 da/dt-K_I 曲线。

在很多情况下，金属试样的恒载荷 da/dt-K_I 曲线（如图 8-4（a）所示）分为 3 个阶段：

第 I 阶段：裂纹经过一段孕育期后，当 K_I 超过 K_{ISCC} 后，金属中的裂纹突然加速扩展，da/dt 随 K_I 增加快速升高。

第 II 阶段：在 da/dt-K_I 曲线上出现水平线段，即 da/dt 与 K_I 的变化无关，此时 da/dt 称为应力腐蚀裂纹的稳态扩展速率。此时试样中的裂纹尖端发生分叉现象，裂纹扩展主要受电化学过程控制，故其与材料和环境密切相关，而与应力无关。曲线上第 II 阶段所持续的时间越长，金属抗应力腐蚀的性能越好。如果通过试验测出的某材料在第 II 阶段的 da/dt 值及第 II 阶段结束时的 K_I 值，就可估算出部件在应力腐蚀条件下的剩余寿命。

第 III 阶段：裂纹长度已接近临界尺寸，此时 da/dt 又明显与 K_I 有关，da/dt 随 K_I 增加急剧升高。这时金属试样进入失稳扩展的过渡区。当 K_I 达到 K_{IC} 时，裂纹便失稳扩展而使试样断裂。

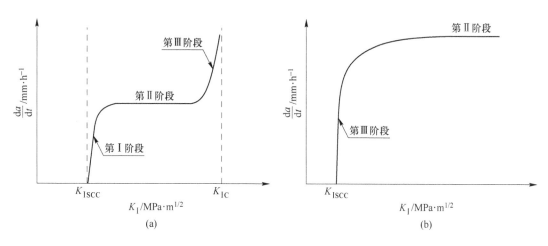

图 8-4　金属试样的应力腐蚀 da/dt-K_I 曲线示意图

（a）恒载荷试样；（b）恒位移试样

对恒位移试样，随裂纹 a 扩展，K_I 下降。当 $K_I = K_{ISCC}$ 时，裂纹将停止扩展。金属试

样的恒位移 da/dt-K_I 曲线示意图如图 8-4(b)所示，随 K_I 降低，da/dt 随之快速下降，裂纹很快就停止扩展——止裂。

显然，实验温度对合金中裂纹的扩展也存在明显的作用，da/dt 随温度 T 升高而增加，且呈指数关系，即：

$$\frac{da}{dt} = A\exp\left(-\frac{Q}{RT}\right) \tag{8-3}$$

式中　A——与温度无关的常数；

　　　Q——应力腐蚀过程的激活能；

　　　R——气体常数。

8.1.4　防止金属发生应力腐蚀的措施

防止金属部件发生应力腐蚀应该从应力腐蚀的发生条件入手，即通过降低金属部件中的残余应力或改变环境中的化学介质等条件来降低金属发生应力腐蚀的可能性，以下为具体的措施。

8.1.4.1　合理选择金属部件的材料

选材的基本原则为：针对金属部件的受力情况和所接触到的化学介质，选用耐环境化学介质应力腐蚀的金属材料。例如，铜合金对含氨原子的气体和氨离子的水溶液的应力腐蚀敏感性很高，故在接触氨的部件选材上应避免选用铜合金。此外，选材时在考虑经济性的前提下，应尽可能选用具有较高 K_{ISCC} 的金属，以提高金属部件抗应力腐蚀的能力。

8.1.4.2　降低和消除金属部件中的残余应力

通过优化金属部件的各种加工过程和热处理工艺降低部件中的残余应力，或通过去应力退火消除金属部件中的残余应力。此外还可以通过采用喷丸或其他表面处理方法使金属部件表面产生一定的残余压应力，从而提高金属部件的耐应力腐蚀的能力。

8.1.4.3　改善金属部件所接触的化学介质性质

主要从两方面入手，其一，减少或消除介质中促进应力腐蚀的有害化学离子；其二，在化学介质中添加缓蚀剂减轻金属部件在化学介质中的腐蚀程度，从而降低金属部件发生应力腐蚀的可能性。

8.1.4.4　电化学保护

金属部件在化学介质中只在一定的电极电位范围内才会产生应力腐蚀断裂，所以如果采用外加电位使金属部件在化学介质中的电极电位远离其应力腐蚀敏感电位区域，则可能使金属部件不发生应力腐蚀。一般采用阴极保护法，以牺牲阳极材料来避免或减弱金属部件发生应力腐蚀。但是，高强度钢或其他氢脆敏感的金属材料，不能采用阴极保护法来避免应力腐蚀的发生。

8.2　金属中的氢脆及其发生机理

金属材料在氢原子和应力的共同作用下所发生的脆性断裂现象称为氢致脆性断裂，简称氢脆，金属中的氢脆通常表现为在应力作用下的延迟脆性断裂现象。金属材料中的氢脆根据金属中氢原子的来源分为两种类型，一类为金属部件中的氢原子引起的氢脆；另一类为金属部件在服役过程中，环境中的氢原子进入金属后引起的氢脆，又称环境氢脆。金属中的氢脆主要有：氢压引起的微裂纹、高温高压氢腐蚀、氢化物、氢致马氏体相变和氢致塑性损失等引发的氢致开裂或断裂。由于金属中的氢脆与氢原子在金属中的存在形式及迁移途径和速率等有关，因此，本节首先介绍了金属中氢原子的来源及存在形式；其次简介氢原子在金属中的扩散；最后介绍了金属中各种氢脆的表现形式、规律及影响因素。

8.2.1 金属材料中的氢原子来源

8.2.1.1 在冶炼和加工过程中进入金属中的氢原子

在金属的冶炼过程中，原材料（如矿石、造渣原料、合金原料及耐火材料等）及空气中所含的水分进入炉气后会分解成氢原子而进入液态金属，此外在炼钢时所加废钢上的铁锈也是液态金属中氢原子的一个重要来源。

金属部件在焊接、酸洗、电镀及热处理等加工过程中都可能导致氢原子进入金属。如：焊接实际上是个局部冶炼过程，焊接时局部的温度可高达 3000℃，因此焊条、药皮及空气中所含的水分很容易分解成氢原子进入金属中。在酸洗过程中，金属的表层氧化物及部分金属会与酸洗液发生反应，产生的氢原子会进入金属。某些热处理工艺（如用湿氢进行脱碳）也会将氢原子引入金属。

8.2.1.2 在服役过程中进入金属中的氢原子

金属部件在含有氢原子的环境（空气、氢气或硫化氢）中服役（例如石油和化学工业中的反应塔、水煤发生器、输油输气管道等）时，当环境介质（空气、H_2 或 H_2S）在金属部件的表面发生化学吸附时会产生氢原子；或当金属部件在含有氢原子的水溶液中服役时，金属部件发生腐蚀或应力腐蚀时也可能产生氢原子，而氢原子则通过溶解和扩散等方式进入金属。

有序态金属间化合物（如 FeAl、Fe_3Al、Ni_3Al、Ni_3Si 和 Co_3Ti 等）在室温空气中拉伸时，合金中的活性元素（Al、Si 和 Ti 等）与空气中水汽发生反应，在活性元素被氧化的同时产生氢原子，从而导致合金发生环境氢脆。此外有序态金属间化合物在含氢气的环境中服役时，合金中的过渡族元素（如 Fe、Ni 和 Co）催化裂解氢气分子成为氢原子，氢原子进入合金后同样导致合金发生环境氢脆。

8.2.1.3 在科研工作中引入金属中的氢原子

为研究金属材料的氢脆机理及抑制氢脆的途径，通常采用一些充氢技术将氢原子引入金属材料，常用的充氢技术有以下三种。

A 电解充氢技术

金属试样作为阴极，铂作为阳极。在充氢过程中，电解液（如 H_2SO_4 或 NaOH 等）中的氢被电离成 H^+，H 离子在阴极获得电子，形成氢原子而吸附在试样（阴极）表面，并进入金属试样。

B 熔盐充氢技术

电解充氢技术虽然简单易行，但当氢原子在有些金属材料中的室温扩散系数很小时，就难以充入较多的氢原子。此时若采用高逸度充氢，有时又会导致金属发生不可逆氢损伤。为缩短充氢时间，同时在金属中获得较高的氢含量，并避免产生氢损伤，可采用高温熔盐电解充氢。由于熔盐均带有一定的结晶水，故熔盐充氢的本质也是水的电解反应，并在阴极生成氢原子。

C　气相充氢技术

将金属试样在高温高压（或常压）的氢气中放置一定时间，氢气分子在金属表面裂解为氢原子，氢原子通过扩散进入试样。一般情况下，充氢温度越高或充氢时间越长，则进入金属的氢原子的量将越多。

8.2.2　氢在金属中的存在形式

氢在金属中的存在形式可能有：氢原子（H）、氢离子（H^+ 或 H^-）、氢分子（H_2）、金属氢化物和甲烷（CH_4）。一般认为，氢原子进入金属晶格后仍以原子形态存在。而质子模型认为，氢原子进入金属后也可以分解为质子和电子，即氢原子的 1s 电子进入金属的导带，从而成为氢离子（H^+）。此外，当氢原子的 1s 电子进入过渡金属（如 Fe、Ni、Pd 等）的 d 带后，氢也将以 H^+ 状态存在。而当氢进入碱金属（Li、Na、K）或碱土金属（Mg、Ca）时，可能以 H^- 的形式与它们形成离子化合物，如 NaH。当金属内有孔洞或空腔存在时，则氢原子进入空腔后会相互复合成为氢分子而占据整个空腔。若在高温下金属中的渗碳体（Fe_3C）分解为 Fe 原子和 C 原子，则氢原子与碳原子可能在空腔中结合成甲烷（CH_4）。对于 B 类金属（第ⅣB 和ⅤB 族元素，如 Ti、Zr、Hf、V、Nb 等），氢原子则以原子形式占据 B 类金属点阵的间隙位置而形成氢化物，如 TiH_2。

8.2.3　氢原子在金属中的扩散

金属中的氢原子在自由能梯度的驱动下将发生扩散，其扩散机制主要有以下两种。

8.2.3.1　间隙扩散机制

大多数氢原子处在点阵的间隙位置，当它从一个间隙位置跳到另一个间隙位置的过程就是氢原子的扩散。氢原子的扩散系数 D 与温度 T 之间的关系符合 Arrhenius 方程，即：

$$D = D_0 \exp\left(-\frac{Q}{RT}\right) \tag{8-4}$$

式中　D_0——与温度无关的常数；

　　　Q——氢原子的扩散激活能；

　　　R——气体常数。

8.2.3.2　隧道扩散机制

经典力学认为当粒子（原子）的能量 E 小于势垒（扩散激活能）Q 时就不能越过势垒（即不能发生扩散）。但是，量子力学认为能量小于 Q 的粒子有可能被势垒反射回来，但也有可能贯穿势垒，从而发生粒子扩散。一个粒子能量 E 小于势垒 Q 而仍有可能贯穿势垒的现象称为隧道效应，其发生隧道效应的概率 P 为：

$$P = \exp\left[-\frac{4\pi}{h}\sqrt{m(Q-E)a}\right] \tag{8-5}$$

式中　h——普朗克常数；

　　　a——势垒宽度。

氢原子在材料中通过隧道效应发生的扩散称为氢原子的隧道扩散机制。

由式（8-5）可知，如粒子的质量 m 和势垒 Q 越小，P 就越大，从而隧道效应就越明显。由于氢的 $m=1$，且 Q 也很小，故氢原子容易发生隧道扩散。当温度较高时，由于氢原子具有的热能较大，氢原子通过正常扩散的概率也高，故通过隧道效应进行扩散的氢原子所占的比重就很小，甚至可以忽略。但如果温度很低，$\exp[-Q/(RT)]$ 值就很小，此时能发生正常扩散的氢原子数量就很少，这时通过隧道扩散的氢原子所占的比重就增大，导致实际测出的氢原子扩散系数 D 高于用正常扩散方程式（8-4）计算出的氢原子扩散系数。

8.2.4　氢脆的分类及类型

8.2.4.1　氢脆的分类

金属材料的氢脆分类方法主要有两种，其一为按金属中的氢原子来源进行分类；其二为按金属中氢原子与应力的相互作用进行分类。

按照金属材料中氢原子的来源可将氢脆分为"内部氢脆"和"环境氢脆"两类。在冶炼、酸洗、焊接、电镀等加工过程中进入的氢原子引起的金属材料脆断称为"内部氢脆"，而由服役过程中进入的氢原子所引起的金属材料脆断称为"环境氢脆"。

按照金属部件中氢原子与应力的相互作用，可将氢脆分为"第一类氢脆"和"第二类氢脆"。"第一类氢脆"是指金属部件内部在加载前就存在微裂纹、微孔等断裂源，氢原子进入后在应力下加速裂纹扩展，并导致金属部件断裂。这类金属的氢脆敏感性随变形速度增加而增加，譬如钢中的白点、氢化物等都属于这类氢脆。"第二类氢脆"是指金属部件内部在加载前没有断裂源，氢原子进入金属后与应力相互作用而萌发裂纹——断裂源，并导致金属部件断裂，金属的这类氢脆敏感性随变形速度增加而降低。第二类氢脆又可分为：不可逆氢脆（当去掉负荷后再进行高速变形时，钢的塑性不能恢复）和可逆氢脆（材料经过低速变形后，如果卸掉负荷，静止一定时间后，再进行高速变形，材料的塑性可以得到恢复）。

8.2.4.2　氢脆的类型

A　氢诱发的裂纹——不可逆氢损伤（氢脆）

氢原子在金属中的相界面或微观缺陷处偏聚、复合成为氢气，在氢气压力作用下金属中发生的裂纹形核和扩展称为氢诱发裂纹。氢诱发裂纹的产生与金属是否受到外加应力无关，且其扩展方向与外加应力的取向也无关，裂纹往往沿平行于金属的轧向扩展。氢诱发裂纹是一种不可逆氢损伤，常见的氢诱发裂纹有：

（1）氢鼓泡。金属内部充满氢气（具有一定压力）的空腔（孔洞或裂纹）称为氢气泡（hydrogen bubble）。当气泡内的氢压足够大时，就会在气泡周围发生塑性变形。当气泡处于试样近表层时，塑性变形使气泡鼓出表面，称为氢鼓泡（hydrogen blister）。由于金属内部的氢气泡和表层的氢鼓泡本质是相同的，故统称为氢鼓泡。随着氢鼓泡中氢原子的增多，鼓泡中的氢压不断升高，当鼓泡中氢压引起的应力 σ 或应力强度因子 K_I 等于被氢降低了的金属中原子键合力 $\sigma_{th}(H)$ 或被氢降低了的金属的断裂韧性 $K_{IC}(H)$ 或 K_{IH} 时，鼓泡壁上的原子键就将断裂，微裂纹在鼓泡壁处形核，从而形成氢压裂纹。

（2）白点。白点（flake or snow flake）是钢中氢压引起的一种裂纹。常常在铸钢、大型锻件和厚板中发现白点。当氢含量较高的马氏体钢、贝氏体钢及珠光体钢以一般冷却速度冷却到室温时就容易产生很多氢致小裂纹，在横截面上宽度很小（$1 \sim 2\mu m$），即宽度像头发丝一样，故称之为发裂（hairline or shatter crack），如图8-5（a）所示。如沿着这些裂纹把试样打断，在断口上就会发现具有银白色光泽、比较平坦的圆形或椭圆形斑点（如图8-5（b）所示），故称之为白点。白点是氢压引起的裂纹，故只有当金属部件中总的氢浓度超过其临界值 C_H^* 后才能使含氢气空腔中的氢压引起金属开裂。由于氢原子只有进入空腔才能复合成氢气，故白点的核心就是未开裂的含氢气空腔。金属部件中的空腔可能来自未压合的铸造枝晶空隙、通过刃型位错反应形成的 Cottrell 裂纹核以及三叉晶界处的空隙等。氢原子进入金属将导致空位浓度增加，而过饱和空位可使空位与空位相互结合形成空位团——空隙，氢原子在这些空隙中聚集形成的氢气泡（或氢鼓泡）则是完整晶体中白点的核心。

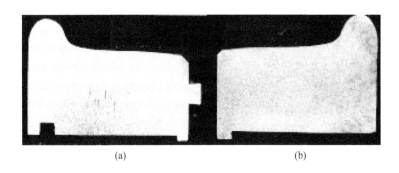

(a)   (b)

图8-5 车轮轮箍横断面酸洗后的发裂（a）及断口上的白点（b）

（3）氢致裂纹。当管线钢在含 H_2S 的溶液中浸泡时，随浸泡时间的延长，进入鼓泡中的氢气不断增多，鼓泡中的氢压随之升高，从而导致氢压裂纹的形核和扩展，这种氢压裂纹也称氢诱发裂纹（hydrogen-induced crack，HIC）。管线钢的 H_2S 诱发裂纹的本质与钢中白点的本质相同。因为只有在缝隙（或空腔）内部，氢原子才能复合成氢气而产生内压。MnS 夹杂和基体之间的界面上也有可能存在这种缝隙，随缝隙中氢气压力的升高，界面开裂。随管线钢中 S 含量升高，在 H_2S 中浸泡时进入钢中的氢量也随之升高，从而导致钢的氢诱发裂纹敏感性升高。

金属中的其他类型氢致裂纹还有：酸洗和电镀裂纹；焊接冷裂纹；搪瓷钢的鳞爆；铝、镁、铜及铁电陶瓷的氢压裂纹；无外应力电解充氢时产生的裂纹。

（4）高温高压氢蚀。很多设备（如化学工业、石油炼制、石油化工以及煤化工厂中的储氢装置）在高温（$T > 200℃$）、高压（$p > 3MPa$）的含氢环境下服役时，这时环境中的氢原子和钢中的碳（来源于 Fe_3C 或其他碳化物）反应生成甲烷 CH_4，它进入晶界或夹杂物界面的缝隙就成为带有 CH_4 压力的气泡（类似于含 H_2 的气泡），靠近表面的气泡形变而鼓出就成为甲烷鼓泡。随着晶界处气泡内甲烷压力的增大，气泡开裂形成微裂纹，裂纹扩展、连接就会导致试样或金属部件开裂。在高温、高压氢气环境中通过形成甲烷而引起的金属氢损伤称为高温高压氢蚀（high temperature hydrogen attack），简称氢蚀，它是氢损伤（hydrogen damage）的一种表现形式。

（5）氢化物。当含有氢原子的金属受到应力作用时，在较低应变速率下应力将诱导氢原子发生扩散、富集，如果局部的氢浓度超过其固溶度，氢化物（又称应力感生氢化物）在金属中随之形成。当氢化物在金属中的裂尖处形成时，由于氢化物很脆，在裂尖处的应力集中将使氢化物开裂，从而使裂纹扩展，严重降低了金属的力学性能。此外，应力还将改变氢化物形成时的取向。

氢化物引起金属的损伤有：点阵畸变（氢进入晶格间隙位置，就会使晶格膨胀，点阵常数升高）；降低金属的力学性能（强度、塑性和韧性）。氢化物引起的金属脆性则随应变速率升高而升高，氢化物使缺口试样高速变形的冲击功明显下降。

B　氢致滞后裂纹——可逆氢损伤（氢脆）

当金属受到外加载荷时，应力诱导氢原子扩散在金属中形成的裂纹称为氢致滞后裂纹。随着金属中氢浓度的增加，氢致裂纹缓慢扩展，最后导致金属发生滞后脆性断裂——氢脆。氢致滞后裂纹的扩展方向往往与最大拉应力的方向垂直。在工程上金属中发生的氢脆多数为氢致滞后裂纹引起的，此类氢脆的特点为：

（1）氢脆只在一定温度范围内出现，且金属出现氢脆的温度范围区间大小与应变的速率及金属的化学成分相关。如高强钢中此类氢脆出现的温度为 $-150 \sim 100\,^{\circ}\mathrm{C}$，室温下钢的此类氢脆的敏感性最高。

（2）氢脆只在金属以较低的应变速率加载时才可能出现，随着应变速率的提高，金属对此类氢脆的敏感性随之降低。当应变速率大于某一临界值后，则金属的氢脆完全消失。

（3）氢脆一般对金属的屈服强度影响较小，但对金属的断面收缩率则影响较大，且金属的强度越高，金属的断面收缩率降低越多。多数金属的氢致滞后裂纹断口平滑，断口形貌为沿晶断口形貌。

（4）高强钢的此类氢脆具有可逆性。

8.2.5　氢致金属脆断的理论

金属材料的氢损伤和氢致开裂的形式和特征是多种多样的，没有一种氢脆理论能适应各种情况，并能解释所有的实验现象。氢脆机理可分为两大类：第一类认为氢致金属材料开裂过程并不以金属的塑性变形为先决条件。如氢压理论、氢降低原子键合力导致材料低应力脆断的理论（氢致弱键理论）、氢吸附降低表面能导致材料脆断的理论以及应力诱导氢化物形成、长大导致材料低应力断裂的理论等。第二类则认为任何金属材料的开裂过程均以金属的局部塑性变形为先决条件，氢通过促进局部塑性变形而导致金属在低应力下发生氢致开裂。如氢促进局部塑性变形理论及联合理论（氢致局部塑性变形理论与弱键理论、氢压理论结合）。下面介绍几种主要的氢脆理论。

8.2.5.1　氢压理论

如果金属材料内部存在空腔（如微裂纹、未愈合的枝晶空隙、第二相界面的裂纹等），金属中的氢原子或在冷却过程中因溶解度降低而析出的氢原子将进入这些空腔，空腔中的氢原子相互复合形成氢分子导致氢气泡的产生。随着进入空腔中氢原子数量的增加，气泡中的氢气内压随之增大。当气泡的内压达到含氢金属的屈服强度时，气泡周围的金属就会发生塑性变形。当气泡的内压在气泡壁上产生的最大正应力达到材料的抗拉强度时，则气泡壁将开裂——氢致裂纹。

氢压理论可以解释氢压裂纹的产生，但氢压理论并不能解释金属中所有的氢损伤和氢致开裂现象。例如，氢压理论无法解释氢化物导致的金属断裂现象。特别是氢压理论无法解释通过应力诱导氢原子扩散、富集而引起的氢致可逆塑性损失及氢致滞后断裂。

8.2.5.2 氢致弱键理论

当氢原子在金属中裂纹尖端的应力集中区聚集时，且当裂尖处的最大正应力等于或大于金属中的原子键合力时，裂纹前端的原子键被拉断，导致新的裂纹在金属中形核，使原有的裂纹与新形核的裂纹连接——裂纹扩展。弱键理论认为氢原子降低了金属材料解理断裂过程中的裂纹表面能和断裂强度，使材料在较小的应力下就会发生解理断裂。

弱键理论是基于氢原子在金属中的分布和扩散特性而提出的，即氢原子总是向应力集中处——裂纹尖端富集。弱键理论最主要的实验证据是观测到氢原子降低了金属裂纹扩展过程中尖端张开的角度。

8.2.5.3 氢吸附降低表面能理论

氢原子吸附在金属中裂纹表面时将使表面能下降，从而促进位错从裂纹尖端发射，裂纹尖端通过与滑移面上微孔合并而扩展，继而引起金属发生断裂。当氢原子被裂纹尖端捕获时，由于氢原子降低了原子间的键能，使位错很容易从裂纹尖端形核并发射，这时会引发不同滑移面上的位错交替发射，形成交错的滑移带。裂纹表面吸附的氢原子促进位错发射由位错形核与从裂尖发射两个过程组成。由于氢原子降低了原子间结合力，故位错更容易形核。与此同时，在应力作用下位错快速移动离开裂纹尖端。

8.2.5.4 氢化物致脆理论

元素周期表中的ⅣB或ⅤB族金属及其合金中的B族元素与氢原子有较大的亲和力，当氢原子在金属中的浓度超过其溶解度时，氢原子与合金元素极易形成脆性氢化物，从而使金属材料脆化。当B族金属中氢浓度低于其溶解度的金属部件承受载荷时，金属中的氢原子或环境中的氢原子在应力诱导下向裂纹尖端（或缺口前端）扩散和富集，而当富集的氢原子浓度超过其固溶度时，应力感生氢化物随之形成。在裂尖（或缺口前端）的应力作用下，脆性氢化物发生开裂——裂纹。当新形成的裂纹与裂尖相连时就导致裂纹向前扩展，然后裂纹停止扩展——止裂。随着氢原子在应力诱导下继续向裂尖处扩散、富集，并形成氢化物，使得这个过程重复进行，从而导致裂纹滞后扩展。

金属材料对氢化物造成的氢脆敏感性随温度降低及部件上缺口的尖锐程度增加而增加，裂纹常沿氢化物与基体的界面扩展，因此在断口上可以见到氢化物。氢化物的形状和分布对金属的脆化有明显的影响，若晶粒粗大，氢化物在晶界上呈薄片状，极易产生较大的应力集中，危害很大；若晶粒较细，氢化物呈块状不连续分布，则对金属的危害不太大。

8.2.5.5 氢促进局部塑性变形理论

氢原子能促进位错的发射和运动，导致在氢致滞后裂纹形核和扩展之前金属材料首先发生氢致局部塑性变形。只有当氢致塑性变形发展到临界状态后，氢致滞后裂纹才能形核和扩展。氢致附加应力协助外应力促进金属发生塑性变形，氢促进局部塑性变形的同时也促进了应变集中，导致应变局部化，升高滑移共面性，即氢使金属的滑移带变得更粗更直，滑移台阶更高，滑移带间距更大。

8.2.6 氢脆的表征参量

金属材料的氢脆敏感性的表征参量与其应力腐蚀敏感性的定义类似，即用金属材料的塑性或断裂强度降低率来表征其氢脆敏感性 I_{HE}：

$$\left.\begin{array}{l} I_{HE}(A) = \dfrac{A_0 - A_H}{A_0} \times 100\% \\[3mm] I_{HE}(Z) = \dfrac{Z_0 - Z_H}{Z_0} \times 100\% \\[3mm] I_{HE}(\sigma) = \dfrac{\sigma_0 - \sigma_H}{\sigma_0} \times 100\% \end{array}\right\} \tag{8-6}$$

式中　A_H——金属材料在含氢介质中拉伸时的伸长率；

　　　Z_H——金属材料在含氢介质中拉伸时的断面收缩率；

　　　σ_H——金属材料在含氢介质中拉伸时的断裂应力；

　　　σ_0——金属材料在惰性环境（或真空）中拉伸时的断裂应力。

8.2.7 氢与应力腐蚀

在 8.1 节中已表明，金属的应力腐蚀无论是阳极溶解型应力腐蚀，还是氢致开裂型应力腐蚀均可能在腐蚀过程中产生氢原子，氢原子能明显促进金属的均匀腐蚀。此外，氢原子还促进了金属发生点蚀，提高金属腐蚀产物膜的成膜速率及改变腐蚀产物膜的性质。

在实际应力腐蚀体系中，应力、腐蚀和氢（来源于阴极析氢反应或含氢环境）这三个因素有可能同时存在（如图 8-1 中的 IV 区所示），氢和应力均能促进金属的腐蚀过程。无论是低碳钢还是不锈钢，氢和应力对钢的腐蚀过程存在协同作用，这种协同作用不是氢和应力分别对腐蚀过程促进作用的简单叠加，而是大于这种简单叠加作用。图 8-6 是应力和氢对 0Cr17Ni7Al 马氏体钢腐蚀的作用，在相同预应变的条件下，含氢试样腐蚀速率比无氢试样的腐蚀速率快 5 倍以上，且在相同预应变增幅的试样中，含氢试样腐蚀速率增加值明显大于无氢试样腐蚀速率增加值。即应力和氢对金属腐蚀速率的协同作用明显大于应力、氢单因素或两个因素简单叠加对金属腐蚀速率的作用。

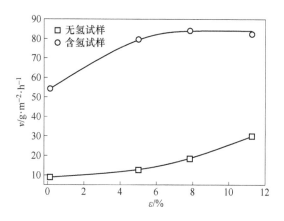

图 8-6　充氢和未充氢 0Cr17Ni7Al 马氏体钢的腐蚀速率随形变量的变化

8.2.8　金属氢脆的影响因素及防止措施

金属材料抗氢脆的力学性能指标与抗应力腐蚀指标类似，对于含裂纹的试样可采用氢致裂纹止裂门槛应力强度因子（或称氢脆门槛值）K_{IH} 及氢脆敏感性 I_{HE} 来表示。材料的 K_{IH} 值越低，材料的 I_{HE} 值越高。

8.2.8.1　氢浓度（环境因素）

无论是光滑拉伸试样的氢致滞后断裂门槛应力 $\sigma_c(H)$，还是裂纹试样的门槛应力强度因子 K_{IH} 均随试样中可扩散氢浓度 C_0 的升高而降低。图 8-7 显示 28CrMoTi 油井管钢单边缺口拉伸试样动态充氢及 40CrMoTi 钢楔形张开加载（WOL）恒位移试样在水中应力腐蚀和动态充氢时的 K_{IH} 随 $\ln C_0$ 升高而线性下降。图 8-8 所示为 35CrNi2Mo 钢的氢脆敏感性随氢浓度的变化，可见材料的氢脆敏感性随氢浓度增加而增加。在相同形变速率下，环境中氢气压力越高，金属的氢脆敏感性越高。因此，设法切断氢原子进入金属的途径，或者控制这条途径上的某个关键环节，延缓在这个环节上的反应速度，使氢原子少进入或不进入金属中就可以降低金属材料的氢脆敏感性。

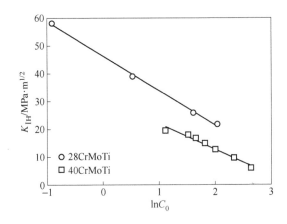

图 8-7　28CrMoTi 和 40CrMoTi 合金的 K_{IH} 随 $\ln C_0$ 的变化

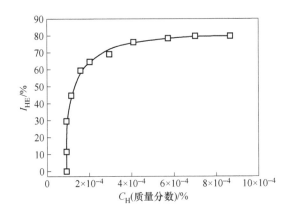

图 8-8　35CrNi2Mo 钢的氢脆敏感性随氢浓度的变化

当氢气中含有少量 O_2、CO 或 CS_2 时能大大抑制钢在氢气中的氢致滞后断裂过程。由于 O_2 对 Fe 的亲和力和吸附热均高于 H_2 对 Fe 的相应值,导致 O_2 在钢表面上的吸附能力强于 H_2。此外,O_2 分子的吸附是一种多层吸附,它实际上能形成一层氧化膜,这样就会阻止 H_2 分子在金属表面或裂纹尖端的吸附。钢的表面生成具有保护性的氧化膜,有效阻止了氢原子向钢内部扩散,抑制钢中裂纹的扩展。

此外,采用表面涂层使部件的表面与环境介质隔离或在含氢介质中加入抑制剂均能降低钢中的含氢量,从而延长高强度钢的断裂时间。

8.2.8.2 力学因素

在部件设计和加工过程中,应排除各种产生残余应力的因素;或者采用表面处理使部件表面获得残余压应力层,均能对防止金属部件的氢致延滞断裂具有良好的作用。

8.2.8.3 材质因素

一般而言,中、低强度钢在各种含氢介质中的氢脆敏感性对钢的强度依赖关系不明显,而图 8-9 所示为高强度钢在含氢介质中的 K_{IH}(或 K_{ISCC})随钢的强度升高而下降的变化曲线,即钢的氢脆敏感性随之升高。当钢中进入的初始氢含量较高或在含氢介质较强(如 H_2S 气体或 H_2S 水溶液,电解充氢)中,钢的强度对钢的氢脆敏感性作用相对要弱些。即在氢浓度较高的含氢介质中加载时,钢的氢脆敏感性随钢的强度变化率较低。另外,高强度钢的 K_{IH} 随钢的屈服强度 R_{eL} 的升高也连续降低,但当钢的屈服强度 $R_{eL} \geq$ 1400MPa 后,钢的 K_{IH} 随屈服强度升高却基本保持恒定。

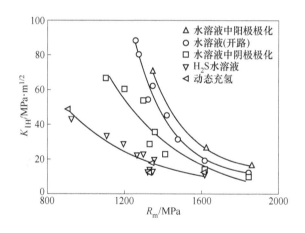

图 8-9 当在不同含氢介质中对 WOL 试样加恒载荷时,
钢的 K_{IH} 随强度的变化曲线

图 8-10 所示为 4340(40CrNiMoA)钢的 K_{IH} 值随环境中 H_2S 气体压力 p_{H_2S} 升高而下降的变化曲线。可见在相同压力的 H_2S 气体中,当钢的屈服强度从 1100MPa 提高到 1230MPa 时,K_{IH} 急剧下降,而且钢对 p_{H_2S} 的敏感性也明显下降。

含碳量较低,且硫、磷含量较低钢的氢脆敏感性也较低。钢的强度等级越高,钢的氢脆敏感性也越高。因此,为防止氢脆的发生,对在含氢介质中服役的高强钢的强度应有所限制。晶粒度对钢的抗氢脆能力的影响比较复杂,因为晶界既可以吸附氢原子,又可作为

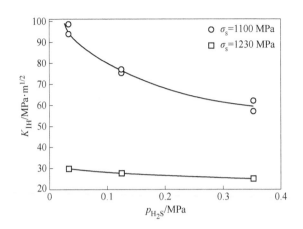

图 8-10　4340 钢在 H$_2$S 气体中的 K_{IH} 随 p_{H_2S} 和强度的变化曲线

（$B = 25.4$mm 的 WOL 试样）

氢原子扩散的通道，但总体上细化晶粒对提高金属的抗氢脆能力具有一定的有益作用。因此，合理选材与正确地制定金属的冷、热加工工艺对防止金属的氢脆是十分重要的。

　　由于金属的显微组织和相分布等均能影响氢原子在金属中的扩散系数，所以导致不同组织、不同强度水平的同一种材料具有不同的氢脆敏感性。

8.2.8.4　温度

　　金属的氢脆只在一定温度范围内发生，裂纹的稳态扩展速度决定于裂纹前端的氢原子浓度。氢脆中的裂纹扩展是热激活过程，它受控于氢原子在晶格中的扩散速度。所以，氢原子引起的金属脆化只发生在某一温度区间。当温度低于 - 150℃ 或高于 50℃ 后低碳钢就不显示氢脆，最大氢脆敏感性发生在 - 50 ~ - 20℃ 内。而且，图 8-11 所示为不同应变速率下低碳硼钢的氢脆敏感性随温度的变化，可见钢不发生氢脆的温度区间还与应变速率有关。

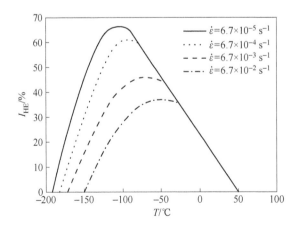

图 8-11　不同应变速率下低碳硼钢的氢脆敏感性随温度的变化

8.2.8.5 成分因素

合金成分的变化将导致合金微观组织发生变化，从而改变合金的氢致滞后断裂的敏感性。图 8-12 所示为 4340 钢 K_{IH}（或 K_{ISCC}）随 Mn 含量的变化，可见，随 Mn 含量升高，4340 钢（$R_{eL} = 1160\text{MPa}$）在各种环境下的 K_{IH}（或 K_{ISCC}）均下降，但在开路水介质中钢的 K_{ISCC} 变化幅度更大。

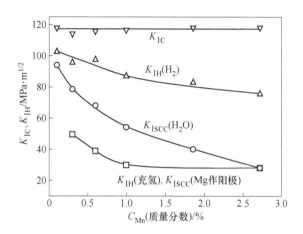

图 8-12　4340 钢 K_{IH}（或 K_{ISCC}）随 Mn 含量的变化

Mn 元素使中碳钢（0.46%C，质量分数）缺口拉伸试样充氢后的滞后断裂应力 σ_{th} 明显下降，而 Si 元素的影响则与 Mn 相反，一般认为，Si 使钢的氢致滞后裂纹敏感性下降（对高强钢特别明显）。由于 Si 的这种作用，当在 4340 钢的基础上加入 1.5% ~ 1.8% Si（质量分数）后发展了一个新钢种 300M，其抗氢性能明显高于 4340 钢。但当 Si 含量较高时，钢的焊接及加工性能变坏，这就限制了含 Si 钢的发展和使用。

P、S、Sn 和 Sb 等杂质原子易在合金的晶界上发生偏聚，因此，当这些杂质原子在晶界上偏聚时将对钢的 K_{IC} 和 K_{IH} 均有明显影响，合金的氢致开裂敏感性与合金中这些杂质原子的含量密切相关。图 8-13 所示为合金晶界上的磷（P）含量对 600℃回火的 Ni-Cr 钢的

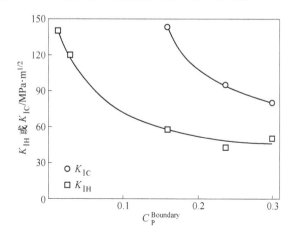

图 8-13　600℃回火处理后 Ni-Cr 钢的 K_{IC} 和 K_{IH} 随晶界杂质 P 含量的变化

应力强度门槛值的作用,可见凡是能使这些杂质原子在晶界上偏聚或使杂质的偏聚量增加的因素均使钢的 K_{IH} 急剧下降,即钢的氢脆敏感性急剧增加。

8.2.8.6 显微组织的影响

合金显微组织对合金氢致滞后断裂敏感性的作用与组织中的相组成、特征及分布相关,且对氢脆敏感性有较大的影响。钢的显微组织具有的氢脆敏感性按下列顺序递增:球状珠光体、片状珠光体、回火马氏体或贝氏体、未回火马氏体。球状珠光体组织对钢的氢脆和氢致滞后裂纹敏感性的作用要比片状珠光体组织小,特别是电解充氢或在 H_2S 溶液中更为明显。片状珠光体钢中的片层越细,钢的抗氢脆性能越好。

由于马氏体组织本身是脆性相,具有较高的强度,且淬火马氏体中存在极高的内应力(相变应力和热应力),所以淬火马氏体具有极高的氢致裂纹敏感性。残余(内)应力和外应力的作用是一样的,都能通过应力诱导氢扩散引发钢发生氢致滞后断裂。如通过低温回火使钢的内应力降低,并使马氏体中过饱和的碳以碳化物形式析出,则可大大改善钢的塑性和韧性,同时钢的强度也不会明显下降。在马氏体的回火过程中只要合金不存在回火脆性,则随回火温度升高,钢的氢致裂纹敏感性随之下降。

对超高强度钢,板条马氏体比针状马氏体具有更高的抗氢脆的能力,回火贝氏体的抗氢致裂纹性能比回火马氏体高。此外,超高强钢回火过程中析出的碳化物的特征、大小及分布对钢的抗氢脆性能也有明显的影响,弥散分布的碳化物将使合金钢的氢致滞后断裂敏感性降低。

8.3 工程中的金属应力腐蚀和氢脆

8.3.1 高强钢的应力腐蚀和氢脆

8.3.1.1 超高强度钢在湿空气中的应力腐蚀

图 8-14 所示为 H-11 超高强度($R_{eL} = 1580MPa$)钢在相对湿度 $RH = 30\%$ 的 Ar 气中放置时,钢中裂纹的扩展速度 da/dt 随湿度 RH 的升高而升高。高纯 4340 钢($R_{eL} = 1860MPa$)缺口弯曲试样分别在真空、湿空气和 0.1MPa 氢气中慢加载(8.5×10^{-4} mm/s)时,在湿空

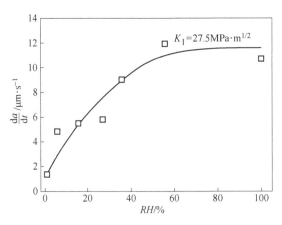

图 8-14 恒 K_I 下 H-11 钢的 da/dt 随 Ar 气的相对湿度的变化

气中应力腐蚀敏感性（强度损失率）为28%（氢气中为75%）。在真空中弯曲时合金的断口形貌为韧窝断口形貌（如图 8-15(a)所示）；在空气中弯曲时合金的断口形貌为韧窝和沿晶的混合断口形貌（如图 8-15(b)所示）；而在氢气中弯曲时合金的断口形貌则为全沿晶断口形貌（如图 8-15(c)所示）。

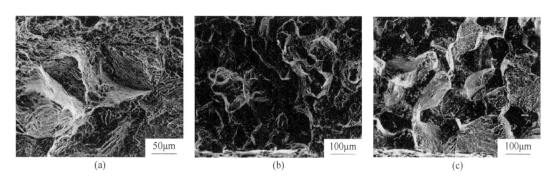

| (a) | (b) | (c) |

图 8-15　4340 钢($R_{eL}(\sigma_s) = 1860MPa$)缺口弯曲试样在不同介质中的断口形貌

(a) 真空；(b) 空气；(c) 氢气

T250 马氏体时效钢抛光试样放在相对湿度为 $RH = 30\%$ 的空气中 2 个月，表面没有任何均匀腐蚀和点蚀，但由于氢原子进入钢中，且扩散和富集导致试样中裂纹扩展。T250 钢在不同介质中的归一化强度因子门槛值与氢浓度对数值之间的关系可用一条直线进行描述（如图 8-16 所示），这表明超高强钢在湿空气中或在水中的应力腐蚀本质与电解充氢的本质是相同的，即应力腐蚀机理是氢致滞后开裂。超高强度钢($R_m > 1500MPa$)在湿空气中发生氢致开裂的原因是随钢的强度升高，钢的 K_{IH} 急剧降低，即进入钢中能引起氢致开裂的临界氢浓度急剧降低，由此导致超高强钢在较低的氢浓度下发生应力腐蚀。因此，凡促进氢原子进入超高强度钢的过程均促进钢发生应力腐蚀，反之亦然。

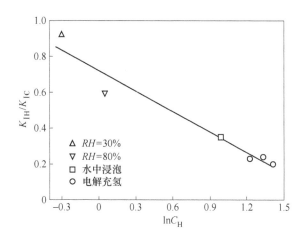

图 8-16　T250 钢的归一化强度因子门槛值与氢浓度的关系

由于 H_2S 能阻止氢原子复合成氢分子，所以可促使更多的氢原子进入钢中，从而使钢的应力腐蚀敏感性增加。中低强度钢在含 H_2S 水溶液中服役（采油用的油管、套管及抽油杆、输油、输气管等）时也能发生由 H_2S 诱发的应力腐蚀，且合金的 H_2S 应力腐蚀断口为沿晶断口。

8.3.1.2　高强度钢的可逆氢脆和滞后断裂

一般而言，中低强度钢（$R_m < 1000MPa$）的氢脆敏感性较低，且与钢的强度无关。高强度钢（$R_m > 1000MPa$）的氢脆敏感性或氢致滞后断裂敏感性随钢的强度升高而升高。如果以合金的相对强度损失率作为合金的氢脆敏感性 I_{HE}，当 PH13-8Mo 马氏体不锈钢缺口试样分别在空气和 0.2MPa 的 H_2 中以 $6.67 \times 10^{-4}\,s^{-1}$ 的速率进行慢拉伸时，合金的 I_{HE} 随合金抗拉强度升高而急剧升高（如图 8-17 所示）。

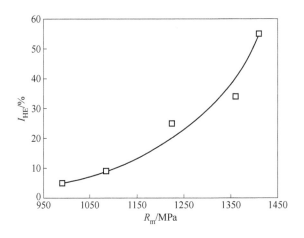

图 8-17　PH13-8Mo 马氏体不锈钢在氢气中拉伸时的氢脆敏感性随抗拉强度的变化

相应地，合金的氢致滞后断裂门槛应力 $\sigma_c(H)$ 或氢致滞裂门槛应力强度因子 K_{IH} 均随强度升高而急剧下降。此外，高强钢的可逆氢脆敏感性随加载速率下降而升高。

高强钢的氢脆断口形貌通常为准解理断口形貌或准解理和沿晶混合断口形貌，或完全沿晶断口形貌。光滑拉伸试样与缺口拉伸试样相比，由于缺口前端存在应力集中和三向应力，缺口拉伸试样的氢脆敏感性更高。因此在慢拉伸时，缺口前端富集的氢浓度远比光滑试样中的要高，导致缺口试样断口形貌显示更大的脆性。例如，T250 马氏体时效钢（峰时效）光滑试样在 0.2MPa 的 H_2 中慢拉伸（$1.25 \times 10^{-4}\,mm/s$）时显示准解理断口形貌（如图 8-18（a）所示）；而缺口试样在相同条件下的断口以沿晶断裂为主的断口形貌（如图 8-18（b）所示）。

8.3.2　铝合金的应力腐蚀和氢脆

8.3.2.1　铝合金的应力腐蚀

一般认为纯铝不会发生应力腐蚀，但是随着高强度铝合金的开发和使用，应力腐蚀断裂事故在铝合金中也随之发生。高强度铝合金发生应力腐蚀的环境主要有：水蒸气、湿空气（或含水的其他气体）、高纯水、含卤素离子（Cl^-、Br^-、I^-）的水溶液、各种有机

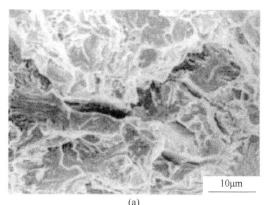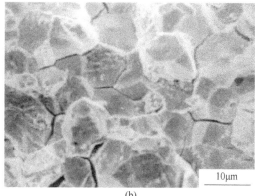

图 8-18　T250 马氏体时效钢在 0.2MPa 氢气中慢拉伸时的断口形貌

（a）光滑试样；（b）缺口试样

溶剂以及某些液体金属。

　　虽然采取一系列有效措施（如过时效处理、消除或降低合金的残余应力等）后可降低高强度铝合金的应力腐蚀敏感性，但是，高强度铝合金的应力腐蚀仍然是宇航工业铝合金构件失效的重要原因之一。统计结果显示：造成铝合金应力腐蚀事故的应力主要来源于残余应力（占总事故的 40%）、装配应力（占总事故的 25%）和过载的工作应力（占总事故的 25%）。

　　除超高强度 AlZnMg(Cu)合金（7000 系列）及高强度的 AlCuMg 合金（2000 系列）有极高的应力腐蚀敏感性外，AlMgMn 合金（5000 系列）和 AlMgSi(Cu)合金（6000 系列）也都能发生应力腐蚀，但纯铝以及 Al-Mn、Al-Si、Al-Mg(Mg < 3%)等合金一般不发生应力腐蚀。铝合金的强度和断裂韧性一般不是合金应力腐蚀敏感性的控制因素，而高强度铝合金中的时效产物的性质、大小及其分布是合金应力腐蚀敏感性的控制因素。

　　铝合金在干燥的空气（或任何其他干燥气体）中不会发生应力腐蚀，但当空气的湿度超过临界值后，合金就会发生应力腐蚀，产生滞后开裂。随着空气中湿度增加，铝合金的应力腐蚀敏感性也随之增大，人工时效的 7079 合金在空气中的裂纹扩展速率与空气湿度的对数值之间呈线性关系（如图 8-19 所示）。

　　高强度铝合金在高纯水中能产生应力腐蚀，但如果在高纯水中加入卤素离子（Cl^-、Br^- 或 I^-）则明显提高铝合金中应力腐蚀裂纹的扩展速率。

　　到目前为止，铝合金应力腐蚀的机理尚未取得一致的意见，铝合金的应力腐蚀主要机理：阳极溶解机理、氢致开裂机理、阳极溶解和氢致开裂共同作用机理。

8.3.2.2　铝合金的氢致滞后断裂

　　由于铝合金表面存在一层 1.0 ~ 1.5nm 厚的非常致密的 Al_2O_3 氧化膜，此氧化膜将阻碍环境中的氢分子在合金表面的吸附和分解。由于在干燥高压氢气中不存在氢原子，所以铝合金在干燥的高压氢气中拉伸时不显示明显的塑性损失，预制裂纹试样在干燥的高压氢气中也不会产生滞后开裂。但是，如果环境中存在氢原子，则它就能进入铝合金中，从而

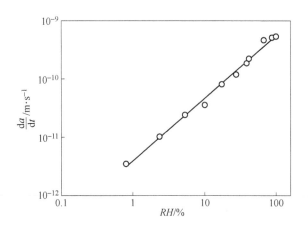

图 8-19　人工时效的 7079 合金在空气中的裂纹扩展速率随湿度的变化

引起合金发生氢致塑性损失。

　　如果铝合金在含有水汽的环境（湿空气或湿氢气）中拉伸，合金则显示明显的脆性，此时，铝合金中的铝原子将与环境中的水分子发生反应，即：

$$2Al + 6H_2O \rightarrow 2Al(OH)_3 + 6H \tag{8-7}$$

　　当铝合金在含水汽的环境中拉伸时，式（8-7）的反应显示在生成铝化物的同时，产生了氢原子。当氢原子通过扩散进入铝合金后，应力将导致铝合金发生氢致滞后断裂——氢脆。图 8-20 是氢气的湿度对三种高强度铝合金（人工时效的 7079、7075 和 7178 铝合金）在氢气中滞后开裂的作用，可见当在氢气中拉伸时，恒位移预制裂纹铝合金试样中的裂纹在干燥的氢气中没有扩展，但如果一旦通入水蒸气（相对湿度 100%），则裂纹立即开始扩展。

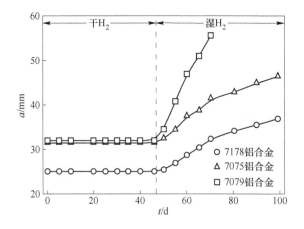

图 8-20　湿度对高强度铝合金恒位移试样中裂纹扩展的作用
（2mm 厚的恒位移试样，T-L 取向，试验温度 23℃，1atm❶的 H$_2$）

---

❶　1atm = 101325Pa。

图 8-21 是 Al-5.6Zn-2.6Mg 合金（130℃时效，$R_m = 400$MPa）在 70℃含饱和水汽的空气中放置不同时间后拉伸时的力学性能（伸长率 A 和抗拉强度 R_m）与放置时间的关系曲线。由图 8-21 可见，随着合金在含水汽的空气中放置时间的增加，进入合金中的氢原子数量随之增多，合金的力学性能随之降低，即在含水汽的空气中放置后，AlZnMg 合金拉伸时发生了氢脆。同理，随铝合金拉伸环境湿度或温度的增加，进入合金中的氢原子数量随之增多，铝合金氢脆敏感性也随之增大。

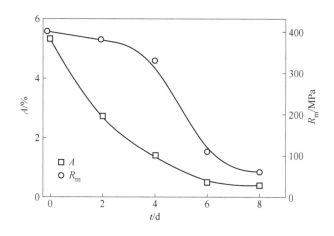

图 8-21　AlZnMg 合金的力学性能与在含饱和水蒸气的 70℃空气中放置时间的关系曲线

与钢铁材料类似，铝合金的氢脆也是受氢原子在合金中的扩散所控制，即其具有可逆性——充氢后再除氢可以使铝合金的塑性恢复到未充氢铝合金的塑性。但是，由于氢原子在铝合金点阵中的溶解度很低，所以绝大部分氢原子处在铝合金中的各种缺陷——氢陷阱中。每种陷阱和氢原子的结合能各不相同，故在室温下放置时只有处在可逆氢陷阱（结合能较低）中的氢原子才能通过扩散逸出合金，而不可逆氢陷阱（结合能较高）中的氢原子只有在提高除氢温度后才能使氢原子逸出合金。

铝合金的氢致滞后开裂机理本质上与钢的氢致滞后开裂机理基本相同。

8.3.3　钛合金的应力腐蚀和氢脆

钛合金按室温组织可以分为 3 类：（1）α-Ti 合金。合金室温为 α 相（密排六方结构），如工业纯 Ti、Ti-5Al-2.5Sn 和 Ti-8Al-1Mo-1V 合金等。（2）β-Ti 合金。合金室温为 β 相（体心立方结构），如 Ti-11.5Mo-6Zr-4.5Sn、Ti-8Mo-8V-2Fe-3Al 和 Ti-8Mn 合金等。（3）（α + β）钛合金。合金室温为（α + β）复相组织，主要有 Ti-6Al-4V 和 Ti-6Al-6V-2Sn 合金等。

8.3.3.1　钛合金的应力腐蚀

3 类钛合金在使用状态都具有较高的应力腐蚀敏感性。钛合金产生应力腐蚀的环境主要有水溶液（特别是含 Cl⁻、Br⁻ 和 I⁻ 的水溶液）、有机溶剂（甲醇及其他醇类、CCl₄ 及其他卤化烃）、热盐和熔盐、N₂O₄、红色发烟硝酸以及各种含水汽的气体。

不同钛合金在不同环境中的应力腐蚀敏感性是极不相同的。如工业纯 Ti 在含少量 Cl⁻ 离子的甲醇溶液中能发生应力腐蚀，但在水溶液或熔盐中却不发生应力腐蚀。合金的热处理状态对合金在同一介质中的应力腐蚀敏感性也有极大的影响，例如：固溶＋时效态的 Ti-8Al-1Mo-1V（α-Ti 合金）合金在高纯水中发生应力腐蚀，但退火（工厂退火或双重退火）态的 Ti-8Al-1Mo-1V 合金在纯水中则不发生应力腐蚀。（α＋β）两相钛合金中的 α 相和 β 相对应力腐蚀的相对敏感性也因材料而异，如 Ti-8Al-8Mo-1V 及 Ti-6Al-4V 合金

在水介质中仅 α 相发生应力腐蚀，即裂纹仅沿 α 相扩展。与此相反，当 β 合金（如 Ti-8Mn）时效后出现 β＋α 结构时，应力腐蚀裂纹仅沿 β 相扩展。因此在评价钛合金的应力腐蚀敏感性时必须要注意合金的热处理状态以及所处的环境介质。大多数单相 β 钛合金在水溶液中不发生应力腐蚀。大多数钛合金在水溶液中的应力腐蚀断裂是穿晶解理断裂，裂纹沿确定的解理面扩展。

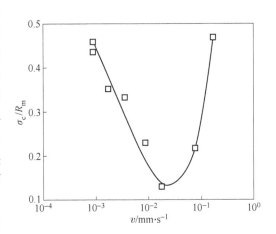

图 8-22 β 钛合金（Ti-13V-11Cr-3Al）在 KCl 中裂纹形核归一化门槛应力值随位移速率变化

    β 钛合金 Ti-13V-11Cr-3Al 的单边缺口试样在 0.6mol/L KCl 中慢拉伸时归一化应力腐蚀裂纹形核门槛应力 σ_c/R_m 值随位移速率的变化（如图 8-22 所示）显示，在中等位移速率时钛合金的应力腐蚀敏感性最大，α-Ti 合金在 3% NaCl 溶液中的应力腐蚀也存在相同的规律。Ti-8Al-1Mo-1V 合金弯曲试样在 10mol/L HCl 溶液中的应力腐蚀裂纹扩展速率 da/dt 和门槛应力强度因子 K_{ISCC} 随温度的变化（如图 8-23 所示）表明，合金的裂纹扩展速率 da/dt 随温度升高而单调升高，而合金的 K_{ISCC} 则随温度升高先下降再升高。

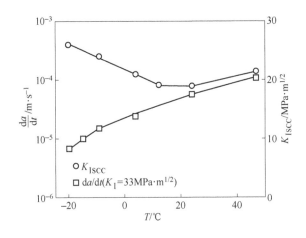

图 8-23 Ti-8Al-1Mo-1V 合金在 HCl 中 da/dt 和 K_{ISCC} 随温度的变化

8.3.3.2 钛合金的氢脆

钛合金在任何含氢环境（干燥氢气和湿空气等）中都能发生氢脆和滞后断裂，特别

是试样中残留的氢原子也能引起合金发生氢致滞后断裂。

α 钛合金和 β 钛合金中的氢脆特征完全不同。由于氢原子在 α 钛合金中的固溶度很低（约为 0.002%，质量分数），所以当合金中的氢原子浓度大于 0.002%（质量分数）后，随着氢原子在钛合金中浓度增加，α 钛合金中依次出现面心四方结构的 $\gamma\text{-TiH}_x$（$1 < x < 1.58$）和面心立方结构的 $\delta\text{-TiH}_x$（$1.56 < x \leqslant 2$）。如果 α 钛合金中固溶的氢原子浓度低于氢化物析出的临界浓度，但当合金加载时，裂尖前端由于应力诱导氢扩散也能引起氢原子在裂尖富集，从而导致氢化物在钛合金中滞后形核和长大。因为氢化物比容比钛合金基体的比容大，氢化物形成时伴随很大的应力，故在氢化物形成的同时可能在合金中产生微裂纹。

α 钛合金中氢浓度越高，析出的氢化物越多，合金的氢脆敏感性越高（如图 8-24 所示）。同理，α + β 钛合金的氢脆也是由氢化物引发，当 $C_H \leqslant 0.02\%$（质量分数）时，Ti-140A 合金（α + β 钛合金）的断面收缩率 Z 值随氢浓度增加变化不明显，且不依赖加载速率。但当 $C_H > 0.02\%$（质量分数）后，慢拉伸使合金的 Z 值急剧降低，而快拉伸则对合金的 Z 值影响较小（如图 8-25 所示），即慢拉伸使合金的氢脆敏感性急剧升高。

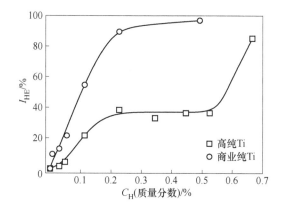

图 8-24　氢浓度对纯 Ti 氢脆敏感性的作用

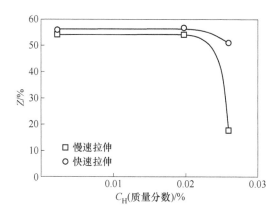

图 8-25　Ti-140A 合金断面收缩率随氢浓度变化

由氢化物引起的钛合金氢脆可以通过在氢化物形成温度以上进行除氢处理使氢化物分解，从而消除合金的氢脆。充氢的铸造 Ti-6Al-4V 合金在 850℃ 进行除氢处理使合金的氢脆敏感性降为零，即合金已不存在氢脆。但如果除氢温度较低，合金中的氢化物未完全消除，则残存的氢化物还能引起钛合金发生氢致塑性损失（如图 8-26 所示）。除氢温度越低，合金中残留的氢化物越多（C_H 越高），则合金氢脆敏感性越大。

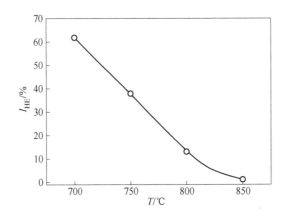

图 8-26   充氢后的 Ti-6Al-4V 的氢脆敏感性随除氢温度的变化

β 钛合金的组织为单一 β 相，氢原子在 β 相中固溶度为 0.5%（质量分数），所以，在理论上，当氢浓度 $C_H < 0.5\%$（质量分数）时，β 钛合金中不会形成氢化物。但是，实际上在 $C_H > 0.05\%$（质量分数）的 β 钛合金中就存在氢脆（如图 8-27 所示）。这表明 β 钛合金中氢脆机理与 α 钛合金及 α + β 钛合金中的氢脆机理不同，即 β 钛合金中的氢脆与氢化物无关，而是由固溶在钛合金中的氢原子诱发的。

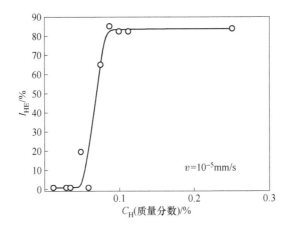

图 8-27   β 钛合金（Ti-3Al-8V-6Cr-4Mo-4Zr）氢脆敏感性随氢浓度的变化

8.3.4   金属间化合物的应力腐蚀和氢脆

8.3.4.1   金属间化合物的应力腐蚀

有序 Fe_3Al 合金（DO_3 结构）的单边缺口恒载荷试样在 3.5% NaCl 水溶液中的应力腐蚀断裂时间 t_F 随归一化门槛应力强度因子 K_I / K_{IC} 的变化如图 8-28 所示。

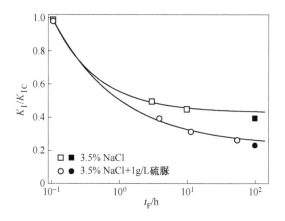

图 8-28　Fe_3Al 合金（DO_3 结构）在 NaCl 水溶液中断裂时间随 K_I/K_{IC} 的变化
（实心符号表示试样未断裂）

在相同 K_I/K_{IC} 下，Fe_3Al 合金试样在添加毒化剂（硫脲）的 NaCl 溶液中的断裂时间更短，合金的应力腐蚀门槛应力强度因子从 K_{ISCC}/K_{IC} 的 0.43 降为 0.24，即合金的应力敏感性增大。随着进入有序态 Fe_3Al 合金中的氢浓度增加，合金的 K_{ISCC} 随之下降，且有序态 Fe_3Al 合金在湿空气中发生的脆化是由氢原子引起的，由此认为有序态 Fe_3Al 合金在 NaCl 溶液中的应力腐蚀也属于氢致滞后开裂型应力腐蚀。

有序态 Fe_3Al（Fe-28Al-5Cr,%，原子分数）在 3.5% NaCl 水溶液中慢拉伸（$10^{-6}s^{-1}$）时，当合金处于阳极极化范围内时，随着合金中可扩散氢浓度升高，合金的应力腐蚀敏感性 I_{SCC} 随之线性降低（如图 8-29 所示），即合金的应力腐蚀敏感性随之降低，合金的断口上沿晶断口比例也随之降低。由此可见，有序态 Fe_3Al 合金在阳极极化时的应力腐蚀机理是阳极溶解，而不是氢致滞后开裂。

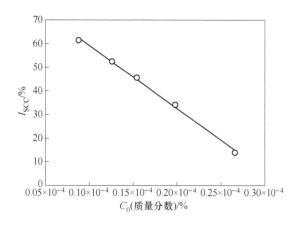

图 8-29　Fe_3Al 在 NaCl 水溶液中应力腐蚀敏感性随合金中可扩散氢浓度的变化

8.3.4.2　金属间化合物的氢脆

大多数有序态金属间化合物在空气中慢拉伸时的伸长率远低于其在真空或在纯氧气中慢拉伸的伸长率，即空气能诱发金属间化合物发生环境氢脆。金属间化合物在空气中发生环境氢脆的机理是合金中的活性元素 Al、Ti、Si 和 V 等与空气中的水汽发生氧化反应，在形成氧化物的同时，产生氢原子，即：

$$xM + yH_2O \rightarrow M_xO_y + 2yH \tag{8-8}$$

式中   M——金属间化合物中的活性元素。

当在合金表面上产生的氢原子通过扩散进入合金后就导致合金发生氢脆。Ni$_3$Al 合金试样在高真空俄歇能谱仪中打断获得新鲜表面，然后在俄歇能谱仪中通入高纯水汽。当合金断口在水汽中暴露一定时间后，XPS 的结果表明，此时 Al$_{2p}$峰分裂成金属态 Al 和氧化物 Al$_2$O$_3$ 两个峰，而 Ni 仍为金属态，这表明合金中的 Al 原子在水汽中暴露时与 H$_2$O 发生反应生成了 Al$_2$O$_3$。单晶 Ni$_3$Al 合金试样在水汽中暴露时，合金俄歇能谱中归一化氧原子俄歇峰($I_{O(531.6)}/I_{Ni(852.3)}$)的强度与水汽暴露量之间呈线性正比关系（如图 8-30 所示），即合金在水汽中的暴露量越高，预示在合金表面通过氧化反应（式(8-8)）产生的氢原子的数量也越多。

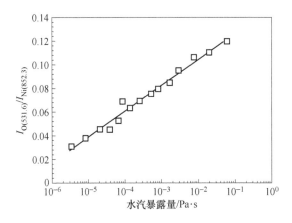

图 8-30   有序态单晶 Ni$_3$Al 合金的氧原子归一化俄歇峰的强度与水汽暴露量的关系

有序态金属间化合物在氢气环境中存在另一种氢脆，其机理是合金中的过渡族元素 Fe、Co 和 Ni 元素催化裂解环境中的氢分子成为氢原子，即：

$$M' + H_2 \rightarrow M' + 2H \tag{8-9}$$

式中   M'——合金中过渡族元素。

当催化裂解得到的氢原子通过扩散进入合金后也将导致合金发生环境氢脆。

已知无序态金属间化合物不存在环境氢脆，而有序态金属间化合物却存在严重的环境氢脆。无序态 Ni-24Fe-0.5Mn（%，原子分数）合金在真空、空气或氢气中拉伸时的伸长率完全相同，表明无序态合金在空气或氢气中均不存在环境氢脆。而有序态 Ni-24Fe-0.5Mn（%，原子分数）合金由于不含活性元素，因此合金在空气中拉伸时也不存在环境氢脆，但是此合金在氢气中拉伸时的伸长率却随应变速率的增加而增大，且明显低于合金在真空中拉伸时的伸长率（如图 8-31 所示），即此合金在氢气中存在严重的环境氢脆，而且合金的氢脆敏感性随应变速率的增加而降低。

图 8-32 所示为有序态 Ni$_3$Fe 合金在真空和氢气中拉伸($\dot{\varepsilon} = 2 \times 10^{-2}\,s^{-1}$)时的断口形貌，合金在真空中的拉伸断口形貌为韧窝和沿晶的混合断口形貌（如图 8-32(a)所示），而合金在氢气中的拉伸断口形貌则为沿晶断裂的脆性断口形貌（如图 8-32(b)所示）。

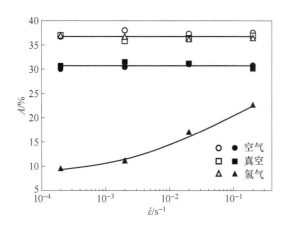

图 8-31　无序态和有序态 Ni_3Fe 合金的拉伸伸长率与应变速率的关系曲线

（空心符号为无序态合金；实心符号为有序态合金）

(a)　　　　　　　　　　　　　　　(b)

图 8-32　有序态 Ni_3Fe 合金在不同介质中拉伸时的断口形貌

（a）真空；（b）氢气

　　在金属间化合物中采用合金化（添加合金元素）方式通过改变合金的相组成、相结构、晶粒度和晶界性质等可以降低合金在空气或氢气中的环境氢脆敏感性。由于硼原子易在合金的晶界处偏聚，具有提高合金晶界的强度、细化晶粒及降低氢原子沿晶扩散系数等作用，所以添加硼原子可有效降低一些有序态金属间化合物在空气或氢气中的环境氢脆敏感性。例如：在 Ni_3Al 合金中添加大于 0.05%（质量分数）硼原子可以完全抑制合金在空气中的环境氢脆；而在有序态 Ni_3Fe 合金添加大于 0.06%（质量分数）硼原子也可以完全抑制合金在氢气中的环境氢脆。硼原子通过降低有序态 Ni_3Fe 合金的晶粒尺寸和提高合金晶界的强度，提高了合金在真空中的拉伸伸长率。此外硼原子还能有效降低了氢原子的沿晶扩散系数，进一步提高了合金在氢气中的拉伸伸长率（如图 8-33 所示）。硼原子在合金晶界处偏聚，提高了合金的晶界强度、降低了晶粒尺寸和氢原子的沿晶扩散系数，从而有效抑制了有序态 Ni_3Fe 合金中由氢气诱发的环境氢脆，降低了合金的氢脆敏感性（如图 8-34 所示）。

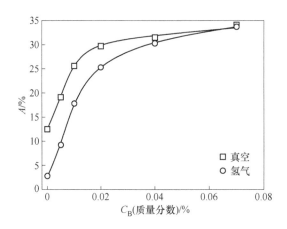

图 8-33   有序态 Ni_3Fe 合金在真空和氢气中拉伸时的伸长率随硼含量的变化

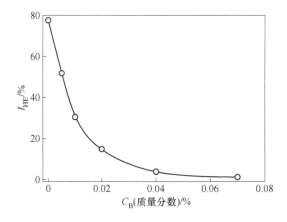

图 8-34   有序态 Ni_3Fe 合金在氢气中的氢脆敏感性与硼含量的关系曲线

    随着硼含量的增加，有序态 Ni_3Fe 合金在氢气中拉伸的断口形貌由沿晶脆性断口形貌逐渐转变为穿晶韧性断口形貌（如图 8-35 所示）。

图 8-35   不同硼含量的有序态 Ni_3Fe 合金在氢气中拉伸时的断口形貌

（a）$C_B = 0.005\%$（质量分数）；（b）$C_B = 0.01\%$（质量分数）；（c）$C_B = 0.02\%$（质量分数）

桥梁用稀土耐候钢
案例

学习成果展示:
如何提高大型船板的
耐蚀性

学习成果展示:
腐蚀和氢脆

思 考 题

8-1 解释下列名词:

应力腐蚀;氢鼓泡;氢蚀;氢致滞后开裂;环境氢脆。

8-2 说明下列金属力学性能指标的意义:

σ_{SCC};K_I;K_{IC};K_{ISCC};K_{IH};I_{SCC};I_{HE}。

8-3 试述金属产生应力腐蚀的条件及机理。

8-4 分析应力腐蚀裂纹扩展速率 da/dt 与 K_I 关系曲线,并与疲劳裂纹扩展速率曲线进行比较。

8-5 某高强度钢的 $R_{p0.2}=1400MPa$,在水介质中的 $K_{ISCC}=21.3MPa \cdot m^{1/2}$,裂纹扩展到第Ⅱ阶段的 $da/dt=2 \times 10^{-6}mm/s$,第Ⅱ阶段结束时的 $K_I=62MPa \cdot m^{1/2}$。当该材料制成的部件在水介质中工作时,工作拉应力 $\sigma=400MPa$,探伤发现该部件表面有半径 $a_0=4mm$ 的半圆形裂纹,试估算其剩余寿命。

8-6 何谓氢致延滞断裂?为什么高强度钢的氢致延滞断裂是在一定的应变速率下和一定的温度范围内出现?

8-7 试述区别高强度钢应力腐蚀与氢致延滞断裂的方法。

8-8 有一 M24 栓焊桥梁用高强度螺栓,采用 40B 钢调制制成,抗拉强度为 1200MPa,承受拉应力 650MPa。在使用中,由于潮湿空气及雨淋的影响发生断裂事故。观察断口发现,裂纹从螺纹根部开始,有明显的沿晶断裂特征,随后是快速脆断部分。断口上有较多腐蚀产物,且有较多的二次裂纹。试分析该螺栓产生断裂的原因,并考虑防止这种断裂的措施。

8-9 为何金属应力腐蚀属于低应力脆断?

8-10 为何增大部件表面残余压应力可以提高部件的抗应力腐蚀能力?

8-11 为何低合金高强度钢及不锈钢容易造成氢脆?

8-12 氢在钢中有哪些存在形式?如何去除钢中的氢?在服役过程中,如何防止钢部件中的氢浓度增加?

参 考 文 献

[1] 褚武扬,乔利杰,李金许,等. 氢脆和应力腐蚀——基础部分 [M]. 北京:科学出版社,2013.

[2] 褚武扬,乔利杰,李金许,等. 氢脆和应力腐蚀——典型体系 [M]. 北京:科学出版社,2013.

[3] 束德林. 工程材料力学性能 [M]. 2 版. 北京:机械工业出版社,2007.

[4] Zhang Y P, Shi D M, Chu W Y, et al. Hydrogen-assisted cracking of T-250 maraging steel [J]. Mater Sci Eng A, 2007, 471:34.

[5] Liu X Y, Kameda J, Anderegg J W, et al. Hydrogen-induced cracking in a very-high-purity high-strength steel [J]. Mater Sci Eng A, 2008, 492:218.

[6] Schutz R W. Stress-corrosion cracking of titanium alloys, in:R H Jones, Stress-Corrosion Cracking [J]. Metals Park OH:ASM Inter, 1992:265.

[7] Zhang Y, Zhang S Q. Hydrogenation characteristics of Ti6Al4V cast alloy and its microstructural modification

by hydrogen treatment [J]. Inter J Hydrogen Energy, 1997, 22: 161.

[8] Alvarez A M, Robertson I M, Birnbaum H K. Hydrogen embrittlement of a metastable β-titanium alloy [J]. Acta Mater, 2004, 52: 4161.

[9] Zhang D Z, She D L, Du G W, et al. Stress corrosion cracking of Fe_3Al in aqueous solutions [J]. Scr Metall Mater, 1992, 27: 303.

[10] Mao S C, Qiao L. Transgranular cleavage fracture of Fe_3Al intermetallics induced by moisture and aqueous environments [J]. Mater Sci Eng A, 1998, 258: 187.

[11] Chen Y X, Wan X J, Xu W X. Surface reaction of Ni_3Al with water vapor or oxygen [J]. Acta Metall. Sinica (English Letter), 1997, 10: 363.

[12] Wan X, Chen Y, Cheng X. Environmental embrittlement of intermetallics [J]. Progress in Natural Science, 2001, 8: 561.

[13] Chen X Y, Ma J, Liu C T. Hydrogen diffusivity in B-doped and B-free ordered Ni_3Fe alloys [J]. Intermetallics, 2011, 19: 105.

[14] Chen Y, Qian H, Chen T. The effect of stoichiometry and degree of order on mechanical properties of Ni_3Fe intermetallics [J]. Materials Science Forum, 2013, 747~748: 19.

[15] Chen T, Chen Y X, Yang B, et al, Effects of boron content on environmental embrittlement of ordered Ni_3Fe alloys [J]. Adv Manuf, 2019, 7: 221.

9 金属的磨损及工程应用

磨损、腐蚀和断裂（包括失去功能的塑性变形）是机械零部件、工程构件的三大主要破坏形式，它们所导致的经济损失巨大。

当摩擦学系统中相互作用的两物体表面相对运动或有相对运动趋势（滑动、滚动、或滚动＋滑动）时，在接触面间产生的切向运动阻力即为摩擦。磨损伴随摩擦产生，但远比摩擦复杂。不同于力学性能、物理性能、化学性能等材料的本征性能，磨损不是材料的固有特性，受到所处摩擦学系统中摩擦副双方的接触状态（点、线、面等）、工况（载荷及施加形式、相对运行形式如滑动、滚动或滚滑、速度、温度、润滑）、环境（大气、真空、腐蚀性介质、温度等）等多因素的影响，是一个系统的特性度量，具有突出的跨学科特质。

磨损是机械零件失效的主要失效方式之一。国内外统计资料表明，摩擦消耗掉全球约 1/3 的一次性能源，大量零件因磨损而失效，而且机械装备的恶性事故大多起因于过度磨损或润滑失效。美、英、德等工业国家每年因摩擦、磨损造成的损失占其国民生产总值的 2.0% ~ 7.0%，而在工业中应用摩擦学知识可节约的费用占其 1.0% ~ 1.4%。由中国工程院主持的对冶金、能源化工、铁路、汽车、航空航天、船舶、军事装备、农业机械 8 个工业部门的调查显示，2006 年全国消耗在摩擦、磨损和润滑方面的资金估计为 9500 亿元。因此，在全球日益加剧的资源、能源和环境问题的严峻形势下，摩擦学的研究、应用和教育、普及受到各国的极大重视，对于实现可持续发展无疑具有重要意义。

9.1 磨 损 概 念

9.1.1 磨损

磨损是指互相接触的两个物体在运动过程中，表面材料不断损失的过程。具有一定功能的零件表面磨损，表现为松脱的细小颗粒（磨屑）的出现，以及表现为表面材料性质（化学的、物理的、金相组织的、机械工艺的）和形状（形貌和尺寸、粗糙度、表面层厚度）的变化，直至其功能丧失。

磨损是一个复杂的过程，包括机械作用、化学作用、物理作用、机械化学作用和物理化学作用。影响磨损的因素很多，且是相互影响和依赖的，如摩擦副材料、润滑条件、加载方式和大小、相对运动特性（方式和速度）、工作温度等的任何微小改变均可能影响磨损过程，从而导致磨损特性具有多样性和多变性。因此，在解决工程实际中的磨损问题时应加强对摩擦系统的工作参数、结构元素和性能以及相互作用、系统单元的反馈效应和时变效应的分析。

至今尚无普遍公认的磨损分类方法。目前比较认同的三种分类方法如下：

（1）根据摩擦表面的相互作用分类；

（2）根据磨损过程分类；

（3）根据磨损机理分类。

在工程领域广为接受的是以磨损机理进行分类，包括粘着磨损、磨粒磨损、冲蚀磨损、腐蚀磨损、微动磨损和疲劳磨损（表面疲劳）。其中冲蚀磨损是表面和含有固体颗粒的液体相摩擦而导致的磨损，可归入磨粒磨损的范畴；微动磨损是指两表面间由于振幅很小的相对振动所产生的一种复合型磨损。表9-1是通常为人们所共同接受的4种基本磨损机理与磨损表面的外观特征。

表9-1   磨损表面外观特征

磨损机理	磨损表面外观特征
粘着磨损	锥刺、鳞尾、麻点
磨粒磨损	擦伤、沟纹、条痕
腐蚀磨损	反应产物（膜、微粒）
疲劳磨损	裂纹、点蚀坑（痘斑）

在实际磨损现象中，通常是几种磨损形式同时存在，而且一种磨损发生后往往诱发其他形式的磨损。如疲劳磨损的磨屑会导致磨粒磨损，而磨粒磨损所形成的洁净表面又将引起腐蚀或粘着磨损。微动磨损是一种典型的复合磨损，在微动磨损过程中，可能出现粘着磨损、氧化磨损、磨粒磨损和疲劳磨损等多种磨损形式。表9-2为摩擦系统结构与磨损类型和磨损机理的对应关系。

磨屑的形成是一个表面材料变形和断裂的过程。与拉伸、弯曲、扭转等变形主要集中于材料一定体积内不同，其变形和断裂主要集中在表层或亚表层，且随着磨屑的形成和脱离母体，其表层材料的变形和断裂是一个反复进行的动态过程，表层组织和性能也在摩擦应力作用下表现出不断变化的动态特征。因此，材料力学性能数据（屈服强度、抗拉强度、硬度等）和其耐磨性无直接对应关系，需要根据服役环境和工况合理选择材料及其组织性能，甚至采取合适的表面处理技术。

材料的磨损通常是几种机理同时起作用，只是在不同条件下可能某种机理起主导作用。工作条件发生变化，磨损过程中的机理也可能发生转变。磨损形式的转化和多种磨损机理的共同作用如图9-1和图9-2所示。

一般情况下，磨损过程通常分为三个阶段，如图9-3所示是磨损量 W 与变量（时间、行程、加工量等）之间的变化曲线。磨损机理不同，磨损曲线也可能差异很大。图9-3（a）是典型的磨损过程曲线；图9-3（b）表示磨合期后，摩擦副经历了两个磨损工况条件，因此有两个稳定磨损阶段；图9-3（c）表示恶劣工况条件的磨损曲线；图9-3（d）属于接触疲劳磨损的过程曲线。

9.1.1.1   跑合阶段

跑合阶段又称磨合阶段，如图9-3中 I 段。在此阶段，摩擦表面微凸体逐步被磨平，实际接触面积增大，故磨损速率（斜率）随时间逐渐变小。它出现在摩擦副的开始运行阶段，跑合得越好，稳定磨损阶段的磨损速率就越小。

表 9-2　摩擦系统结构、磨损类型和磨损机理

系统结构	摩擦应力		磨损类型	粘着磨损	磨粒磨损	表面疲劳	腐蚀/氧化磨损
固–固+颗粒	滑动	[示意图]	二体磨粒磨损		✓		
	滑动	[示意图]	三体磨粒磨损		✓	✓	
	滚动	[示意图]			✓	✓	
固–液+气和颗粒	流动	[示意图]	液体冲蚀		✓	✓	✓
固–气+颗粒	流动	[示意图]	磨粒冲蚀		✓	✓	✓
	冲击	[示意图]	颗粒冲蚀		✓	✓	✓
固–液	液流振动	[示意图]	气蚀			✓	✓
	冲击	[示意图]	液滴撞击			✓	✓
液体膜完全隔开固–固表面	滑动		无			✓	✓
	滚动					✓	✓
	冲击	[示意图]				✓	✓
液体膜部分隔开固–固表面	滑动	[示意图]	滑动磨损	✓	✓	✓	✓
	滚动	[示意图]	滚动磨损	✓	✓	✓	✓
	冲击	[示意图]	冲击磨损	✓	✓	✓	✓
	振动	[示意图]	振动磨损	✓	✓	✓	✓

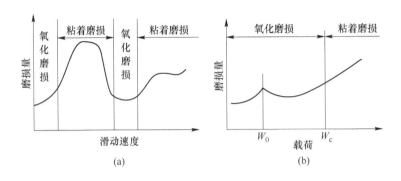

图 9-1 磨损形式的转化

（a）磨损量随滑动速度的变化及磨损形式转化；（b）磨损量随载荷变化及磨损形式转化

（W_0：磨损机理转变的初始载荷；W_c：磨损机理转变的临界载荷）

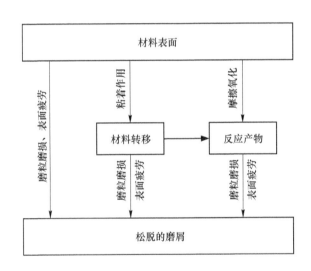

图 9-2 多种磨损机理的共同作用

9.1.1.2 稳定磨损阶段

如图 9-3 中 II 段，在此阶段磨损速率基本稳定或轻微增大。此阶段的长短代表了摩擦副零件的所谓服役寿命。在实验室考察新材料新工艺的磨损性能时，需要重点对比分析此阶段的磨损。

9.1.1.3 剧烈磨损阶段

即图 9-3 中 III 段，随着工作时间增加或行程增大，摩擦副接触表面间的间隙增大，机件表面质量下降，润滑膜被破坏，引起剧烈震动导致磨损急剧增大，机件失效。

如摩擦条件恶劣或跑合不良，则有可能出现早期严重的粘着磨损（剧烈磨损阶段），机件无法正常工作；反之，如跑合很好，稳定阶段的磨损量很小，则零件的服役寿命就很长。如我们在道路上所见的新车因发动机跑合不良，在高速运行时导致的缸套/活塞环摩擦副的拉缸抛锚现象。

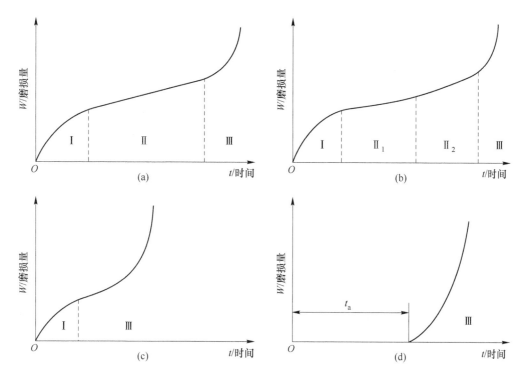

图9-3　磨损过程曲线（t_a为接触疲劳寿命或稳定运行的时间）

（a）典型磨损曲线；（b）双稳定磨损曲线；（c）恶劣工况条件下的磨损曲线；（d）接触疲劳磨损曲线

9.1.2　磨损表征

物体的磨损可以用测量磨损量的方法直接表征（磨损直接表征法），也可以用测量摩擦系统相关特性参数的方法间接表征（磨损间接测量法）。磨损量用于直接或间接表示在摩擦作用后物体形状、质量或摩擦系统相关特性参数发生的变化。磨损可用直接磨损量和间接磨损量两类磨损量来表示。

9.1.2.1　磨损直接表征法

A　磨损量

物体磨损后长度、面积、体积或质量的变化，一般用 W 表示。计量单位分别用 m、m^2、m^3 或 kg 表示。

（1）线磨损量：摩擦面法向尺寸的变化，W_L。

（2）面积磨损量：垂直于磨损面的磨痕截面积大小（磨损截面一般也垂直于磨损运动方向），W_s。

（3）体积磨损量：磨损物体的体积变化，W_v。

（4）质量磨损（磨损失重）量：磨损物体的质量变化，W_m。

B　相对磨损量

被测物体的磨损量与在同样磨损条件下参考物体的磨损量之比，通常用 W_r 表示，是无量纲的比例数，也称之为磨损指数。

C   耐磨性

磨损量的倒数，通常用 $1/W$ 表示，单位为 m^{-1}、m^{-2}、m^{-3} 和 kg^{-1}。

D   相对耐磨性

相对磨损量的倒数，通常用 $1/W_r$ 表示，是无量纲的比例数。

E   磨损率

（1）磨损速率：磨损量与摩擦作用时间之比。

（2）磨损强度：磨损量与摩擦作用行程之比。

（3）相对平均磨损：单位体积、单位质量、单位功率或单位物质的磨损量。

（4）磨损系数：单位摩擦距离（时间）和单位载荷作用下的磨损量。目前通常用磨损系数表征材料的磨损率。

9.1.2.2   磨损间接表征法

间接磨损量表示磨损零件或摩擦系统失去其功能时所能达到寿命的平均值。

（1）耐磨寿命：不包括静止时间在内，零件或摩擦学系统直至由于磨损导致失效时的工作时间。

（2）总使用寿命：包括静止时间在内，零件或摩擦学系统直至由于磨损导致失效时的总工作时间。

（3）工件数寿命：零件或摩擦系统与一定体积、质量或数量的物体相互作用后由于磨损导致失效，用体积、质量或数量的平均值表示。如车削刀具（包括多次修刀）加工2000件后，因刀具磨损而无法满足工件质量要求而失效，2000件即为刀具寿命。

（4）精度下降量。

（5）噪声/震动增加量：虽然有多种磨损表征方法，但在实验室评价或测量耐磨性时，应该采用磨损直接表征法。

9.2   摩擦磨损实验方法与装置

摩擦磨损实验的目的是考察实际工况条件下材料的表面特征与变化，揭示各种因素对其摩擦磨损性能的影响，以指导一定服役条件下满足使用寿命要求的材料组织性能和零部件几何参数优化。

由于摩擦磨损现象十分复杂，材料的摩擦磨损性能是多种因素影响的综合表现，如内部因素：材料的成分、物理性能、化学性能、力学性能、组织结构、表面几何特性等；外部因素：配对摩擦的材料特性、载荷、速度、温度、时间、介质、环境等。因此，实验方法和装置的选择会直接影响摩擦磨损实验结果，为此，其标准化已得到越来越多国家和组织的重视。目前采用的实验方法可以归纳为下列三类。

9.2.1   实验室实验

根据给定的工况条件，在通用的摩擦磨损实验机上对试件进行实验。由于实验室实验的环境条件和工况参数容易控制，因而实验数据的重复性较高，实验周期短，实验条件的变化范围宽，可以在短时间内取得比较系统的数据。但由于实验条件与实际工况不完全符合，因而实验结果往往实用性较差。

实验室实验主要用于各种类型的摩擦磨损机理和影响因素的研究，以及摩擦副材料、工艺和润滑剂性能的评定。

9.2.2 模拟性台架实验

模拟性台架实验是在实验室实验的基础上，根据选定的参数设计实际零件，并在模拟使用条件下进行实验的一种方法。由于台架实验条件接近或比实际工况更苛刻，实验结果的可靠性更高。同时，通过实验条件的强化和严格控制，也可在较短时间内获得系统的实验数据，还可进行个别因素对磨损性能影响的研究。

台架实验的主要目的在于，校验实验室数据的可靠性和零件磨损性能设计的合理性。常见台架实验有轴承试验台、齿轮试验台、凸轮挺杆试验台。

9.2.3 实际使用实验

在上述两种实验的基础上，对实际零件进行使用实验。这种实验的真实性和可靠性最好。但实验周期长、费用大，实验结果是各种影响因素的综合表现，因而难以对实验结果进行深入分析。该方法通常用作验证前两种实验方法优化的结果，以及其在实际工程应用中的效果。

以上三类实验可根据实验研究的要求选择其中一种或几种。应当指出，材料的摩擦磨损性能不是材料的固有特性，而是摩擦学系统在给定条件下的综合性能。因此，实验室实验在选择实验参数和接触方式时，应基于条件模拟实验原则，尽可能地与实际工况条件一致或接近，其中主要有：速度和表面压力的大小和变化、表面层温度变化、润滑状态、环境介质和表面接触形式等。

对于高速摩擦副的摩擦磨损实验，温度影响是主要问题，应当使试件的散热条件和温度分布接近实际情况。在低速摩擦副的实验中，由于磨合时间较长，为了消除磨合对实验结果的影响，可以预先将试件的摩擦表面磨合，以便形成与使用条件相适应的表面品质。对于未经磨合的试件，通常不采纳最初测量的几个数据，因为这些数据可能不稳定。

一般使用最多的通用摩擦磨损实验机主要用来评定在不同速度、载荷和温度以及实验时间条件下的材料性能，也可用于各种磨损机理的研究。

图 9-4 所示为常用的摩擦磨损实验机所采用的试件接触形式和运动形式。

试件之间的相对运动方式，可以是纯滑动、纯滚动或者滚动伴随滑动。实验机试件的运动形式可以采用旋转运动，也可以是往复运动。试件的接触方式可以是面接触、线接触和点接触。如常用于磨粒磨损实验的面接触试件单位面积应力可达 50 ~ 100MPa；线接触试件的最大接触应力可达 1000 ~ 1500MPa，适合于接触疲劳磨损实验和粘着磨损实验；点接触试件的表面接触应力更高，可达 5000MPa，适用于需要很高接触应力的实验，如高强度材料的接触疲劳磨损实验。

下面介绍几种常用的摩擦磨损试验机。

（1）环-块/环-环摩擦磨损试验机。这种试验机主要用于金属和非金属材料在有/无润滑条件下的滑动、滚动、滑动-滚动复合摩擦或间歇接触摩擦等情形下的摩擦磨损性能测试，输出参数主要有：摩擦副的摩擦系数、摩擦扭矩，磨损量等。试样可采用环-环、环-

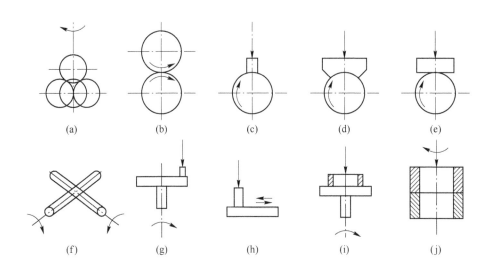

图 9-4   摩擦副的接触形式和运动形式

（a），（b），（f）点接触、滑动；（c），（g），（i），（j）面接触、滑动；

（d），（e）线接触、滑动；（h）面接触、往复运动

块等，可实现图 9-4 中线、面接触的摩擦磨损性能测试。

（2）四球摩擦磨损试验机。该机主要是以滑动摩擦的形式，在极高的点接触压力条件下评定润滑剂的承载能力。包括最大无卡咬负荷、烧结负荷、综合磨损值三项指标。该机还可以做润滑剂的长时抗磨试验，测定摩擦系数，记录摩擦力与温度曲线。试样的接触形式如图 9-4(a) 所示。

（3）立式万能摩擦磨损试验机。立式万能摩擦磨损试验机是在一定接触应力下，具有滚动、滑动或滑/滚复合运动的摩擦形式，可用来评定在低速或高速条件下润滑剂、金属、塑料、涂层、橡胶、陶瓷等材料的摩擦磨损性能。如低速销-盘（大盘与小盘，单针与三针）、球-盘等的摩擦磨损性能试验，匹配往复模块可实现往复摩擦磨损运动。广泛应用于石油化工、机械、能源、冶金、航空航天领域和高等院校及研究机构的实验室研究和产品验证，是目前国内外应用最多的试验机。

（4）磨粒磨损试验机。磨粒磨损试验机主要用于检测金属材料、非金属材料等与矿石、砂石、泥沙等固体摩擦情况下的耐磨性和研究其磨粒磨损机理。常用的有干砂橡胶轮实验、湿砂橡胶轮实验、销-砂纸盘滑动磨损实验等，还有测试涂层性能的含磨料橡胶轮与涂层（漆膜）相对滑动的 Taber 试验机等。

（5）接触疲劳试验机。接触疲劳试验机用于模拟轴承、齿轮、轧辊、钢轨、轮箍等以接触疲劳失效的零部件的试样试验。它可测定纯滚动和不同相对滑差下金属材料的接触疲劳性能，能模拟各种滚动接触零件的工作条件下进行接触疲劳、磨损实验以及判定各种润滑剂的抗接触疲劳和抗磨性能。当前，我国金属材料接触疲劳试验推荐的行业标准为《金属材料 滚动接触疲劳试验方法》(YB/T 5345—2014)，该标准提出接触疲劳失效判据为：深层剥落面积 $\geqslant 3\,mm^2$；麻点剥落（集中区）在 $10\,mm^2$ 面积内出现麻点率达 15% 的损伤。

由于疲劳试验结果很分散，为了获得精确的接触疲劳性能，必须采用统计方法对数据

进行处理，目前通用的是 Weibull 方法，图 9-5 是一组典型的接触疲劳试验结果的 Weibull 分布。图 9-5 中 L_{10} 寿命意为所有轴承中 10% 的轴承发生失效的寿命值，即有 90% 可靠性能达到某特定寿命，用于选择轴承。

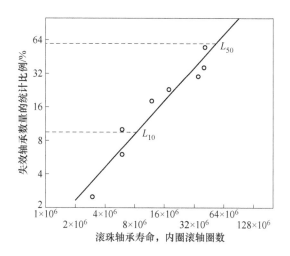

图 9-5　滚珠轴承寿命分布的 Weibull 图

相关试验设计可参阅有关标准内容。

此外，也可针对特定服役环境，如高低温、真空等环境设计专用的摩擦磨损试验机。

摩擦磨损实验中，在获得摩擦学系统的摩擦系数和磨损量的前提下，还要重视磨损表面和截面以及磨损产物-磨屑的分析。因为通过这些磨损表面信息可以为我们提供在摩擦磨损过程中的磨损机理、材料转移、表面结构和成分的变化。

常用的表面分析方法包括：扫描电子显微镜（SEM/EDS）：主要分析磨损表面及次表面形貌、成分、变形特性；透射电子显微镜（TEM）：主要分析组织结构演变；二次离子质谱（SIMS）：主要分析表层化学成分；俄歇电子能谱（AES）：主要分析表面材料的转移、表面堆积物等；X 射线光电子能谱（XPS）：主要分析润滑剂在磨损表面的反应产物；电子探针显微分析（EPMA）：主要分析表面微区的成分、形貌和化学结合状态等特征；表面轮廓仪：主要测量试件的表面粗糙度、加工表面和磨损表面从一维到三维的微观形貌；铁谱仪：主要用于提取润滑油中磨屑，供后续磨屑形态、表面状态分析之用。

关于这些仪器的工作原理、分析方法等在选用前可查阅相关专著或文献，这里不再赘述。

9.3　磨损的特征和机理

磨损是一个非常复杂的现象，涉及物理、化学、机械、流体、材料、冶金、力学等多学科的交叉特性。通过对磨损现象的考察和特征分析，找出它们的变化规律和影响因素，从而寻求控制磨损和提高耐磨性的措施。一般来说，磨损研究的主要内容包括：

（1）主要磨损类型的发生条件、特征和变化规律；

（2）影响磨损的因素，包括摩擦副材料、表面形态、润滑状况、环境条件，以及滑动速度、载荷、工作温度等工况参数；

（3）磨损的物理模型与磨损计算；

（4）提高耐磨性的措施；

（5）磨损研究的测试技术与实验分析方法。

目前提出的磨损机理多达 30 余种，但大家普遍公认的磨损机理主要有以下几种：粘着磨损、磨粒磨损、冲蚀磨损、腐蚀磨损、微动磨损、疲劳磨损等。

9.3.1　粘着磨损

粘着磨损（adhesive wear）是最常见的一种磨损形式，具有普遍性和严重性，其发生与发展非常迅速，容易使零件或机器出现突然事故，引发重大损失。工程中许多机件的磨损失效都与粘着磨损有关，如刀具、模具、齿轮、凸轮、涡轮、各种轴承、钢轨等。内燃机中的活塞环和气缸套是最典型的易发生粘着磨损的摩擦副。

9.3.1.1　粘着磨损的分类

当摩擦副表面相对滑动时，由于粘着效应所形成的粘着结点发生剪切断裂，被剪切的材料或脱落成磨屑，或由一个表面转移到另一个表面，此类磨损统称为粘着磨损。根据粘结点的强度和破坏位置不同，粘着磨损有几种不同的形式，从轻微磨损到破坏性严重的胶合磨损。它们的磨损形式、摩擦系数和磨损程度虽然不同，但其共同特征是出现材料转移以及沿滑动方向形成程度不同的划痕。

（1）轻微粘着磨损。当粘着点强度低于摩擦副两金属的剪切强度时，剪切发生在结合面上，摩擦系数虽然增大，但磨损却很小，材料转移也不明显。通常在金属表面有氧化膜、硫化膜或其他涂层时，发生此种粘着磨损。

（2）一般粘着磨损。当粘着点强度高于摩擦副较软一方金属的剪切强度时，破坏发生在较软金属表层内，软金属剪切碎片粘附到强度较高的金属表面。这种磨损的摩擦系数与轻微粘着磨损的差不多，但磨损程度加剧。

（3）擦伤磨损。若粘着点强度高于摩擦副两金属的剪切强度时，破坏主要发生在软金属表层内，有时也发生在硬金属表层内。转移到硬金属上的粘着物又使软表面出现划痕，所以擦伤主要发生在软金属表面。

（4）胶合磨损。如果粘结点强度比两金属的剪切强度高很多，而且粘结点面积较大时，则剪切破坏发生在一个或两个金属表面层较深的地方。此时两表面都出现严重磨损，甚至导致摩擦副两个表面的咬死而不能相对运动。

如高速重载摩擦副中，由于接触峰的严重塑性变形和高表面温度，易导致胶合磨损的发生。相同金属材料组成的摩擦副，因为粘结点附近材料塑性变形和冷作硬化程度相同，剪切破坏会发生在很深的表层，胶合磨损将更剧烈。

9.3.1.2　粘着磨损机理

通常摩擦表面的实际接触面积仅为表观面积的 $0.01\% \sim 0.1\%$。对于重载高速摩擦副，接触峰点的表面压力有时可达 5000MPa，并可能产生 1000℃ 以上的瞬态温度。由于摩擦副体积远大于接触峰点，一旦脱离接触，峰点温度便迅速下降。摩擦表面处于这种状态下，润滑油膜、吸附膜或其他表面膜将发生破裂，使接触峰点产生粘着，随后在滑动中粘着结点破坏。这种粘着、破坏、再粘着的交替过程就构成粘着磨损。

有关粘着结点形成的原因有不同的观点。Bowdon 等认为，粘着是接触峰点的塑性变形和瞬态高温使材料熔化或软化而产生焊合。也有人提出是由于温度升高后表面熔化焊合而形成粘结点。但非金属材料也能发生粘着现象，高温熔焊的观点不能解释非金属粘结点的形成。Хрушов 等认为粘着是冷焊作用，不必达到熔化温度即可形成粘结点。有人提出粘着是因为摩擦副表面分子间的相互作用。也有人试图用金属价电子运动或同类金属原子在彼此晶格间的运动和互相填充来解释粘着现象。但是这些观点尚未取得充足的实验数据。

目前有关粘着机理还没有统一的观点，但是粘着现象必须在一定的压力和温度条件下才会发生，这一认识是一致的。粘着点的破坏位置决定了粘着磨损的严重程度，破坏力的大小表现为摩擦力，但磨损量与摩擦力之间无确定的关系。

典型的粘着磨损形貌如图 9-6 所示。

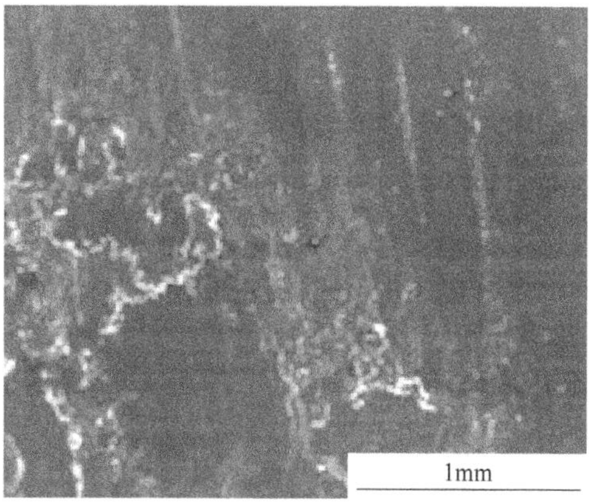

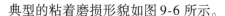

1mm

图 9-6 典型粘着磨损形貌

9.3.1.3 影响粘着磨损的因素

影响粘着磨损的因素很多，除润滑条件和摩擦副材料性能外，主要的影响因素是载荷和表面温度。

A 摩擦副材料特性的影响

（1）互溶度。互溶性高的金属组成的摩擦副的抗粘着磨损性能差。

（2）结合键。少无自由电子数的共价键或范德华键结合的材料的抗粘着磨损性能好。如陶瓷材料、高分子材料等。

（3）晶体结构。相同金属摩擦副的粘着趋势随硬度增加而降低。密排六方晶格的金属摩擦副的粘着明显小于面心立方金属配对的粘着趋势。

（4）微观组织。双方都是钢组成的摩擦副，粘着磨损按具有珠光体、马氏体、铁素体、奥氏体组织顺序依次增大。多相组织材料的抗粘着磨损性能优于单相组织材料。

B 表面粗糙度的影响

一方面，摩擦副表面粗糙度越低，则抗粘着磨损能力往往越大；另一方面，过分降低表面粗糙度，因润滑剂不能储存在摩擦表面，又会促进粘着磨损。如机床导轨表面的刮研花纹的排列形状有利于润滑油的储存。新机器的磨合使摩擦副表面粗糙度达到平衡粗糙度，以减少粘着磨损，如汽车发动机的磨合。

C 润滑状态的影响

金属材料组成的摩擦副一般都要有润滑。在流体动压润滑（润滑油将两个表面完全隔开）时有可能达到无磨损滑动。但滑动副工作过程中常常处于混合润滑或边界润滑状态，其粘着磨损趋势与所使用的材料和润滑剂有关。无论是滚动还是滑动，即使在正常使用过程中处于流体动压润滑状态，但在机器启动或停机时，基本属于混合润滑或边界润滑状态。

D 表面处理的影响

通过电沉积、化学热处理、物理气相沉积、化学气相沉积和热喷涂非金属（陶瓷材料、高分子材料等）涂层等可以改善材料的抗粘着磨损性能。

E 载荷的影响

载荷增大，摩擦力增大并引起较大的摩擦温升，使摩擦副从轻微磨损变为严重磨损，其转化大约发生在接触应力大于摩擦副一方的材料硬度的 1/3 时。

F 表面温度的影响

摩擦表面温度对磨损主要有三个方面的影响：

（1）摩擦副材料的性能；

（2）表面反应膜的形成；

（3）润滑剂的性能。

摩擦生热导致的温升范围很宽。对于慢速滑动轴承，表面温度仅上升几度；对于高速切削刀具则可达 1000℃ 左右。温升较低时，材料强度和硬度下降，表面氧化，润滑剂黏度下降，氧化和性能退化；当超过相变温度时，内部组织发生转变，如高速钢轨与车轮的摩擦，往往诱发珠光体向马氏体的转变，如钢轨表面的白层。有兴趣的读者可以查阅相关资料。

G 滑动速度的影响

大部分情况下，滑动速度的影响大于载荷的影响。在干摩擦情况下，如对钢摩擦副，滑动速度低时摩擦表面形成氧化铁以及颗粒状氧化物，磨损量随速度增大；速度较高时，主要形成各种氧化物，磨损量反而有所降低；滑动速度更高时，摩擦热影响使得磨损从氧化磨损转变为粘着磨损，磨损量加剧，如图 9-1 所示。有关摩擦诱发的钢铁表面氧化物的形成，可根据三种氧化铁的形成温度，结合摩擦表面或环境温度进行分析和讨论。

9.3.1.4 提高抗粘着磨损的措施

（1）避免使摩擦副表面产生塑性变形的过负荷，包括热负荷和机械负荷。

（2）如需降低摩擦因数，则应利用润滑油膜将摩擦副表面隔开。

（3）采用有极压添加剂的润滑剂，使摩擦表面生成保护性吸附膜或反应膜。

（4）避免或减少摩擦副的双方都使用金属材料。如必须使用，可对一方进行表面处理，或采取异类材料的配对副；避免采用 fcc 结构的材料，特别是避免采用奥氏体钢。

（5）采用非匀质组织结构的材料，如多相组织的金属。

9.3.2 磨粒磨损

磨粒磨损（abrasive wear）是外界较硬颗粒或对摩表面上硬的微凸体在摩擦过程中引起表面材料脱落的现象。如掘土机铲齿、犁耙、球磨机衬板等的磨损都是典型的磨粒磨损。机床导轨面因切屑的存在也会导致磨粒磨损。水轮机叶片和船舶螺旋桨等与含泥沙的水之间的侵蚀磨损也属于磨粒磨损。磨粒磨损是最普遍的磨损形式。一般来说，磨粒磨损机理是磨粒的犁沟作用，即微观切削过程。显然，材料相对于磨粒的硬度和载荷以及滑动速度起着重要的作用。

9.3.2.1 磨粒磨损的分类

A 二体磨粒磨损

磨粒沿一个固体表面相对运动产生的磨损，称为二体磨粒磨损。当磨粒运动方向与固体表面接近平行时，磨粒与表面接触处的应力较低，固体表面产生擦伤或微小犁沟痕迹。如果磨粒运动方向与固体表面接近垂直时，常称为冲击磨损。此时，磨粒与表面产生高应力碰撞，在表面上磨出较深的沟槽，并有大颗粒材料从表面脱落。在一对摩擦副中，硬表面的粗糙峰对软表面起着磨粒作用，这也是一种二体磨损，它通常是低应力磨粒磨损。如犁铧、运输槽板的磨损。

B 三体磨粒磨损

外界磨粒移动于两摩擦表面之间，类似于研磨作用，称为三体磨粒磨损。通常三体磨损的磨粒与金属表面产生极高的接触应力，往往超过磨粒的压溃强度。这种压应力使韧性金属的摩擦表面产生塑性变形或疲劳，而脆性金属表面则发生脆裂或剥落，如球磨机衬板。

金相试样磨制过程就是利用了磨粒对试样表面的切削作用，既包含了二体磨粒磨损也包含了三体磨粒磨损。典型的磨粒磨损形貌如图9-7所示，磨损面有明显犁沟。

图 9-7　磨粒磨损形貌（SEM）

9.3.2.2 磨粒磨损机理

磨粒磨损机理主要有三种，即：

（1）微观切削。法向载荷将磨料压入摩擦表面，而滑动时的摩擦力通过磨料的犁沟作用使表面剪切、犁皱和切削，产生槽状磨痕。

（2）挤压剥落。磨料在载荷作用下压入摩擦表面而产生压痕，将塑性材料表面挤压出层状或鳞片状的剥落碎屑。

（3）疲劳破坏。摩擦表面在磨料产生的循环接触应力作用下，使表面材料因疲劳而剥落。

最简单的磨粒磨损计算方法是根据微观切削机理得出的，如图9-8所示。

假设磨粒为形状相同的圆锥体，半角为 θ，压入深度为 h，则压入部分的投影面积 A 为 $A = \pi h^2 \tan^2 \theta$，如果被磨材料的压缩屈服极限为 $R_{p0.2c}$，每个磨粒承受的载荷为 F，则：

$$F = R_{p0.2c} A = R_{p0.2c} \pi h^2 \tan^2 \theta \qquad (9-1)$$

当圆锥体滑动距离为 l 时，被磨材料移去的体积为 $V = lh^2 \tan \theta$。若定义单位位移产生的磨损体积为体积磨损度(dV/dl)，则磨粒磨损的体积磨损度为：

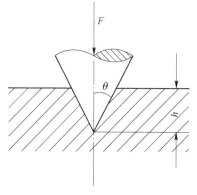

图 9-8　圆锥体磨粒磨损模型

$$\frac{\mathrm{d}V}{\mathrm{d}l} = h^2\tan\theta = \frac{F}{R_{\mathrm{p0.2c}}\pi\tan\theta} \tag{9-2}$$

由于压缩屈服极限 $R_{\mathrm{p0.2c}}$ 与硬度 H 有关，故：

$$\frac{\mathrm{d}V}{\mathrm{d}l} = \frac{k_{\mathrm{a}}F}{H} \tag{9-3}$$

式中　k_{a}——磨粒磨损常数，根据磨粒硬度、形状和起切削作用的磨粒数量等因素决定；

　　　H——摩擦材料的硬度；

　　　F——摩擦载荷；

　　　θ——圆锥体磨粒与摩擦副的接触半角。

总之，为了提高抗磨粒磨损性能，必须减少微观切削作用。例如：降低磨粒对表面的作用力并使载荷均匀分布、提高材料表面硬度、降低表面粗糙度、增加润滑膜厚度以及采用防尘或过滤装置保证摩擦表面清洁等。

9.3.2.3　影响磨粒磨损的因素

A　材料性能的影响

a　磨粒硬度和材料硬度的比值

磨粒磨损取决于磨粒硬度 H_{a} 与材料硬度 H_{m} 的相互关系，如图 9-9 所示。

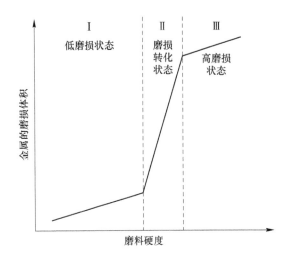

图 9-9　磨粒硬度对金属磨损的影响

(1) 低磨损状态，$H_{\mathrm{a}} < H_{\mathrm{m}}$；

(2) 磨损转化状态，$H_{\mathrm{a}} \approx H_{\mathrm{m}}$；

(3) 高磨损状态，$H_{\mathrm{a}} > H_{\mathrm{m}}$。

因此，为了减少磨粒磨损，金属的硬度应比磨料硬度高约 0.3 倍，即 $H_{\mathrm{m}} \approx 1.3H_{\mathrm{a}}$，可作为低磨损率的判据。

b　材料硬度的影响

(1) 退火态纯金属、退火钢、非金属硬材料等的耐磨性与其硬度成正比；

(2) 对有加工硬化能力的金属材料，其相对耐磨性与加工硬化后产生的硬度关系不大；

（3）采用热处理提高钢的硬度可以改善其耐磨性。

c　金属显微组织结构的影响

（1）一般而言，马氏体＞珠光体＞铁素体；

（2）回火马氏体＞淬火马氏体；

（3）多相组织＞单相组织；

（4）在硬度相同的前提下，合金碳化物＞渗碳体，碳化物中合金元素量越多越耐磨；

（5）钢中强烈碳化物形成的元素越多，耐磨性越好；

（6）片状珠光体＞球状珠光体，细片状珠光体＞粗片状珠光体。

d　影响高应力磨粒磨损的材料因素

高应力磨粒磨损通常发生在颚式破碎机的齿板、圆锥式破碎机的破碎壁、球磨机的磨球和衬板等有碾磨性工作特征的典型零件中。这里零件磨损表面通常不产生犁沟，都是压坑和变形。遭受这类磨损的零件的耐磨性与其抵抗压入的硬度及抵抗疲劳断裂的能力（应变疲劳强度）成正比。

B　磨粒性质的影响

（1）磨粒形状及其侵入角度；

（2）磨粒硬度及其压碎强度；

（3）磨粒粒度。

9.3.2.4　提高抗磨粒磨损的措施

（1）如希望将材料的磨粒磨损控制在较低程度，则其硬度要比磨粒的硬度高。由于磨粒磨损大部分是由矿物磨粒所引起的，因此就可以在明确矿物磨粒硬度的基础上，选择一定硬度的材料，以使其磨损保持在低的磨损状态和成本最优化。

（2）选用较软基体（铁素体或奥氏体）＋较多硬碳化物的合金钢、铸铁，或在钢基体上制备堆焊层。

（3）如果磨粒硬度比所选材料中最硬的组成相还硬，就应关注和提高材料的韧性。如高锰钢通常应用于耐磨粒磨损的环境，就是利用了在摩擦载荷作用下奥氏体向马氏体转变（机械诱发奥氏体向马氏体的转变，可参阅马氏体转变的相关论述），提高其耐磨性。

（4）对于磨粒的侵蚀和接近于直射的冲击侵蚀作用，应采用橡胶类弹性材料或黏弹性材料，可有效减少磨损。

9.3.3　表面疲劳磨损

两个相互滚动或滚动兼滑动的摩擦表面，在循环变化的接触应力作用下，由于材料疲劳剥落而形成凹坑，称为表面疲劳磨损（surface fatigue wear）或疲劳磨损或表面疲劳。与机械疲劳对材料的损伤发生在体内不同，疲劳磨损是在材料表面范围造成的损伤。除齿轮传动、滚动轴承等是以这种磨损为主要失效方式外，摩擦表面粗糙峰周围应力场变化所引起的微观疲劳现象也属于此类磨损。

一般来说，表面疲劳磨损是不可避免的，即便是在良好的油膜润滑条件下也会发生。通常，零件疲劳磨损形成麻点或凹坑后，机器工作中的噪声、振动及温升会明显增大。

9.3.3.1　表面疲劳磨损的分类

A　表层萌生与表面萌生的疲劳磨损

表层萌生的疲劳磨损，主要发生在滚动为主的钢制摩擦副。在循环接触应力作用下，这种磨损的疲劳裂纹发源于材料表层内部的应力集中处，如非金属夹杂物或空穴处。通常裂纹萌生点局限在某一狭窄区域，典型深度约 0.3mm。与表层内最大切应力的位置相符合。裂纹萌生后，首先沿滚动方向平行于表面扩展，然后延伸到表面。磨屑剥落后形成凹坑，其断口比较光滑。这种疲劳磨损的裂纹萌生所需时间较短，但裂纹扩展速度缓慢。表层萌生疲劳磨损通常是滚动轴承的主要破坏形式。近年来，冶炼技术进步使钢材质量得到明显提高，大大减少了疲劳裂纹在表层萌生的可能性，发生表层疲劳磨损的可能性相应减少。

表面萌生的疲劳磨损，主要发生在高质量钢材以滑动为主的摩擦副。裂纹发源于摩擦表面的，诸如切削痕、碰伤痕、腐蚀或其他磨损痕迹等应力集中处。此时，裂纹由表面出发以与滑动方向成 20°~40°夹角向表层内部扩展。达到一定深度后，分叉形成脱落凹坑，其断口比较粗糙。这种磨损裂纹的形成时间长，但扩展速度十分迅速。

由于表层萌生疲劳破坏坑边缘可以构成表面萌生裂纹的发源点，所以这两种疲劳磨损通常同时存在。

B　鳞剥与点蚀磨损

按照磨屑和疲劳坑的形状，通常将表面疲劳磨损分为鳞剥和点蚀两种。前者磨屑是片状，凹坑浅而面积大；后者磨屑多为扇形颗粒，凹坑为许多小而深的麻点，其示意图如图 9-10 所示。

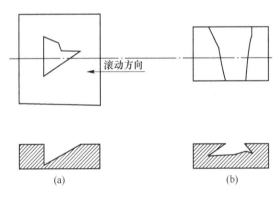

图 9-10　点蚀和鳞剥坑示意图

(a) 点蚀；(b) 鳞剥

实验表明，纯滚动或滚动兼滑动摩擦副的点蚀疲劳裂纹都起源于表面，再顺滚动方向向表层内扩展，并形成扇形疲劳坑。鳞剥疲劳裂纹始于表层内，随后裂纹与表面平行向两端扩展，最后在两端断裂，形成沿整个试件宽度上的浅坑。

9.3.3.2　表面疲劳磨损的机理

由于摩擦学负荷通常与作用在表面上的机械应力有关，并且它的大小是随时间或位置的不同而不断变化的，所以在很多磨损过程中都伴随着疲劳磨损，其表现为裂纹的逐渐形成和扩展以及颗粒状或片状磨屑从母体的脱落，形成麻点或坑穴。疲劳裂纹的产生及其部位与紧靠接触表面下的应力场性质有关。

球/平面、球/球、柱/柱等点或线滚动接触的赫兹接触力学（弹性力学）计算表明，最大压应力发生在表面，而最大单向剪切应力则发生在表面下一定深度处。在滚动接触条件下，重要的应力参数是最大交变剪切应力，它比最大单向剪切应力更接近于表面。

目前，接触疲劳损伤机理尚无统一的认识。

有关点蚀的形成机理，Way 于 1935 年提出了由疲劳裂纹发展为点蚀的理论。该理论认为，在油润滑的滚动接触过程中，摩擦副表面缺陷，如划痕、擦伤处将发生塑性变形和损伤积累，当最大综合切应力超过材料的抗剪切强度时，就会在表面形成微裂纹。微裂纹形成后，毛细管作用使得润滑油进入裂纹尖端处，形成油楔。接触压力传递到裂纹内的润滑油，使得裂纹尖端的油压升高，促进裂纹沿与滚动方向成小于 45°倾角向纵深扩展。这就是所谓的油楔效应，从而形成点蚀或麻点，如图 9-11 所示。

有关表层疲劳磨损的机理，相当一部分学者认为滚动接触疲劳裂纹起源于表面下一定深度的最大剪应力处。图 9-12 所示为根据赫兹接触应力理论计算的不同运动形式下的剪应力分布。无论是何种形式的摩擦过程，在接触应力的反复作用下，表面下一定深度处经受反复的塑性变形，导致局部材料弱化，形成裂纹。这种起源于亚表面的接触疲劳裂纹常出现在夹杂物，特别是如氧化铝等硬质相与基体的界面。裂纹沿夹杂物平行于表面扩展，在摩擦力作用下又产生与表面成一定倾角的二次裂纹，从而形成浅层剥落。浅层剥落多出现在表面粗糙度低、纯滚动或相对滑动小、接近纯滚动的场合。

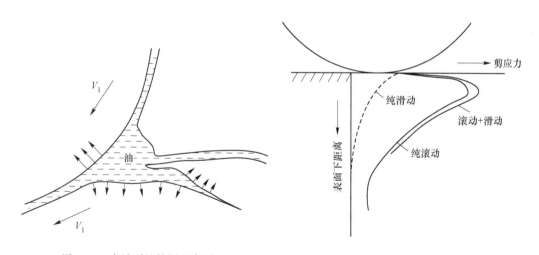

图 9-11　点蚀裂纹扩展示意图　　　　图 9-12　不同运动形式下的最大剪应力分布
（裂纹方向迎向接触点）

有关滑动诱发的接触疲劳机理，MIT 的 NP Suh 从位错角度提出了"剥层磨损理论"。认为滑动时微凸体接触点表面下区域内的弹塑性应力场及可能的位错相互作用可以解释片状磨屑的产生过程：（1）表面下位错产生；（2）位错在相界/晶界的堆积；（3）位错堆积应力在界面形成空穴；（4）空穴聚合引起平行于表面的裂纹；（5）当裂纹达到某一临界尺寸时，快速扩展，产生片状磨屑。

9.3.3.3　影响接触疲劳磨损的因素

影响接触疲劳寿命的因素主要包括材料内部因素和外部因素。内部因素包括材料的纯净度、组织结构、硬度等，外部因素包括摩擦副材料及其性能的匹配、表面粗糙度、润滑等。

A　材料特性的影响

（1）硬度。轴承钢的表面疲劳寿命随钢的硬度增加有一个极大值，然后随着硬度的进一步增加而呈下降趋势。

1）硬度增加，可塑性变形能力下降，起裂前的可硬化能力下降，裂纹形成的开始时间推迟；

2）裂纹一旦形成，硬的材料就难以通过塑性变形松弛裂纹尖端的应力集中，裂纹扩展加快。

对于滚动轴承而言，在外在条件一致的前提下，其硬度和韧性有一个最佳值。滚动轴承寿命还取决于与座圈的硬度差值，一般情况下，滚动体硬度比座圈硬度大 1~2HRC 时，轴承寿命最长。

对于齿轮而言，齿面硬度一般在 58~62HRC。对于承受冲击的环境，硬度取下限。一般要求小齿轮硬度大于大齿轮的硬度。

（2）冶金质量。钢中非金属夹杂，特别是脆性的带有棱角的氧化物、硅酸盐及其他各种复杂成分的点状、球状夹杂物，它们破坏了基体的连续性并成为应力集中和裂纹产生的源头，对表面疲劳磨损有严重影响。

（3）组织状态。钢中碳化物应细小、均匀、圆整，以亚微米尺度为宜。未溶碳化物含量应在保证硬度基础上，尽可能控制在较低水平，如 6.5% 以下，否则容易晶粒粗大或出现带状组织。固溶体中的碳含量亦应控制在 0.5% 左右，过多，马氏体脆性增大，残余奥氏体含量增多；过低，基体硬度不足，基体的疲劳抗力降低。

（4）残余应力。当表面层一定深度范围内存在有利的残余压应力时，不仅可提高弯曲、扭转疲劳强度，而且能够提高接触疲劳抗力，减少表面疲劳磨损。钢的渗碳、渗氮、喷丸、滚压等处理均可在表面层产生一定的残余压应力。

B　表面加工质量的影响

减少表面冷/热加工缺陷，降低表面粗糙度，可有效提高抗表面疲劳磨损的能力。对于滚动轴承，表面粗糙度 $R_a = 0.32 ~ 0.63 \mu m$ 降低到 $R_a = 0.16 ~ 0.32 \mu m$，其寿命可提高 2~3 倍；继续降低到 $R_a = 0.08 ~ 0.16 \mu m$，寿命可再提高约 1 倍；但继续降低表面粗糙度对寿命的影响很小。

C　润滑油/脂的影响

润滑剂对滚动元件的接触疲劳寿命有重要影响，黏度是润滑剂的一个最重要的指标。润滑剂黏度越高，接触部位的压力越接近于平均分布，对防止表面疲劳磨损越有利；黏度降低，易使其渗入裂纹内，加速裂纹的扩展，降低疲劳寿命；润滑剂中含水量过多和酸度值增大，都会促使点蚀的发生；润滑剂中适当加入某些添加剂，如二硫化钼、三乙醇胺等，可以减缓接触疲劳磨损的发生。

9.3.3.4 提高抗表面疲劳磨损性能的措施

（1）润滑是减少表面疲劳磨损的首要措施。即使在流体动压润滑或弹性流体动压润滑条件下，动载荷仍能通过润滑剂传递，所以无论是滑动轴承还是滚动轴承或齿轮副都还是会发生表面疲劳磨损。但通过润滑可以降低摩擦因数，从而使受摩擦学负荷的表面应力显著下降，就可大大减轻表面疲劳磨损，并可限制其他磨损机制的叠加作用。

（2）采用匀质材料减少表面疲劳磨损。采用匀质材料可以减少表面疲劳磨损。对于非匀质材料，如果其含有硬相组织，而且颗粒均匀细小，则其比匀质材料更好。

（3）采用硬度高且韧性好的材料。通常，随着硬度提高，韧性降低。所以一般要采取折中的办法。如热处理后钢的硬度和韧性有一个最佳匹配值，可以具有优良的抗表面疲劳磨损的能力。

（4）使零件表面层产生残余压应力。以抵消或减小材料受载时的表面应力。钢的渗碳、渗氮等不仅可以提高表面硬度同时在表面产生残余压应力，都有良好效果；对零件表面进行冷作硬化处理产生残余压应力，具有同样效果。

（5）对于陶瓷材料，需要特别注意的是表层不能有显微裂纹。此外，表面应尽量光滑，以避免粗糙表面的凹谷，如微观缺口一样，对表面疲劳性能有害。

9.3.4 腐蚀磨损

腐蚀磨损（corrosive wear）是在摩擦作用的促进下，摩擦副一方或双方与中间物质或环境介质中的某些成分发生化学或电化学反应，形成腐蚀产物并在摩擦过程中剥落产生的磨损。腐蚀磨损亦称为摩擦化学磨损。腐蚀磨损不是腐蚀和磨损的简单叠加，而是二者互为促进的。化学腐蚀磨损发生在气体或非电解质溶液中，又可分为氧化磨损和特殊介质腐蚀磨损两种；电化学腐蚀磨损发生在导电性电解质溶液中。腐蚀磨损过程极为复杂，很容易受到环境、温度、介质、滑动速度、载荷及润滑条件等因素的影响。本书仅简要介绍氧化腐蚀磨损和特殊介质腐蚀磨损。

9.3.4.1 腐蚀磨损的类型

A 氧化腐蚀磨损

气体介质中的腐蚀磨损以氧化磨损为主。除金、铂等极少数金属外，绝大多数金属一旦与空气接触，即使是纯净的金属表面，也会立刻与空气中的氧反应生成氧化膜。由于这层氧化膜与基体的物理和力学性能差异，在摩擦作用下易从金属表面剥落，形成磨屑。剥落后裸露的金属表面再次与氧反应生成新的氧化膜。氧化膜形成又去除的过程周而复始，材料表面就逐渐被磨损，这就是氧化磨损。

氧化磨损的大小取决于氧化膜结合强度和氧化速度。如脆性氧化膜与基体的结合力较差，在剪切力作用下易沿界面开裂和脱落；或氧化膜的生成速率低于磨损率时，它们的磨损量就较大。当氧化膜韧性高，与基体的结合力强时，或氧化速率高于磨损率时，氧化膜就能起减摩耐磨作用，所以氧化磨损量就小。

B 特殊介质腐蚀磨损

对于在石油、化工等领域工作的摩擦副，由于金属表面与酸、碱、盐等介质作用而形成腐蚀磨损。腐蚀磨损的机理与氧化磨损类似，但磨损痕迹较深，磨损量也较大。磨屑呈颗粒状和丝状，它们是表面金属与周围介质的反应产物。

　　由于润滑油中含有腐蚀性化学成分，滑动轴承材料也会发生腐蚀磨损，它包括酸蚀和硫蚀两种。除合理选择润滑油和限制油中含酸和含硫量外，轴承材料是影响腐蚀磨损的重要因素。表 9-3 给出常用轴承材料的抗腐蚀能力。

表 9-3　常用轴承材料的腐蚀量　　　　　　　　　　　　　（g/h）

轴承材料	锡基巴氏合金	铅锑合金	铅基巴氏合金	铜铅合金	锡铝合金
腐蚀量	0.001	0.002	0.004	0.453	1.724

9.3.4.2　腐蚀磨损机理

　　腐蚀磨损是摩擦氧化生成的反应层的剥离过程。仅仅摩擦氧化作用并不足以造成磨屑脱落，而必须同时作用有擦伤或表面疲劳损伤。其中摩擦氧化是摩擦副为一方，液体或气体中间物质或环境介质为另一方的物料的相互作用。摩擦引起微观接触范围内的温升和表层塑性变形，从而引起机械活化作用，会大大加快化学反应速度。

　　研究表明，受滑动摩擦负荷作用的金属比未受负荷作用的金属，表层的氧溶解速度快得多，因此会加速摩擦氧化生成反应物的速度。德国 Habig 博士等曾对 Fe-Fe 和 Fe-Mg 两对滑动摩擦副进行不同环境气压条件与磨损关系的试验。摩擦氧化对磨损的影响互不相同。在正常大气压下，经摩擦氧化作用生成 Fe_2O_3 和 MgO 氧化物，而在真空中则没有发现摩擦氧化物的形成。对于 Fe-Fe 摩擦副，在真空中的磨损剧烈，而在正常大气中生成的氧化物起到了保护性作用，磨损大大减小。对于 Fe-Mg 摩擦副，其情况刚好相反，MgO 的形成显著提高了磨损率。这说明摩擦作用形成的氧化物的性能决定了其磨损行为。

　　Rabinowich 根据氧化膜的性质，提出了氧化磨损机理。认为由于脆性氧化膜与基体物理性能的差异，导致其生长到一定厚度时，很容易在摩擦作用下被去除，而暴露出金属基体；随后在新鲜金属表面上又开始新的氧化-磨损过程；韧性氧化膜受摩擦作用时可能只有部分氧化膜被去除，随后的氧化过程仍是在氧化膜上进行，磨损量低于形成脆性氧化膜的摩擦副。

9.3.4.3　影响腐蚀磨损的因素

　　A　材料特性的影响

　　（1）摩擦氧化生成的氧化物硬度与摩擦副材料硬度比值的影响。如果金属滑动副在无润滑的空气介质中摩擦，其主要磨损机理是摩擦氧化。磨损量大小在很大程度上取决于所生成氧化物的硬度与基体硬度之比。当金属与其氧化物的硬度比值接近时，如铜和氧化铜，则磨损很小。相反，如锡、铝生成的氧化物，由于它们的硬度远高于其基体硬度，则使其磨损大大加剧。

　　（2）钢铁摩擦副表面生成摩擦氧化膜成分的影响。钢铁摩擦副表面生成的摩擦氧化膜的成分取决于接触点的摩擦温升。笼统地讲，当单位载荷很小且滑动速度很低时，氧化膜主要由 Fe_2O_3 组成；当压力很大且滑动速度很高时，则由 Fe_3O_4 组成。虽然 Fe_2O_3 和 Fe_3O_4 膜对表面都有保护作用，但 Fe_3O_4 膜的保护作用更强。

　　B　介质浓度的影响

　　在腐蚀磨损过程中，与金属摩擦表面反应的介质浓度对磨损的影响有一个最小值。实际上，腐蚀磨损过程与某些润滑添加剂通过金属摩擦副表面生成化学反应膜，以防止粘着磨损的过程基本相同。二者的差别在于化学生成物质是保护表面防止磨损，还是促进表面层的脱落加剧磨损。摩擦化学反应形成的表面膜层厚度达到某一临界值时，就会发生腐蚀磨损。因为随膜厚增大，其脆性增加。生成物的形成速度与被磨掉速度之间存在平衡问题。

C　空气湿度的影响

当干摩擦时，空气湿度与磨损有密切关系。一般来说，金属材料的磨损量随空气湿度上升而增加，是由于摩擦化学反应物减少了的缘故。这种反应物所构成的表面膜能够使磨损处于程度较轻的氧化磨损状态。湿度上升，使得摩擦化学反应物的反应速度降低或使反应层与表面的结合强度下降。

9.3.4.4　减缓腐蚀磨损的措施

在考虑采取减缓腐蚀磨损的措施之前，应先思考是否一定要避免发生这种磨损。其实，腐蚀磨损往往比粘着磨损的磨损量低得多，而且在很多情况下形成的摩擦化学反应物可以使磨损降低。因此，常常宁愿以腐蚀磨损为代价，来换取防止发生严重粘着磨损或避免粘着引起危险的咬死现象。如果摩擦化学反应物，会使轴承间隙减小或完全堵死，以至于使机械的功能所要求的运动受到阻碍，那么此时的腐蚀磨损应予以防止。

（1）只要没有导电性方面的要求，尽量采用陶瓷材料和聚合物材料，避免采用金属材料。如果必须使用金属材料，则最好采用贵金属，它们不会形成摩擦化学反应层。

（2）采用石墨作为还原剂。

（3）建立不含氧化性成分的环境气氛。

（4）如允许摩擦副在低摩擦状态下工作，则可采用流体润滑，且润滑剂中不加添加剂。

（5）如能允许有一定的腐蚀磨损发生，则大多只有当摩擦化学作用形成的反应层与基体材料的硬度接近或较软时，磨损才会降低。

9.3.5　冲蚀磨损

冲蚀磨损（erosive wear）是指材料受到小而松散的流动粒子冲击时，表面出现破坏的一类磨损现象。松散粒子尺寸一般小于$100\mu m$，冲击速度在550m/s以内。根据第二相粒子及流动介质的不同，可分为气固冲蚀、气液冲蚀、液滴冲蚀和气蚀，见表9-4。携带固体粒子的流体介质可以是高速气流，也可以是液流。

表9-4　冲蚀磨损的分类

冲蚀类型	介质	第二相粒子	工程实例
喷砂冲蚀	气体	固体粒子	汽轮机、锅炉管道
雨蚀、水滴冲蚀	气体	液滴	高速飞行器、汽轮机叶片
泥浆冲蚀	液体	固体粒子	水轮机叶片、泥浆泵轮
气蚀（空泡腐蚀）	液体	气流	水轮机叶片、高压阀门密封面

9.3.5.1　冲蚀磨损机理

当粒子（固体、液滴和气泡）冲击到固体表面时，根据入射粒子的入射速度和材料的流动应力，材料表面可能发生弹性变形或塑性压痕。材料屈服强度高，抗粒子压入能力强，抗正面冲蚀性能好。影响压痕大小的重要因素是入射粒子的初速度及质量，即粒子的动能。不论入射粒子是固体还是高速液滴，只要入射速度达到某一临界值，就会在表面造成冲蚀。

材料的冲蚀率受系统因素（如粒子速度、入射角、温度等，粒子性质如粒度、硬度、可破碎性等，材料性能如强度和热物性等）的影响。塑性和脆性材料有不同的冲蚀机理。

    A   塑性材料的冲蚀磨损机理

图 9-13 是球形和立方体粒子对塑性材料冲蚀的犁削与两类切削冲蚀模型产生的凹坑示意图。在高速粒子冲击下，表面发生塑性变形，逐渐出现短程沟槽和鱼鳞状小凹坑，且变形层有微裂纹。图 9-13（a）是球形粒子犁削材料表面形成的冲蚀坑，图 9-13（b）和（c）为立方体粒子以切削方式在被冲击材料表面形成的冲蚀坑。切削 I 型有较大隆起，容易脱落形成磨屑。

    B   脆性材料的冲蚀磨损机理

当流体中的固体粒子携带能量，冲击到塑性很低的材料表面时，如玻璃、陶瓷、石

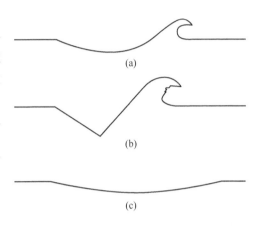

图 9-13   三种典型冲蚀坑侧面示意图
（a）犁削；（b）切削 I 型；（c）切削 II 型

墨等，这些材料由于基本不发生塑性变形，材料表面与冲蚀粒子之间的能量交换导致材料产生裂纹并很快脆断。

9.3.5.2   减缓冲蚀磨损的措施

在减缓冲蚀磨损方面，除要考虑改善系统设计、选择耐冲蚀材料和利用表面改性工艺外，需要关注如下措施：

（1）设法减小入射粒子或介质的速度。粒子速度直接决定了入射粒子的动能，是影响冲蚀率的重要因素。但是工业界则希望零件在高速下高效率工作，需综合考虑设计指标。

（2）改变入射角可减小冲蚀。粒子入射角（粒子入射轨迹与材料表面的夹角，也称攻角或迎角）明显影响冲蚀磨损率。塑性材料避免在 20°~30°攻角下工作，脆性材料则避免粒子垂直入射，低于 15°时两类材料冲蚀率都较低。

（3）合理利用磨粒尺寸及液滴大小来控制减小冲蚀。

（4）减小磨粒或液滴浓度，如加入过滤设备以分离尘埃、雾滴。

（5）从设计角度改进部件设计，如用平滑过渡弯管代替 T 型接头，改善叶片或翼类迎风面形状，改善表面粗糙度，减少压力损失等。

9.3.6   微动磨损

在机器的嵌合部位和紧配合处，虽然接触表面间没有宏观相对位移，但是在外部动载荷和振动作用下，会产生微小滑动，这种滑动是小振幅的切向振动，称为微动。由小振幅

相对振动或往复运动导致接触面间产生的磨损称为微动磨损（fretting wear）。大多数微动磨损的振幅在 $300\mu m$ 以下。

一般来说，微动磨损是一种复合型磨损，粘着、磨粒、氧化、疲劳磨损等多种机制均可能起作用。通常，微动磨损分为三个阶段：第一阶段，微凸体的变形，形成表面裂纹并扩展，或去除表面污染物形成的粘着和粘着点断裂；第二阶段，由疲劳破坏或粘着点断裂形成磨屑，新鲜表面随即被氧化；第三阶段，稳定阶段，以磨粒磨损为主，这个过程又加速了第一阶段，如此循环就构成了微动磨损。

工程中的微动磨损现象比较普遍。如机械系统或机械部件的轴瓦和轴承座的接触表面、叠板弹簧、钢丝绳减震器用钢丝、搭接接头、弹性联轴节、金属静密封、发动机固定件及离合器、核反应堆元件等。

微动磨损具有几个特点：

（1）振幅小，相对滑动速度低，属于慢速运动；

（2）属于表面损伤，损伤深度与微动幅度处于同一量级；

（3）微动磨损产物多以氧化物为主，钢的磨损产物是红棕色粉末，主要为 Fe_2O_3 与 FeO，铝或铝合金磨损产物为黑色粉末，主要为氧化铝与23%左右的金属铝；

（4）微动磨损接触表面之间一直处于接触状态，常承受高应力，磨屑逸出机会少，表面和亚表面萌生裂纹比一般滑动磨损严重得多；

（5）微动的主要危害不在于对零件的磨损，而在于萌生疲劳裂纹。由于属于紧配合，很难通过常规检测手段观察，因此留下严重的安全隐患。

减轻微动磨损的措施包括：

（1）减少微动接触面积。如用整体结构代替螺栓固定和连接法兰盘，减少接触区附近的应力集中。

（2）表面改性及涂层。如通过气相沉积、等离子注入等技术形成类金刚石薄膜等低摩擦改性层，可显著降低微动磨损。

（3）采用固体润滑剂。如二硫化钼、石墨等固体润滑。

9.4 磨损失效分析与工程应用

材料的磨损是涉及多学科的复杂现象。磨损失效分析的重点是对导致零部件损坏的原因进行甄别，通过对摩擦副双方的磨损表面形貌、磨屑形态和类型以及成分等的分析，了解磨损发生过程中主要磨损机理和磨损机理的转化，为摩擦副材料以及表面处理技术的选用和优化提供依据。磨损失效分析时要注意严格保护失效零件，防止碰撞损坏或生锈。

下面以几个工程案例，介绍磨损失效分析方法及利用金属材料工程专业的基本知识解决零部件的服役寿命方面的实际应用。

9.4.1 旋压模具用冷作模具钢的失效和延寿实现

本案例摘录自上海大学硕士学位论文"旋压模具用 Cr12MoV 钢的组织调控与应用研究"，作者章昊，导师韦习成。此案例说明了冷作模具钢的组织均匀性（碳化物分布、尺寸、数量）对模具耐磨性的影响。

某汽车发动机皮带轮生产所用的旋轮模具采用 Cr12MoV 冷作模具钢制造，使用过程中经常出现开裂失效和寿命不足的问题。

9.4.1.1　失效模具分析

对于开裂失效的模具，在确保设计无明显应力集中的前提下，重点分析导致失效的裂纹以及周边组织形态、硬度、韧性、成分均匀性，特别是碳化物大小、类型、形貌等。发现材料中存在大量网状共晶碳化物，且存在大块尖角状碳化物，这些不规则的大尺寸碳化物分布不均匀，在使用过程中极易引起模具崩刃、崩角以及脆裂，导致模具过早失效。对于磨损失效的模具，在对工作面的磨损机理分析基础上，重点分析其组织和性能，以及导致快速磨损的组织因素。

9.4.1.2　碳化物细化和热处理工艺优化

在了解模具服役工况：滑动或滚动、润滑条件、润滑剂、压力、速度等参数以及被加工材料基础上，设计了可模拟实际工况主要影响因素的试验方法，研究了不同热处理工艺对材料组织和耐磨性的影响，测定分析了磨损速率和磨损形貌，提出了改善耐磨性的热处理工艺。不同条件下 Cr12MoV 钢的磨损率与磨损形貌如图 9-14 所示。

结果表明，采用高温淬火 + 高温回火工艺可显著降低干摩擦（如图 9-14（a）所示）、润滑条件下（如图 9-14（b）所示）的磨损率。干摩擦情况下，采用低温淬火 + 低温回火工艺的磨损表面上形成了大量磨屑及剥落，呈粘着磨损现象，形成大面积塑性变形引起的浮凸，浮凸附近均有氧化物磨粒，说明磨损机制为严重粘着磨损并伴随着氧化磨损，如图 9-14（c）所示。采用高温淬火 + 高温回火工艺的磨损表面上仅见较浅的磨痕及少量剥落，磨粒磨损轻微，犁削作用较弱，磨损方式主要为轻微磨粒磨损和氧化磨损，没有粘着磨损现象，如图 9-14（d）所示。润滑可显著降低磨损率，低温淬火 + 低温回火工艺的磨损表面上出现了氧化物、明显犁沟且有轻微粘着现象，如图 9-14（e）所示，而高温淬火 + 高温回火工艺的磨痕最浅，仅有很模糊的划痕，无剥落或氧化等磨损形貌，如图 9-14（f）所示。可见，润滑剂的降温与润滑作用可明显减弱氧化磨损以及磨粒磨损现象，基体及碳化物剥落现象也大大减少。

高温淬火 + 高温回火后，耐磨性的改善与钢中碳化物种类、数量、尺寸有关。与低温淬火 + 低温回火的组织相比，高温淬火 + 高温回火后，碳化物数量明显减少，小尺寸碳化物数量显著降低，但是大块状碳化物的数量和尺寸未发生明显变化，图 9-15 统计分析了单位面积碳化物数量、尺寸变化规律与耐磨性间的关系。

结果表明，碳化物尺寸过大或数量过少均不利于试验钢耐磨性的提升，当碳化物大小适中并均匀分布在基体时，耐磨性最佳。

9.4.2　航空发动机球轴承外圈剥落分析

本案例内容摘录自李青等 2020 年发表于《航空发动机》的论文《航空发动机球轴承外圈剥落机理分析》。此案例说明，由于 Cr、Mo、V 等碳化物形成元素偏析严重，导致碳化物聚集，引起材料组织结构异常，降低了接触疲劳强度，引起接触疲劳失效。

检查发现某发动机球轴承工作后发现外圈轨道发生剥落。外圈和钢球材料均为 Cr4Mo4V（4% ~4.5% Mo，3.75% ~4.25% Cr，0.9% ~1.1% V），外圈硬度设计要求为

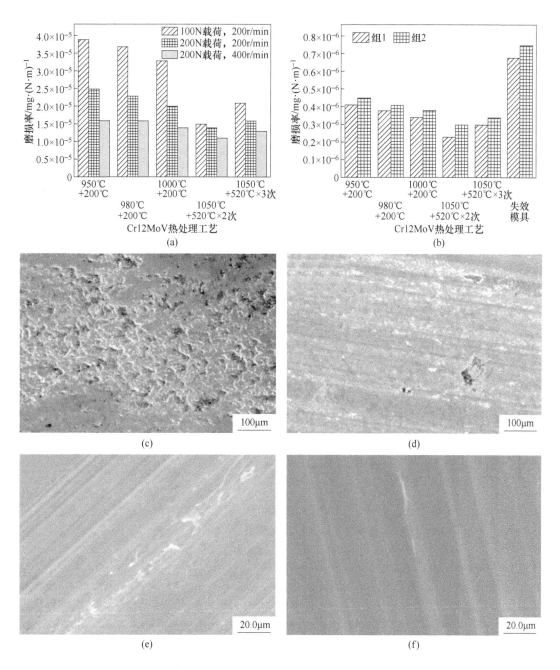

图9-14 不同条件下Cr12MoV钢的磨损率（a，b）与磨损形貌（c～f）

（a）干摩擦下的磨损率；（b）润滑条件下的磨损率；（c）干摩擦，低温淬火＋低温回火；
（d）干摩擦，高温淬火＋高温回火；（e）润滑，低温淬火＋低温回火；（f）润滑，高温淬火＋高温回火

60～64HRC。检验了外圈基体的化学成分、硬度，均满足标准和设计要求。故障轴承外圈基体的组织为回火马氏体，其上分布有均匀碳化物，未见夹杂物等冶金缺陷。采用金相、扫描电镜和能谱分析了外圈滚道剥落的宏观与微观形貌，确定了外圈滚道剥落由滚动接触疲劳所致。

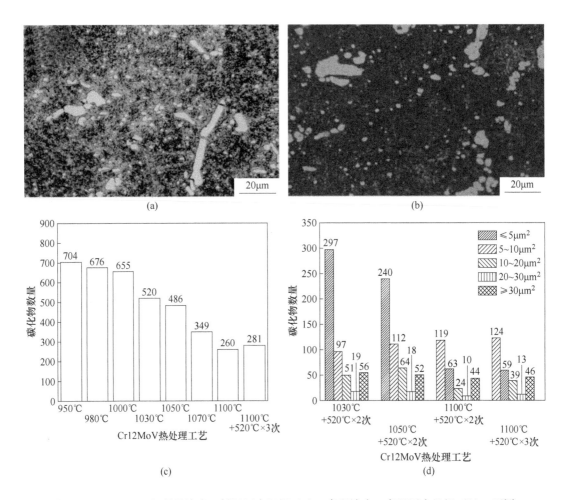

图 9-15　Cr12MoV 钢低温淬火＋低温回火组织（a）、高温淬火＋高温回火组织（b）、不同
热处理后的碳化物数量（c）和不同热处理后的碳化物数量与尺寸（d）

　　宏观观察显示，轴承外圈滚道表面未见明显的高温氧化，也无外物损伤痕迹，剥落位于滚道中间区域，呈约 86mm×20mm 长条形，如图 9-16（a）所示。微观观察发现故障轴承外圈滚道表面剥落边缘区形貌如图 9-16（b）所示，剥落呈层状，为多块剥落连接而成。SEM 图像显示该区有大量白色片状物质，其能谱结果如图 9-16（c）和（d）所示。

　　能谱分析结果显示白色片状物质中的 Mo、V 含量异常高于轴承基体，表明该白色片状物实际为基体中的碳化物。

　　进一步放大观察剥落区，未见明显外来物质或异常损伤痕迹，可见疲劳弧线特征与挤压痕迹，剥落程度较浅，如图 9-17（a）和（b）所示。结合宏观特征，可判断故障轴承外圈滚道剥落为滚动接触疲劳所致，图 9-17（c）可见剥落部位局部有大量碳化物存在。

　　对外圈滚道未剥落区的观察显示，未剥落区出现了大量麻坑，部分麻坑已经连通，如图 9-18 所示。这些麻坑为轴承外圈基体的碳化物脱落所致。分析推断，由于碳化物形成元素 Cr、Mo、V 严重偏析，滚道表面碳化物分布不均匀，出现偏聚。偏聚碳化物与周围

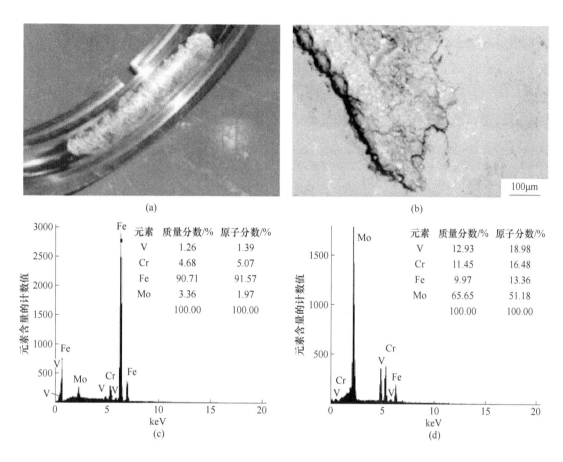

图 9-16　轴承滚道外圈剥落

（a）宏观形貌；（b）微观形貌；（c）轴承外圈滚道能谱；（d）白色片状物质能谱

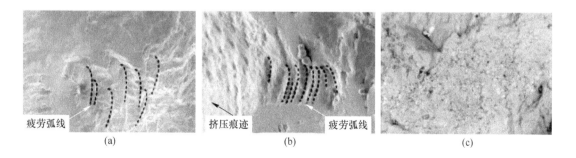

图 9-17　滚道剥落区微观形貌

（a）疲劳弧线；（b）挤压痕迹；（c）剥落区局部的碳化物偏聚

基体界面处是薄弱部位，破坏了基体组织连续性，受力时容易发生碳化物脱落形成麻坑。在正应力和摩擦力的共同周期性作用下，麻坑部位发生塑性变形，当综合切应力超过材料抗剪切强度时裂纹萌生，并在周期性挤压循环中逐渐扩展。当裂纹长度达到断裂临界值时，材料被剪断产生薄片状磨屑，发生剥落。

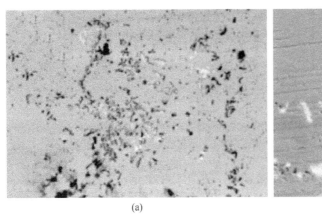 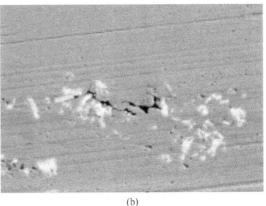

(a) (b)

图 9-18 外圈滚道未剥落区

(a) 表面麻坑形貌;(b) 外圈滚道未剥落区麻坑连通形貌

学习成果展示:
航母甲板的耐磨性

思 考 题

9-1 解释下列名词:
(1) 磨损;(2) 跑合;(3) 磨屑;(4) 粘着磨损;(5) 磨粒磨损;(6) 腐蚀磨损;(5) 耐磨性;
(6) 接触疲劳。

9-2 简述磨损引起的表面损伤类型、可能的磨损机理、减少磨损的主要途径。

9-3 简述磨损实验方法的种类、应用范围及其优缺点。

9-4 简述实验室磨损方法的主要类型及其应用范围。

9-5 简述材料力学性能对粘着磨损的影响。

9-6 简述材料力学性能对磨粒磨损的影响。

9-7 简述接触疲劳的发生条件,并列举3种易发生接触疲劳的场合。

9-8 从提高材料疲劳强度、接触疲劳磨损性能角度,分析如何进行合理的表面处理。

9-9 简述接触疲劳和一般机械疲劳的异同点。

9-10 改善工件表面粗糙度为何能提高耐磨性?

参 考 文 献

[1] Dasic P. International standardization and organizations in the field of tribology [J]. Industrial Lubrication and Tribology, 2003, 55(6): 287~291.

[2] Jost H P. Tribology micro and macro economics: a road to economic savings [C]//Washington: World Tribology Congress Ⅲ, 2005.

［3］ 谢友柏. 摩擦学科学与工程应用现状与发展战略研究 ［M］. 北京：科学出版社，2009.

［4］ 束德林. 工程材料力学性能 ［M］. 2 版. 北京：机械工业出版社，2011.

［5］ 王振廷，孟君晟. 摩擦磨损与耐磨材料 ［M］. 哈尔滨：哈尔滨工业大学出版社，2013.

［6］ 刘家浚. 材料磨损原理及其耐磨性 ［M］. 北京：清华大学出版社，1993.

［7］ 陈南平，顾守仁，沈万慈. 机械零件失效分析 ［M］. 北京：清华大学出版社，1988.

［8］ Glaeser W A, Shaffer S J. Contact fatigue ［J］. ASM Handbook, 1996, 19: 331～336.

［9］ Mostafa E L, Wang L, Terry J, et al. Further understanding of rolling contact fatigue in rolling element bearings—A review ［J］. Tribology International, 2019, 140: 1～23.

［10］ 桂立丰，吴民达，赵源，等. 机械工程材料测试手册（腐蚀与摩擦学卷）［M］. 沈阳：辽宁科学技术出版社，2002.

［11］ 高万振，刘佐民，高新蕾，等. 表面耐磨损与摩擦学材料设计 ［M］. 北京：化学工业出版社，2014.

［12］ 章昊. 旋压模具用 Cr12MoV 钢的组织调控与应用研究 ［D］. 上海：上海大学，2020.

［13］ 李青，杨纯辉，佟文伟，等. 航空发动机球轴承外圈剥落机理分析 ［J］. 航空发动机，2020, 46(5): 10～13.

［14］ Suh N P. An overview of the delamination theory of wear ［J］. Wear, 1977, 44(1): 1～16.

［15］ Way S. Pitting due to rolling contact ［J］. Journal of Applied Mechanics, 1935: 49～58.

［16］ Habig K H. 材料的磨损与硬度 ［M］. 严立，译. 北京：机械工业出版社，1987: 193.

［17］ Rabinowicz E. Lubrication of metal surfaces by oxide films ［J］. ASLE Transactions, 1967, 10S: 407.

［18］ 冶金工业信息标准研究院. 金属材料 滚动接触疲劳试验方法：YB/T 5345—2014 ［S］. 北京：冶金工业出版社，2014.

10 金属高温力学性能及工程应用

工程上有许多构件是长期在高温条件下服役的，如高压蒸汽锅炉、汽轮机、燃气轮机、柴油机、航空发动机以及化工炼油设备等，对于这些构件或设备的性能要求，就不能以常温下的力学性能来衡量，这是因为温度和加载时间对金属材料的力学性能影响很大。

10.1　金属高温力学性能特点

材料在高温长时间外力作用下将发生蠕变。这样材料在高温下的强度以及塑性便与载荷作用的时间有关了。一般地，高温下载荷作用的时间越长，则强度和塑性就越低，作用时间延长，即应变速率越低，强度与塑性降低越显著。此外，温度和时间的联合作用还影响金属材料的断裂路径。图 10-1(a) 表示试验温度对长时载荷作用下金属断裂路径的影响。随着试验温度升高，金属的断裂由常温下常见的穿晶断裂过渡到沿晶断裂。这是因为温度升高时晶粒强度和晶界强度都要降低，但晶界强度下降较快。晶粒与晶界两者强度相等的温度称为"等强温度"，用 T_E 表示。由于晶界强度对变形速率的敏感性要比晶粒的大得多，因此等强温度随变形速率增加而升高，如图 10-1(b) 所示。

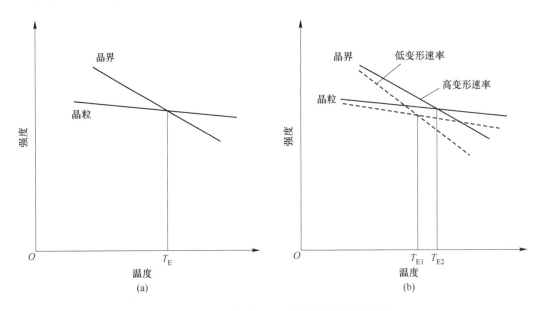

图 10-1　温度和变形速率对金属断裂路径的影响
(a) 等强温度 T_E；(b) 变形速率对 T_E 的影响

金属材料在高温下的力学性能，不能简单地用常温性能来评定，还必须考虑温度与时间两个因素。必须指出，这里所指的温度"高"或"低"是相对于该金属熔点而言的，故采用"约比温度(T/T_m)"更为合理（T 为试验温度，T_m 为金属熔点）。当 $T/T_m > 0.5$ 时为"高"温；反之，则为"低"温。对于不同的金属材料，在同样的约比温度下，其蠕变行为相似，因而力学性能的变化规律也是相同的。

本章将阐述金属材料在高温长时载荷作用下的蠕变现象，讨论蠕变变形和断裂的机理，并介绍高温力学性能指标及影响因素，为正确选用高温金属材料和合理制定其热处理工艺提供理论知识。

10.2　金属的蠕变现象

高温下金属力学行为的一个重要特点就是产生蠕变。所谓蠕变，就是在高温和长时间外力作用下，金属材料发生缓慢塑性变形的现象。由于这种变形而导致的断裂称为蠕变断裂。蠕变在较低温度下也会产生，但只有当约比温度大于 0.3 时才比较显著。因此，材料不同，发生蠕变的温度也不同，如铅、锡等低熔点金属在室温就会发生明显的蠕变现象，而碳钢要在 400℃ 左右、高温合金在 500℃ 上才出现蠕变现象。在工程上，一般都是指的高温蠕变，即蠕变温度在 $0.5T_m$ 以上。金属的蠕变过程可用蠕变曲线来描述，典型的蠕变曲线如图 10-2 所示。

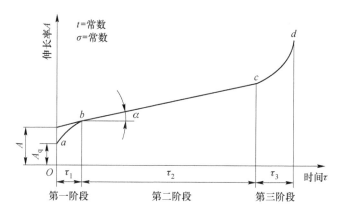

图 10-2　典型蠕变曲线

图 10-2 中 Oa 线段是试样在温度 t 下承受恒定拉应力 σ 时所产生的起始伸长率 A_q。如果应力超过金属在该温度下的屈服强度，则 A_q 包括弹性伸长率和塑性伸长率两部分。这一应变还不算蠕变，而是由外载荷引起的一般变形过程。从 a 点开始，随时间 τ 延长而产生的应变属于蠕变，$abcd$ 曲线即为蠕变曲线。

蠕变曲线上任一点的斜率，表示该点的蠕变速率。按照蠕变速率的变化情况，可将蠕变过程分为三个阶段。

第一阶段 ab 是减速蠕变阶段（又称过渡蠕变阶段）。这一阶段开始的蠕变速率很大，随着时间延长蠕变速率逐渐减小，到 b 点蠕变速率达到最小值。

第二阶段 bc 是稳态蠕变阶段（又称恒速蠕变阶段）。这一阶段的特点是蠕变速率 $\dot{\varepsilon}_{ss}$ 几乎保持不变。对于多数金属有以下关系式：

$$\dot{\varepsilon}_{ss} = A\sigma^n \tag{10-1}$$

式中　A，n——常数。

对纯金属 n 通常在 4~5 之间，对固溶体合金 n 值约在 3，对弥散强化和沉淀强化合金 n 值可高达 30~40。

第三阶段 cd 是加速蠕变阶段。随着时间的延长，蠕变速率逐渐增大，至 d 点产生蠕变断裂。

同一种材料的蠕变曲线随应力的大小和温度的高低而不同。在恒定温度下改变应力，或在恒定应力下改变温度，蠕变曲线的变化分别如图 10-3 所示。由图 10-3 可见，当应力较小或温度较低时，第二阶段的持续时间长，甚至无第三阶段；相反，当应力较大或温度较高时，第二阶段持续时间短，甚至完全消失，试样将在很短时间内进入第三阶段而断裂。

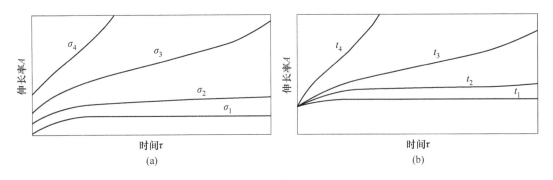

图 10-3　应力和温度对蠕变曲线的影响

（a）恒定温度下改变应力（$\sigma_4 > \sigma_3 > \sigma_2 > \sigma_1$）；（b）恒定应力下改变温度（$t_4 > t_3 > t_2 > t_1$）

蠕变曲线有许多经验表达式，常用的简单形式是：

$$\varepsilon = \varepsilon_0 + \beta \tau^n + k\tau \tag{10-2}$$

式中　ε_0——瞬时应变；

　　　$\beta \tau^n$——减速蠕变；

　　　$k\tau$——恒速蠕变。

如果式（10-2）对时间 τ 求导，即有：

$$\dot{\varepsilon} = \beta n \tau^{n-1} + k \tag{10-3}$$

式中　n—— 一般为小于 1 的正数。

由式（10-3）可见，当 τ 很小即开始蠕变时，右边第一项起决定性作用，随时间增长，蠕变速率逐渐减小，这就是第一阶段蠕变；当时间继续延长时，第二项开始起主导作用，此时蠕变速率趋近于恒定值，即第二阶段蠕变。

10.3　蠕变变形与蠕变断裂机理

10.3.1　蠕变变形方式

蠕变变形方式有两种，一种是位错滑移蠕变方式，另一种是扩散蠕变方式。前者主要发生在温度较低（$< 0.5 T_m$）和应力较高的情况下，多数工业用的抗蠕变合金在服役条件下

其变形方式均属于这种；而扩散蠕变方式发生在更高的温度$(0.6 \sim 0.7)T_m$和应力较小的情况下。少数的工程合金像燃气轮机涡轮盘使用的镍基超合金和陶瓷材料的变形方式属于此类。这两种变形方式因受温度和应力的综合影响，没有确切的划分界限。

10.3.1.1　位错滑移蠕变

在蠕变过程中，位错滑移仍然是一种重要的变形机理。在常温下，若滑移面上的位错运动受阻产生塞积，滑移便不能继续进行，只有在更大的切应力作用下，才能使位错重新运动和增殖。但在高温下，位错可借助于外界提供的热激活能和空位扩散来克服某些短程障碍，从而使变形不断产生。位错热激活的方式有多种，高温下的热激活过程主要是刃型位错的攀移。图 10-4 为刃型位错攀移克服障碍的模型。由于应力的作用，刃型位错沿着一定晶面以阶梯滑动的方式运动，当遇到障碍，例如：沉淀粒子或其他不可运动的位错缠结，要想进一步变形，就要求位错运动到另一个晶面。这种运动称为攀移，需要再次以空位扩散的方式，实现原子的重新排列。这种大量攀移运动的累积结果使其相对于其他位错运动引起更多的滑移，因而就会产生更大的宏观变形，这种变形是与时间相关的。

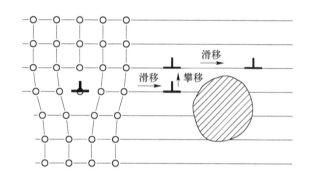

图 10-4　刃型位错攀移克服障碍的模型

在蠕变第一阶段，由于蠕变变形逐渐产生应变硬化，使位错源开动的阻力及位错滑移的阻力逐渐增大，致使蠕变速率不断降低。

在蠕变第二阶段，由于应变硬化的发展，促进了动态回复的进行，使金属不断软化。当应变硬化与回复软化两者达到平衡时，蠕变速率变为一常数。

10.3.1.2　扩散蠕变

扩散蠕变是在较高温度（约比温度超过 0.5）下的一种蠕变变形方式。它是在高温条件下大量原子和空位定向移动造成的。在不受外力的情况下，原子和空位的移动没有方向性，因而宏观上不显示塑性变形。但当金属两端有外力作用时，在多晶体内产生不均匀的应力场，则如图 10-5 所示：对于承受拉应力的晶界（如 A、B 晶界），空位浓度增加；对于承受压应力的晶界（如 C、D 晶界），空位浓度减小。因而在晶体内空位将从受拉晶界向受压晶界迁

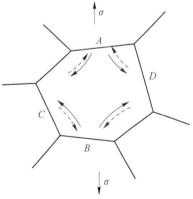

图 10-5　晶粒内部扩散蠕变示意图
（——→ 空位移动方向，----→ 原子移动方向）

移，原子则朝相反方向流动，致使晶体逐渐产生伸长的蠕变。这种现象即称为扩散蠕变。

另外，在高温条件下由于晶界上的原子容易扩散，受力后晶界易产生滑动，也促进蠕变进行，但它对蠕变的贡献并不大，一般为10%左右。晶界滑动不是独立的蠕变方式，因为晶界滑动一定要和晶内滑移变形配合进行。否则就不能维持晶界的连续性，会导致晶界上产生裂纹。

10.3.2 蠕变断裂机理

前已述及，金属材料在长时间高温载荷作用下的断裂，大多为沿晶断裂。一般认为，这是由于晶界滑动在晶界上形成裂纹并逐渐扩展而引起的。实验观察表明，在不同的应力与温度条件下，晶界裂纹的形成方式有两种。

10.3.2.1 在三晶粒交会处形成楔形裂纹

这是在高应力和较低温度下，由于晶界滑动在三晶粒交会处受阻，造成应力集中形成空洞。空洞相互连接便形成楔形裂纹。图10-6所示即为在 A、B、C 三晶粒交会处形成楔形裂纹示意图。图10-7所示为在耐热合金中所观察到的楔形裂纹照片。

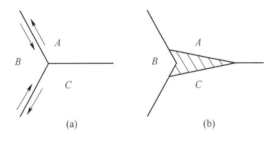

图 10-6　楔形裂纹形成示意图

（a）晶界滑动；（b）楔形裂纹形成

图 10-7　耐热合金中的楔形裂纹

10.3.2.2 在晶界上由空洞形成晶界裂纹

这是较低应力和较高温度下产生的裂纹。这种裂纹出现在晶界上的突起部位和细小的第二相质点附近，由于晶界滑动而产生空洞，如图10-8所示。图10-8(a)为晶界滑动与晶内滑移带在晶界上交割时形成的空洞；图10-8(b)为晶界上存在第二相质点时，当晶界滑动受阻而形成的空洞。这些空洞长大并连接，便形成裂纹。在1Cr18Ni12Ti奥氏体不锈钢晶界上形成的空洞照片如图10-9所示。

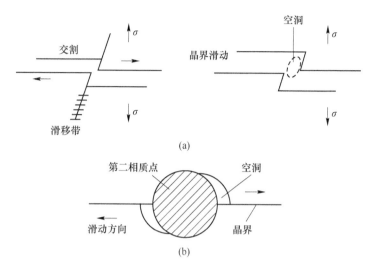

图 10-8　晶界滑动形成空洞示意图
（a）晶界滑动与晶内滑移带交割；（b）晶界上存在第二相质点

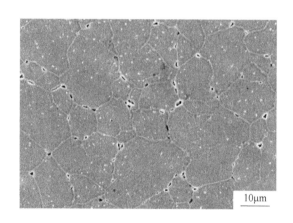

图 10-9　1Cr18Ni12Ti奥氏体不锈钢晶界上形成的空洞

以上两种方式形成裂纹，都有空洞萌生过程。可见，晶界空洞对材料在高温下使用温度范围和寿命是至关重要的。裂纹形成后，进一步依靠晶界滑动、空位扩散和空洞连接而扩展，最终导致沿晶断裂。

由于蠕变断裂主要在晶界上产生，因此，晶界的形态、晶界上的析出物和杂质偏聚、晶粒大小及晶粒度的均匀性对蠕变断裂均会产生很大影响。

蠕变断裂断口的宏观特征：（1）在断口附近产生塑性变形，在变形区域附近有很多裂纹，使断裂机件表面出现龟裂现象；（2）由于高温氧化，断口表面往往被一层氧化膜所覆盖。

蠕变断裂的微观断口特征，主要为冰糖状花样的沿晶断裂形貌。

10.4　金属高温力学性能指标及其影响因素

10.4.1　蠕变极限

为保证在高温长时间载荷作用下的机件不会产生过量蠕变，要求金属材料具有一定的蠕变极限。与常温下的屈服强度相似，蠕变极限是金属材料在高温长时间载荷作用下的塑性变形抗力指标。

蠕变极限一般有两种表示方式：一种是在规定温度(t)下，使试样在规定时间内产生的稳态蠕变速率$\dot{\varepsilon}$不超过规定值的最大应力，以符号$\sigma_{\dot{\varepsilon}}^{t}$表示。在电站锅炉、汽轮机和燃气轮机制造中，规定的蠕变速率大多为$1 \times 10^{-5}\%/\mathrm{h}$或$1 \times 10^{-4}\%/\mathrm{h}$。例如，$\sigma_{1 \times 10^{-5}}^{600} = 65\mathrm{MPa}$，表示温度为600℃的条件下，稳态蠕变速率为$1 \times 10^{-5}\%/\mathrm{h}$的蠕变极限为65MPa。另一种是在规定温度($t$)下和在规定的试验时间($\tau$)内，使试样产生的蠕变总伸长率($A$)不超过规定值的最大应力，以符号$\sigma_{A/\tau}^{t}$表示。例如，$\sigma_{1/10^{6}}^{500} = 90\mathrm{MPa}$，表示材料在500℃温度下，1000000h后总伸长率为1%的蠕变极限为90MPa。在使用上选用哪种表示方法，应视蠕变速率与服役时间而定。若蠕变速率大而服役时间短，可取前一种表示方法($\sigma_{\dot{\varepsilon}}^{t}$)；反之，服役时间长，则取后一种表示方法($\sigma_{A/\tau}^{t}$)。

测定金属材料蠕变极限的试验装置，如附图F-6所示。试样5安装在夹头3上，然后置于电阻炉内加热。试样温度用焊在试样上的热电偶测定，炉温用铂电阻控制。通过杠杆及砝码对试样加载，使之承受一定大小的拉应力。试样的蠕变伸长量用安装在炉外的引伸计测量。

具体测定时，在同一温度下要用4个以上的不同应力进行蠕变试验。试验进行至规定时间（数百至数千小时）后停止。将试验结果在单对数或双对数坐标图上绘制出应力-稳态蠕变速率或应力-蠕变总伸长率关系曲线。用内插法或外推法求蠕变极限。外推法是依据同一温度下，蠕变第二阶段应力σ与稳态蠕变速率$\dot{\varepsilon}$之间（见式（10-1）），在双对数坐标中呈线性经验关系（如图10-10所示）。因此，试验时可用较大的应力，以较短的时间测出几条较高应力下的蠕变曲线，描绘出σ-$\dot{\varepsilon}$直线后，便可用外推法求出规定较小蠕变速率下的蠕变极限。例如，将图10-10中的σ-$\dot{\varepsilon}$直线用外推法延长至$\dot{\varepsilon} = 10^{-5}\%/\mathrm{h}$处（虚线所示），即得12Cr1MoV钢在580℃，稳态蠕变速率为$10^{-5}\%/\mathrm{h}$时的蠕变极限为41MPa。

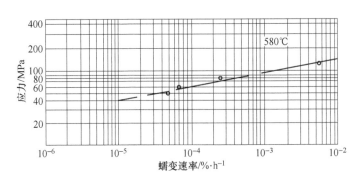

图10-10　12Cr1MoV钢σ-$\dot{\varepsilon}$图

但要注意，用外推法求蠕变极限，其蠕变速率只能比最低试验点的数据低一个数量级；否则，外推值不可靠。

10.4.2　持久强度极限

对于高温材料，除测定蠕变极限外，还必须测定其在高温长时间载荷作用下的断裂强度，即持久强度极限。

金属材料的持久强度极限，是在规定温度(t)下，达到规定的持续时间(τ)而不发生断裂的最大应力，以σ_τ^t表示。例如，某高温合金的$\sigma_{10^3}^{700}=30\mathrm{MPa}$，表示该合金在700℃、1000h的持久强度极限为30MPa。试验时，规定持续时间是以机组的设计寿命为依据的。例如，对于锅炉、汽轮机等，机组的设计寿命为数万小时以至数十万小时，而航空喷气发动机则为一千小时或几百小时。

对于设计某些在高温运转过程中不考虑变形量大小，而只考虑在承受给定应力下使用寿命的机件（如锅炉过热蒸汽管）来说，金属材料的持久强度极限是极其重要的性能指标。

金属材料的持久强度极限是通过进行高温拉伸持久试验测定的。一般在试验过程中，不需要测定试样的伸长量，只要测定试样在规定温度和一定应力作用下直至断裂的时间。

对于设计寿命为数百小时至数千小时的机件，其材料的持久强度极限可以直接用同样的时间进行试验确定。但对于设计寿命为数万小时以至数十万小时的机件，要进行这么长时间的试验是比较困难的。因此，和蠕变试验相似，一般作出一些应力较大、断裂时间较短（数百小时至数千小时）的试验数据。将其在$\lg\sigma\text{-}\lg\tau$坐标图上回归成直线，用外推法求出数万小时以至数十万小时的持久强度极限。图10-11所示为12Cr1MoV钢在580℃及600℃时的持久强度线图。由图10-11可见，试验最长时间为$1\times10^4\mathrm{h}$（实线部分），但用外推法（虚线部分）可得到$1\times10^5\mathrm{h}$的持久强度极限值。如12Cr1MoV钢在580℃、100000h的持久强度极限为89MPa。

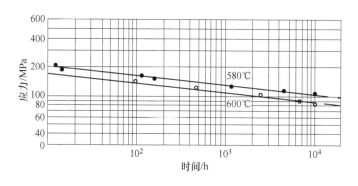

图10-11　12Cr1MoV钢的持久强度线图

高温长时试验表明，在$\lg\sigma\text{-}\lg\tau$双对数坐标图中，试验数据并不完全符合线性关系，一般均有折点，如图10-12所示。其曲线形状和折点位置随材料在高温下的组织稳定性和试验温度高低等而不同。因此，最好是测出折点后，再根据折点后时间与应力对数值的线性关系进行外推。一般还限制外推时间不超过最长试验时间一个数量级，以使外推结果不致误差太大。

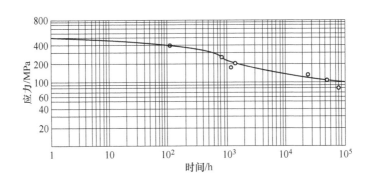

图 10-12　某种钢持久强度曲线的转折现象

通过高温持久试验，测量试样断裂后的伸长率及断面收缩率，还能反映出材料在高温下的持久塑性。许多钢种在短时试验时塑性较好，但经高温长时加载后，塑性有显著降低的趋势，有的持久断后伸长率仅 1% 左右，呈现蠕变脆性现象。

10.4.3　剩余应力

金属材料抵抗应力松弛的性能称为松弛稳定性，这可通过应力松弛试验测定的应力松弛曲线来评定。金属的松弛曲线是在规定温度下，对试样施加载荷，保持初始变形量恒定，测定试样上的应力随时间而降低的曲线，如图 10-13 所示。图 10-13 中 σ_0 为初始应力。随着时间的延长，试样中的应力不断减小。

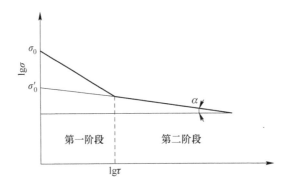

图 10-13　金属应力松弛曲线示意图

经验证明，在对数坐标（$\lg\sigma$-$\lg\tau$）上，用各种方法所得到的应力松弛曲线，都具有明显的两个阶段。第一阶段持续时间较短，应力随时间急剧降低；第二阶段持续时间很长，应力下降逐渐缓慢，并趋于恒定。

一般认为，应力松弛第一阶段主要发生在晶间，第二阶段主要发生在晶内。因此，松弛稳定性指标有两种表示方法。第一种是用松弛曲线第一阶段的晶间稳定系数 S_0 表示：

$$S_0 = \frac{\sigma_0'}{\sigma_0} \tag{10-4}$$

式中　σ_0——初应力；

σ'_0——松弛曲线第二阶段的初应力；

S_0——晶间抗应力松弛的能力。

第二种是用松弛曲线第二阶段的晶内稳定系数 t_0 表示：

$$t_0 = \frac{1}{\tan\alpha} \tag{10-5}$$

式中　α——松弛曲线上直线部分与横坐标轴的夹角；

　　　t_0——晶内抗应力松弛的能力。

S_0 和 t_0 值越大，表明材料抗松弛性能越好。

图 10-14 为制造汽轮机、燃气轮机紧固件用的两种钢材（12Cr1Mo1VNbB 及 25Cr2MoV）分别经不同热处理后的松弛曲线。由图 10-14 可见，12Cr1Mo1VNbB 钢的松弛稳定性要比 25Cr2MoV 钢好。

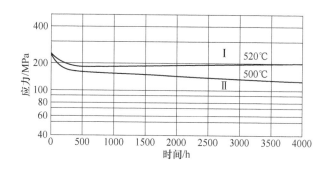

图 10-14　两种钢材松弛曲线的比较

Ⅰ—12Cr1Mo1VNbB；Ⅱ—25Cr2MoV

10.4.4　影响金属高温力学性能的主要因素

由蠕变变形和断裂机理可知，要提高蠕变极限，必须控制位错攀移的速率；要提高持久强度极限，必须控制晶界的滑动。这就是说，要提高金属材料的高温力学性能，应控制晶内和晶界的原子扩散过程。这种扩散过程主要取决于合金的化学成分，并与冶炼工艺、热处理工艺等因素密切相关。

10.4.4.1　合金化学成分的影响

位错越过障碍所需的激活能（即蠕变激活能）越高的金属，越难产生蠕变变形。试验表明，纯金属的蠕变激活能大体上与其自扩散激活能相近。因此，耐热钢及合金的基体材料一般选用熔点高、自扩散激活能大或层错能低的金属及合金。这是因为在一定温度下，熔点越高的金属自扩散激活能越大，因而自扩散越慢；如果熔点相同但晶体结构不同，则自扩散激活能越高者，扩散越慢；层错能越低的金属越易产生扩展位错，使位错难以产生割阶、交滑移及攀移，有利于降低蠕变速率。对比体心立方结构的金属，大多数面心立方结构的金属，由于其金属自扩散激活能更大，层错能更低，因此其高温强度比体心立方结构的高。

在基体金属中加入 Cr、Mo、W、Nb 等合金元素形成单相固溶体，除产生固溶强化作用外，还因为合金元素使层错能降低，易形成扩展位错，且溶质原子与溶剂原子的结合力较强，增大了扩散激活能，从而提高蠕变极限。一般来说，固溶元素的熔点越高，其原子半径与溶剂的相差越大，对提高热强性越有利。

合金中如果含有能形成弥散相的合金元素，则由于弥散相能强烈阻碍位错的滑移，因而这是提高高温强度有效的方法。弥散相粒子硬度越高，弥散度越大，稳定性越高，则强化作用越好。对于时效强化合金，通常在基体中加入相同摩尔分数的合金元素情况下，多种元素要比单一元素的强化效果好。

在合金中添加能增加晶界扩散激活能的元素（如硼、稀土等），既能阻碍晶界滑动，又增大晶界裂纹面的表面能，因而对提高蠕变极限，特别是提高持久强度极限是很有效的。

10.4.4.2 冶炼工艺的影响

各种耐热钢及高温合金对冶炼工艺的要求较高，这是因为钢中的夹杂物和某些冶金缺陷会使材料的持久强度极限降低。高温合金对杂质元素和气体含量要求更加严格，常存杂质除硫、磷外，还有铅、锡、砷、锑、铋等，即使其含量只有十万分之几，当其在晶界偏聚后，也会导致晶界严重弱化，而使热强性急剧降低，并增大蠕变脆性。某些镍基合金的试验结果表明，经过真空冶炼后，由于铅含量由 5×10^{-4} 降至 2×10^{-4} 以下，其持久寿命增长了一倍。

由于高温合金在使用中通常在垂直于应力方向的横向晶界上易产生裂纹，因此，采用定向凝固工艺使柱状晶沿受力方向生长，减少横向晶界，可以大大提高持久寿命。例如，有一种镍基合金采用定向凝固工艺后，在 760℃ 及 645MPa 应力作用下，断裂寿命可提高 4~5 倍。

10.4.4.3 热处理工艺的影响

珠光体耐热钢一般采用正火加高温回火工艺，正火温度应较高，以促使碳化物较充分而均匀地溶于奥氏体中。回火温度应高于使用温度 100~150℃，以提高其在使用温度下的组织稳定性。

奥氏体耐热钢或合金一般进行固溶处理和时效，使之得到适当的晶粒度，并改善强化相的分布状态。有的合金在固溶处理后再进行一次中间处理（二次固溶处理或中间时效），使碳化物沿晶界呈断续链状析出，可使持久强度极限和持久伸长率进一步提高。

采用形变热处理改变晶界形状（形成锯齿状），并在晶内形成多边化的亚晶界，则可使合金进一步强化。如某些镍基合金采用高温形变热处理后，在 550℃ 和 630℃ 的 100h 持久强度极限分别提高 25% 和 20% 左右，而且还具有较高的持久伸长率。

10.4.4.4 晶粒度的影响

晶粒大小对金属材料高温力学性能的影响很大。当使用温度低于等强温度时，细晶粒钢有较高的强度；当使用温度高于等强温度时，粗晶粒钢及合金有较高的蠕变极限和持久强度极限。但是晶粒太大会降低高温下的塑性和韧性。对于耐热钢及合金来说，随合金成分及工作条件不同有一最佳晶粒度范围。例如，奥氏体耐热钢及镍基合金，一般以 2~4 级晶粒度较好。因此，进行热处理时应考虑采用适当的加热温度，以满足晶粒度的要求。

在耐热钢及合金中晶粒度不均匀，会显著降低其高温性能。这是由于在大小晶粒交界处易产生应力集中而形成裂纹。

10.5 金属高温力学性能的工程应用

10.5.1 航空发动机涡轮叶片

  航空发动机涡轮叶片因处于温度最高、应力最复杂、环境最恶劣的部位而被列为第一关键件，被称为工业界"王冠上的宝石"。要求有高的热强性、热冲击、抗蠕变、抗疲劳等力学性能，同时需要有抗高温氧化、耐热/化学腐蚀、抗烧蚀等性能。

  当前主流航空发动机结构均采用燃气涡轮发动机形式，一般地，飞机速度的三次方与发动机功率成正比，提高发动机功率与燃烧室温度有着密切关系，因此涡轮叶片的承温能力和高温力学性能尤为关键。由于先进发动机的涡轮前燃气进口温度已达到了 2000K 以上，燃烧室温度达到 2000℃ 以上，为了提升涡轮叶片（如图 10-15(a) 所示）的高温综合力学性能，采用了空心叶片冷却结构设计，借助于改善冷却结构，使冷却方式有对流、冲击、气膜、发散、层板及复合等多种方式，冷却效果可以达到 400℃ 左右，此外，在叶片表面喷涂热障涂层等对叶片冷却，可进一步使冷却效果提升达 200℃ 以上。复杂的叶片设计，增加了材料的成本和加工工艺难度。

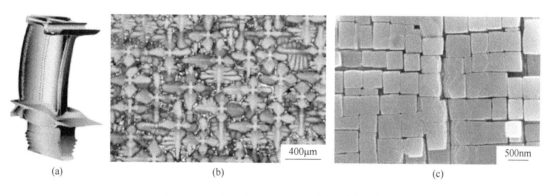

图 10-15 航空发动机涡轮叶片模型及组织
(a) 发动机涡轮工作叶片模型；(b) CMSX-4 合金 <100> 单晶方向枝晶形貌；
(c) 多级时效 γ' 相微观组织形貌

  涡轮叶片的力学性能设计优化包括了气动及传热、静强度、振动、疲劳寿命等，涉及气动力学、传热学、弹塑性力学、断裂力学等多个学科，各学科的设计方法相对独立，且有各自的优化方法（如 Rayleigh 熵方法、摄动法等），为了将各学科设计优化方法综合到叶片总体设计上，层次化、反馈迭代的智能重分析方法被应用其中。涡轮叶片的力学性能要求材料自身力学性能越高越好，其中，蠕变和疲劳是叶片材料力学性能的关键。

  叶片基体材料的高温蠕变和疲劳性能同样是关键问题，通过叶片合金设计和成型工艺共同来提升。涡轮叶片用材目前主要是镍基高温合金，该合金已发展到第六代，合金的承温能力达到 1100℃，合金中大量加入了 Re、Ru、Ta、W 等合金元素，为一个多达十多个组元的合金体系。这些合金元素的加入提升了材料的耐热性，但也带来了微观组织的复杂性（如碳化物、σ 相、μ 相），从而使得叶片在服役过程中，损伤到材料的蠕变和疲劳性能。净化合金成分、优化合金元素配比至今仍是高温合金材料制备的关键问题。一些半经验材料设计（如 PHACOMP、临界电子空位浓度、过渡金属 d 电子能级法等）、热力学设计法（如 CALPHAD）等成功应用于镍基高温合金的筛选与开发。

其次，涡轮叶片的加工工艺也经历了从变形高温合金—等轴晶—柱状晶—单晶高温合金的过程，铸造单晶高温合金由于组织取向一致且有较少的组织缺陷，高温性能得以提升，图 10-15(b) 显示了 <100> 单晶凝固的枝晶形貌，通过固溶和时效处理，γ（Ni 基体）相中析出的 γ′(Ni₃Al) 相（图 10-15(c) 中的方形相）进一步强化了合金，γ′ 的弹性模量较基体提升也只有 10% 左右，但改变了基体位错的滑移方式和析出相超位错的构型，从而改善了材料的高温性能，一般而言，实验显示 γ′ 相体积分数越高，材料的高温力学性能越好。

10.5.2 镍基高温合金

高温服役材料设计需对温度、载荷、蠕变/疲劳等综合评估后方可用于叶片结构设计，对材料的缺陷控制、表面质量、微观组织等都有严格要求，往往通过加速试验获取材料持久和疲劳性能，进一步推算到数千小时的服役性能。由于蠕变过程与合金的扩散、位错滑移有着密切关系，材料的失效跟微观组织变化十分密切，图 10-16(a) 和 (b) 分别显示了镍基高温合金时效后的微观组织与蠕变的微观组织，蠕变后 γ′ 相变为蠕虫状组织，通过组

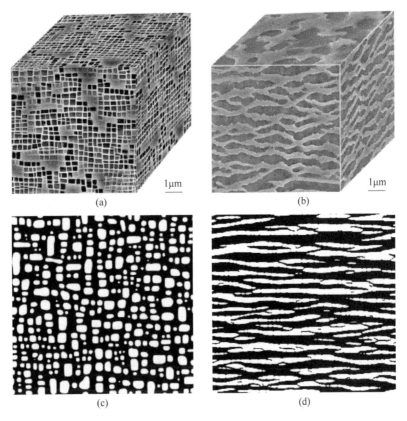

图 10-16　镍基高温合金时效后与蠕变的微观组织以及相场法模拟的结果
（a）时效后的微观组织；（b）蠕变的微观组织；（c）时效组织相场模拟结果；
（d）蠕变组织相场模拟结果

织模拟方法可以很好地模拟该行为，如图 10-16(c)和(d)显示了相场法模拟的结果，从而将材料力学本构应用于微观组织设计。

高温合金材料的蠕变/疲劳性能预测已建立了从黏塑性力学、损伤力学、断裂力学的力学模型，从而应用于有限元模拟及微观组织模型中，针对以蠕变行为为目标的合金设计通过机器学习方法也找到了相关途径，因此针对高温合金力学性能设计已形成含热力学、扩散动力学、位错动力学、有限元、机器学习等多学科介入的综合性学科，并将实验、计算模拟、数据库应用到高温合金材料设计。

10.5.3 汽车发动机耐高温紧固件

在国家环保政策及汽车发动机高功率密度和高燃油效率需求的驱动下，汽车上涡轮增压器的应用不断增长。汽车涡轮增压器工作温度较高，相关部件的连接如增压器到催化器、催化器到排气管、排气管到缸盖的连接均需要耐高温紧固件。耐高温紧固件是涡轮增压器的关键连接件，然而由于稳定性及可靠性等原因，目前我国耐高温紧固件及材料基本依赖进口，国内基本没有供货，严重影响汽车制造业的健康发展，成为"卡脖子"关键零件，因此相关耐高温紧固件用材料研制与性能评价是相当必需的。上海大学闵永安指导李大维的硕士论文《汽车发动机耐高温紧固件用 A286 的研制与性能评价》对此进行了较为系统研究。

10.5.3.1 材料制备及成分

A286 材料的化学成分见表 10-1，夹杂含量见表 10-2。材料制备的主要流程为：冶炼→模铸→锻造开坯→轧制→在线固溶处理→表面处理→覆膜→拉丝，如图 10-17 所示。冶炼工艺采用以下两种方式进行：一是真空感应炉(VIM)→电渣重熔炉(ESR)；二是电炉(EAF)→AOD 冶炼→LF 精炼→电渣重熔炉(ESR)。

表 10-1 A286 化学成分（质量分数） （%）

工艺	C	Si	Mn	Ni	Cr	Mo	V	Ti	Al	B
VIM	0.042	0.46	1.39	24.86	14.86	1.24	0.31	2.00	0.18	0.0045
EAF	0.037	0.17	1.17	24.57	13.85	1.14	0.15	2.18	0.21	0.0035
进口	0.035	0.11	0.64	24.56	13.58	1.04	0.10	2.11	0.13	0.0040

表 10-2 A286 杂质及有害元素（质量分数） （%）

工艺	P	S	O	N	H	As	Sn	Sb	Bi	Pb	总和
VIM	14×10^{-4}	21×10^{-4}	18×10^{-4}	33×10^{-4}	3.1×10^{-4}	20×10^{-4}	18×10^{-4}	4×10^{-4}	0.1×10^{-4}	$<1 \times 10^{-4}$	132×10^{-4}
EAF	18×10^{-4}	4×10^{-4}	12×10^{-4}	34×10^{-4}	3.7×10^{-4}	26×10^{-4}	24×10^{-4}	5×10^{-4}	0.1×10^{-4}	3×10^{-4}	130×10^{-4}
进口	24×10^{-4}	12×10^{-4}	27×10^{-4}	32×10^{-4}	3.1×10^{-4}	32×10^{-4}	73×10^{-4}	9×10^{-4}	0.1×10^{-4}	$<1 \times 10^{-4}$	213×10^{-4}

10.5.3.2 高温持久性能

图 10-18 所示为三种试样在 650℃时的持久试验结果。从图 10-18 中可以看出，不同工艺合金试样的断裂应力均大于 500MPa，表明三种工艺试样均满足 100h 不断裂要求。

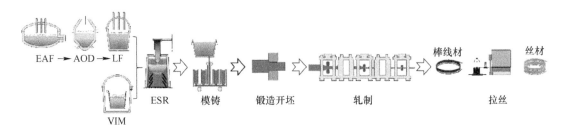

图 10-17　A286 合金的制备流程

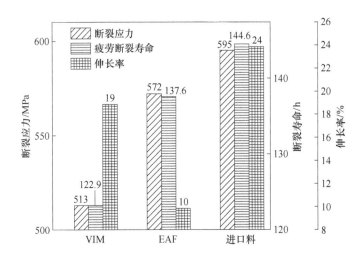

图 10-18　A286 试样在 650℃ 条件下的持久性能

　　对比分析可见，进口料试样的断裂应力、断裂时间和断后伸长率都是最高的，其中断裂应力为 595MPa，断裂时间为 144.6h，断后伸长率为 24%。尽管 EAF 试样比 VIM 试样的断裂应力高，断裂时间长，但断后伸长率最低，仅为 10%。

10.5.3.3　高温疲劳性能

　　在交变应力作用下的高温零件，一般不是产生蠕变断裂而是出现疲劳断裂。因此，合金的高温疲劳性能是衡量高温合金优劣的一个重要指标。三种不同工艺 A286 试样的疲劳结果列于表 10-3。

表 10-3　A286 高温 650℃疲劳极限

试样	$S_{\sigma A}$/MPa	σ_{A50}/MPa	σ_{A10}/MPa	σ_{A90}/MPa	$\overline{N}_{\log}$	$S_{\log}$，寿命(N)
VIM	4.5	200	206	194	3.637	0.063
EAF	8.6	215	226	204	3.597	0.062
进口	11.6	228	242	213	3.517	0.119

　　注：本案例中的高温疲劳试验采用的平均应力 σ_m 为 430MPa；$S_{\sigma A}$ 为疲劳强度的标准差；σ_{A10}、σ_{A50}、σ_{A90} 分别为生存概率是 10%、50%、90% 的应力值（MPa）；$\overline{N}_{\log}$ 为寿命对数的平均值；$S_{\log}$ 为寿命 N 的对数的标准差。

可以看出，VIM、EAF 及进口料的中值疲劳极限（σ_{A50}）分别为 200MPa、215MPa 和 228MPa，均满足汽车发动机耐高温紧固件技术要求，但进口料试样的疲劳极限相对较高。

学习成果展示：
飞机涡轮叶片

思 考 题

10-1　解释下列名词：

（1）等强温度；（2）约比温度；（3）蠕变；（4）稳态蠕变；（5）扩散蠕变；（6）持久伸长率；（7）蠕变脆性；（8）松弛稳定性。

10-2　说明下列力学性能指标的意义：

（1）σ_{ε}^t；（2）$\sigma_{A/\tau}^t$；（3）σ_{τ}^t。

10-3　试说明高温下金属蠕变变形方式与常温下金属塑性变形方式有何不同？

10-4　试说明金属蠕变断裂的裂纹形成机理与常温下金属断裂的裂纹形成机理有何不同？

10-5　Cr-Ni 奥氏体不锈钢高温拉伸持久试验的数据列于表 10-4。

表 10-4　Cr-Ni 奥氏体不锈钢高温拉伸持久试验数据

温度/℃	应力/MPa	断裂时间/h	温度/℃	应力/MPa	断裂时间/h
540	480	1670	650	345	95
	550	435		375	64
	620	112		410	25
	700	23	730	120	17002
600	345	3210		135	9534
	410	268		170	812
	480	112		195	344
	515	45		235	61
	550	24	810	70	15343
650	170	43895		88	5073
	205	12011		105	1358
	240	2248		120	722
	275	762		135	268
	310	198		170	28

（1）画出应力与持久时间的关系曲线。

（2）求出 810℃下经受 2000h 的持久强度极限。

（3）求出 600℃下 20000h 的许用应力（设安全系数 $n=3$）。

10-6　试分析晶粒大小对金属材料高温力学性能的影响。

10-7 某些用于高温的沉淀强化镍基合金，不仅有晶内沉淀，还有晶界沉淀。晶界沉淀相是一种硬质金属间化合物，它对这类合金的抗蠕变性能有何贡献？

10-8 金属材料承受高温短时载荷，为何强度会下降，而塑性提高？

10-9 金属材料承受高温长期载荷，为何强度和塑性均会下降？

参 考 文 献

[1] 束德林. 工程材料力学性能 [M]. 2版. 北京：机械工业出版社，2011.

[2] 那顺桑. 金属材料力学性能 [M]. 北京：冶金工业出版社，2011.

[3] 王吉会. 材料力学性能 [M]. 天津：天津大学出版社，2006.

[4] 刘瑞堂. 工程材料力学性能 [M]. 哈尔滨：哈尔滨工业大学出版社，2001.

[5] 杨宜科，吴天禄，江先美，等. 金属高温强度及试验 [M]. 上海：上海科学技术出版社，1986.

[6] 哈宽富. 金属力学性质的微观理论 [M]. 北京：科学出版社，1983.

[7] 上海锅炉厂. 热强钢高温性能数据集 [M]. 上海：上海人民出版社，1975.

[8] 石德珂，金志浩. 材料力学性能 [M]. 西安：西安交通大学出版社，1998.

[9] Moreira M F, Fantin L B, Azeved C R F. Microstructural characterization of Ni-base superalloy as-cast single crystal（cmsx-4）[J]. International Journal of Metalcasting，2021，15：676～691.

[10] 龙海波. 镍基单晶高温合金在高温低应力蠕变条件下微观组织的演变和调控 [D]. 北京：北京工业大学，2019.

[11] 牛济泰，张梅. 材料和热加工领域的物理模拟技术 [M]. 2版. 北京：国防工业出版社，2022.

[12] 李大维. 汽车发动机耐高温紧固件用 A286 的研制与性能评价 [D]. 上海：上海大学，2021.

[13] 钟振前，朱衍勇，于兆斌，等. EBSP 在预测在役金属材料剩余寿命中的应用 [J]. 物理测试，2006，24(1)：31～34.

附　　录

附录 A　金属材料力学性能试验方法的
相关标准及其适用范围

金属材料力学性能试验方法的相关标准及其适用范围见附表 A-1。

附表 A-1　金属材料力学性能试验方法的相关标准及其适用范围

类别	标准编号	标准名称	适用范围
通用标准	GB/T 10623—2008	金属材料　力学性能试验术语	定义了金属材料力学性能试验中使用的术语，为标准和一般使用时形成共同的称谓
	GB/T 22315—2008	金属材料　弹性模量和泊松比试验方法	静态法部分适用于室温，动态法部分适用于 $-196 \sim 1200\,℃$ 间测定材质均匀的弹性材料的动态杨氏模量、动态切变模量和动态泊松比
	GB/T 24182—2009	金属力学性能试验　出版标准中的符号及定义	规定了金属材料力学试验方法出版标准中采用的术语、符号和定义
	GB/T 2975—1998	钢及钢产品　力学性能试验取样位置及试样制备	适用于型钢、条钢、钢板和钢管的力学性能试验、取样位置和试样制备要求
	GB/T 1172—1999	黑色金属硬度及强度换算值	适用于碳钢及合金钢等钢种的硬度与强度换算
	GB/T 3771—1983	铜合金硬度与强度换算值	适用于黄铜（H62、HPb59-1 等）和铍青铜
金属拉伸试验	GB/T 228.1—2020	金属材料　拉伸试验　第 1 部分：室温试验方法	适用于金属材料室温拉伸性能的测定
	GB/T 5027—2007	金属材料　薄板和薄带　塑性应变比（ r 值）的测定	本标准规定了一种测定金属材料薄板和薄带塑性应变比的方法
	GB/T 5028—2008	金属材料　薄板和薄带　拉伸应变硬化指数（ n 值）的测定	规定了金属薄板和薄带拉伸应变硬化指数（ n 值）的测定方法；本方法仅适用于塑性变形范围内应力-应变曲线呈单调连续上升的部分
金属压弯扭试验	GB/T 7314—2005	金属材料　室温压缩试验方法	适用于测定金属材料在室温下单向压缩的规定非比例压缩强度、规定总压缩强度、上压缩屈服强度、下压缩屈服强度、压缩弹性模量及抗压强度
	YB/T 5349—2014	金属材料　弯曲力学性能试验方法	适用于测定脆性断裂和低塑性断裂的金属材料一项或多项弯曲力学性能
	GB/T 232—2010	金属材料　弯曲试验方法	本标准规定了测定金属材料承受弯曲塑性变形能力的试验方法
	GB/T 10128—2007	金属材料　室温扭转试验方法	适用于在室温下测定金属材料的扭转性能

类别	标准编号	标准名称	适用范围
金属硬度试验	GB/T 231.1—2009	金属材料　布氏硬度试验　第 1 部分：试验方法	适用于金属布氏硬度 650HBW 以下的测定
	GB/T 230.1—2009	金属材料　洛氏硬度试验　第 1 部分：试验方法（A、B、C、D、E、F、G、H、K、N、T标尺）	适用于金属洛氏硬度（A、B、C、D、E、F、G、H、K、N、T标尺）的测定
	GB/T 4340.1—2009	金属材料　维氏硬度试验　第 1 部分：试验方法	按 3 个试验力范围规定了测定金属维氏硬度的方法，适用于维氏硬度压痕对角线长度范围为 0.020~1.400mm 的测定
	GB/T 18449.1—2009	金属材料　努氏硬度试验　第 1 部分：试验方法	适用于金属努氏硬度（试验力范围为 0.09807~19.614N；压痕对角线长度 >0.02mm）的测定
	GB/T 4341.1—2014	金属材料　肖氏硬度试验　第 1 部分：试验方法	规定了金属肖氏硬度试验方法的原理、符号及说明、硬度计、试样、试验方法和试验报告。本标准规定的肖氏硬度试验范围为 5~105HS
	GB/T 17394.1—2014	金属材料　里氏硬度试验　第 1 部分：试验方法	适用于大型金属产品及部件里氏硬度的测定
金属冲击试验	GB/T 229—2007	金属材料　夏比摆锤冲击试验方法	规定了测定金属材料在夏比冲击试验中吸收能量的方法（V 形和 U 形缺口试样）
	GB/T 12778—2008	金属夏比冲击断口测定方法	规定了金属材料夏比冲击试样断口纤维断面率和侧膨胀值的测定方法；适用于测定金属材料夏比冲击试样断口，其他类型的冲击试样断口也可参照使用
	GB/T 6803—2008	铁素体钢的无塑性转变温度落锤试验方法	适用于测定厚度不小于 12mm 的铁素体钢（包括板材、型材、铸钢和锻钢）的无塑性转变温度
	GB/T 5482—2007	金属材料　动态撕裂试验方法	适用于测定洛氏硬度值小于 36HRC 的金属材料或焊接接头试样的动态撕裂能和纤维断面率
金属断裂试验	GB/T 4161—2007	金属材料　平面应变断裂韧度 K_{IC} 试验方法	规定了缺口预制疲劳裂纹试样在承受缓慢增加裂纹位移力时测定均匀金属材料平面应变断裂韧度的方法
	GB/T 7732—2008	金属材料　表面裂纹拉伸试样断裂韧度试验方法	适用于具有半椭圆或部分圆形表面裂纹的金属材料矩形横截面拉伸试样
	GB/T 21143—2014	金属材料　准静态断裂韧度的统一试验方法	本标准规定了均匀金属材料在承受准静态加载时断裂韧度、裂纹尖端张开位移、J 积分和阻力曲线的试验方法。试样有缺口，采用疲劳的方法预制裂纹，在缓慢增加位移量的条件下进行试验
金属疲劳试验	GB/T 4337—2008	金属材料　疲劳试验　旋转弯曲方法	适用于金属材料在室温和高温空气中试样旋转弯曲的条件下进行的疲劳试验，其他环境（如腐蚀）下的也可参照本标准执行
	GB/T 15824—2008	热作模具钢热疲劳试验方法	适用于测定热作模具钢的抗热疲劳性能
	GB/T 3075—2008	金属材料　疲劳试验　轴向力控制方法	适用于圆形或矩形横截面试样的轴向力控制疲劳试验

续附表 A-1

类别	标准编号	标准名称	适用范围
金属疲劳试验	GB/T 15248—2008	金属材料轴向等幅低循环疲劳试验方法	适用于金属材料等截面和漏斗形试样承受轴向等幅应力或应变的低循环疲劳试验
	GB/T 6398—2000	金属材料疲劳裂纹扩展速率试验方法	适用于在室温及大气环境下，用标准紧凑拉伸试样或标准中心裂纹拉伸试样、标准单边缺口三点弯曲试样测定金属材料大于 10^{-5} mm/周期的恒力幅疲劳裂纹扩展速率；测定小于 10^{-5} mm/周期的低速疲劳裂纹扩展速率和疲劳裂纹扩展门槛值
应力腐蚀试验	GB/T 15970.6—2007	金属和合金的腐蚀　应力腐蚀试验　第 6 部分：恒载荷或恒位移下的预裂纹试样的制备和应用	适用于测试高强度合金材料的板材、棒材、锻件的预裂纹试样在腐蚀环境中的平面应变应力腐蚀开裂界限应力强度和裂纹扩展速率
	GB/T 4157—2006	金属在硫化氢环境中抗特殊形式环境开裂实验室试验	适用于在含硫化氢的酸性水溶液环境中受拉伸应力的金属进行抗开裂破坏性能的试验
金属磨损与接触疲劳试验	GB/T 12444—2006	金属材料　磨损试验方法　试环-试块滑动磨损试验	适用于金属材料在滑动摩擦条件下磨损量及摩擦系数的测定
	YB/T 5345—2014	金属材料　滚动接触疲劳试验方法	适用于测定金属材料滚动接触疲劳性能
金属高温性能试验	GB/T 2039—2012	金属材料单轴拉伸蠕变试验方法	适用于单轴拉伸蠕变试验，尤其是在规定温度下的蠕变伸长和蠕变断裂时间
	GB/T 10120—2013	金属材料　拉伸应力松弛试验方法	适用于金属材料在恒定应变和温度条件下拉伸应力松弛性能试验；高温环状弯曲应力松弛试验，也可参照本标准执行
	GB/T 4338—2006	金属材料　高温拉伸试验方法	适用于温度高于 35℃ 条件下金属材料的拉伸试验

附录 B　Φ^2 值

Φ^2 值见附表 B-1。

附表 B-1　Φ^2 值

Φ^2	a/c	Φ^2	a/c	Φ^2	a/c	Φ^2	a/c	Φ^2	a/c
1.00	0.00	1.30	0.39	1.60	0.59	1.90	0.76	2.20	0.89
1.02	0.06	1.32	0.41	1.62	0.60	1.92	0.77	2.22	0.90
1.04	0.12	1.34	0.42	1.64	0.61	1.94	0.78	2.24	0.91
1.06	0.15	1.36	0.44	1.66	0.62	1.96	0.79	2.26	0.92
1.08	0.18	1.38	0.45	1.68	0.64	1.98	0.80	2.28	0.93
1.10	0.20	1.40	0.46	1.70	0.65	2.00	0.81	2.30	0.93
1.12	0.23	1.42	0.48	1.72	0.66	2.02	0.81	2.32	0.94
1.14	0.25	1.44	0.49	1.74	0.67	2.04	0.82	2.34	0.95
1.16	0.27	1.46	0.50	1.76	0.68	2.06	0.83	2.36	0.96
1.18	0.29	1.48	0.52	1.78	0.69	2.08	0.84	2.38	0.97
1.20	0.31	1.50	0.53	1.80	0.70	2.10	0.85	2.40	0.98
1.22	0.32	1.52	0.54	1.82	0.71	2.12	0.86	2.42	0.98
1.24	0.34	1.54	0.55	1.84	0.72	2.14	0.86	2.44	0.99
1.26	0.36	1.56	0.56	1.86	0.73	2.16	0.87	2.46	1.00
1.28	0.38	1.58	0.57	1.88	0.74	2.18	0.88		

注：Φ 为第二类椭圆积分，$\Phi = \int_0^{\pi/2} \left\{ 1 - \left[1 - \left(\dfrac{a}{c} \right)^2 \right] \sin^2\theta \right\} d\theta$。

附录 C　表面裂纹修正因子

一、表面裂纹形状因子 Q 值表

$$Q = \phi^2 - 0.212\left(\frac{a}{c}\right)^2$$

表面裂纹形状因子 Q 值见附表 C-1。

附表 C-1　表面裂纹形状因子 Q 值

$\dfrac{a/2c}{\sigma/\sigma_s \quad Q}$	0.1	0.2	0.25	0.30	0.4
1.0	0.88	1.07	1.21	1.38	1.76
0.9	0.91	1.12	1.24	1.41	1.79
0.8	0.95	1.15	1.27	1.45	1.83
0.7	0.98	1.17	1.31	1.48	1.87
0.6	1.02	1.22	1.35	1.52	1.90
<0.6	1.10	1.29	1.42	1.60	1.98

二、自由表面修正因子 M_e 与裂纹厚度比 a/B 的关系曲线图

自由表面修正因子 M_e 与裂纹厚度比 a/B 的关系曲线如附图 C-1 所示。

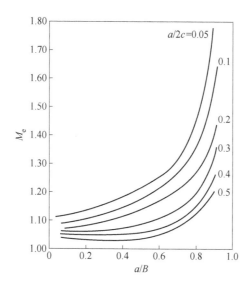

附图 C-1　自由表面修正因子 M_e 与裂纹厚度比 a/B 的关系曲线

附录 D　金属材料室温拉伸试验方法国家标准力学性能指标名称和符号对照

金属材料室温拉伸试验方法国家标准力学性能指标名称和符号对照见附表 D-1。

附表 D-1　金属材料室温拉伸试验方法国家标准力学性能指标名称和符号对照

性能名称 （GB/T 228.1—2010）	符　号	性能名称 （GB/T 228—1987）	符　号
断面收缩率	Z	断面收缩率	Ψ
断后伸长率	A、$A_{5.65}$、$A_{11.3}$	断后伸长率	δ_5、δ_{10}
断裂总伸长率	A_t		
最大力伸长率		最大力下的总伸长率	δ_{gt}
最大力塑性伸长率		最大力下的非比例伸长率	δ_g
屈服点伸长率		屈服点伸长率	δ_s
屈服强度		屈服点	σ_s
上屈服强度	R_{eH}	上屈服点	σ_{eH}
下屈服强度	R_{eL}	下屈服点	σ_{eL}
规定塑性延伸强度	R_p，例如 $R_{p0.2}$	规定非比例伸长应力	σ_p，例如 $\sigma_{p0.2}$
规定总延伸强度	R_t，例如 $R_{t0.5}$	规定总伸长应力	σ_t，例如 $\sigma_{t0.5}$
规定残余延伸强度	R_r，例如 $R_{r0.2}$	规定残余伸长应力	σ_r，例如 $\sigma_{r0.2}$
抗拉强度	R_m	抗拉强度	σ_b

附录 E 布氏硬度试验不同条件下的试验力

（GB/T 231.1—2009《金属材料 布氏硬度试验 第 1 部分：试验方法》）

布氏硬度试验不同条件下的试验力见附表 E-1。

附表 E-1 布氏硬度试验不同条件下的试验力

硬度符号	硬质合金球直径 D/mm	试验力-球直径平方的比率 $0.102 \times F/D^2/\text{N} \cdot \text{mm}^{-2}$	试验力的标称值 F/N
HBW 10/3000	10	30	29420
HBW 10/1500	10	15	14710
HBW 10/1000	10	10	9807
HBW 10/500	10	5	4903
HBW 10/250	10	2.5	2452
HBW 10/100	10	1	980.7
HBW 5/750	5	30	7355
HBW 5/250	5	10	2452
HBW 5/125	5	5	1226
HBW 5/62.5	5	2.5	612.9
HBW 5/25	5	1	245.2
HBW 2.5/187.5	2.5	30	1839
HBW 2.5/62.5	2.5	10	612.9
HBW 2.5/31.25	2.5	5	306.5
HBW 2.5/15.625	2.5	2.5	153.2
HBW 2.5/6.25	2.5	1	61.29
HBW 1/30	1	30	294.2
HBW 1/10	1	10	98.07
HBW 1/5	1	5	49.03
HBW 1/2.5	1	2.5	24.52
HBW 1/1	1	1	9.807

附录 F　常用力学性能测试
试样和试验装置

一、典型断裂韧性测试试样示意图

典型断裂韧性测试试样示意图如附图 F-1 所示。

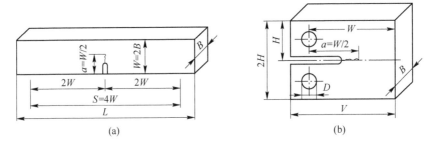

附图 F-1　典型断裂韧性测试试样示意图
(a) 三点弯曲试样；(b) 紧凑拉伸试样

二、三点弯曲试验装置示意图

三点弯曲试验装置示意图如附图 F-2 所示。

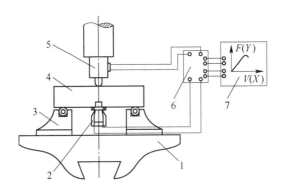

附图 F-2　三点弯曲试验装置示意图
1—试验机活动横梁；2—夹式引伸仪；3—支座；4—试样；
5—载荷传感器；6—动态应变仪；7—X-Y 函数记录仪

三、双臂式旋转弯曲疲劳试验机原理及弯矩图

双臂式旋转弯曲疲劳试验机原理及弯矩图如附图 F-3 所示。

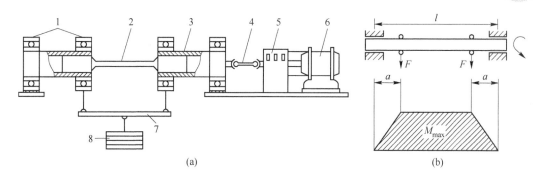

附图 F-3　双臂式旋转弯曲疲劳试验机原理及弯矩图
(a) 试验机装置；(b) 弯矩图
1—滚珠轴承；2—试样；3—主轴箱；4—联轴节；5—计数器；6—电动机；7—横杆；8—砝码

四、国家标准中推荐的几种旋转弯曲疲劳试验和轴向疲劳试验的试样

国家标准中推荐的几种旋转弯曲疲劳试验和轴向疲劳试验的试样如附图 F-4 所示。

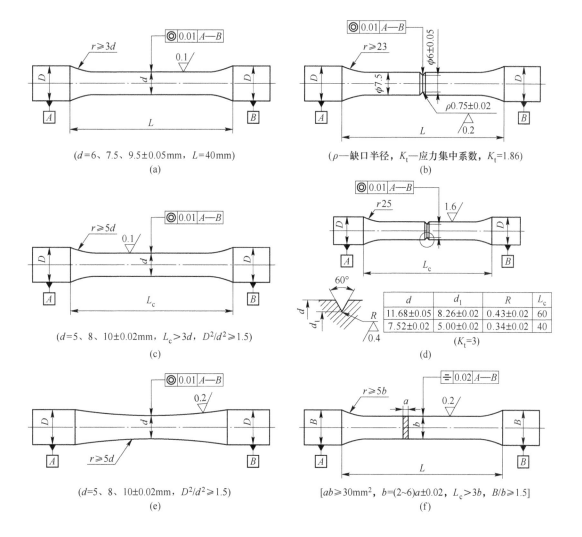

(d=6、7.5、9.5±0.05mm，L=40mm)
(a)

(ρ—缺口半径，K_t—应力集中系数，K_t=1.86)
(b)

(d=5、8、10±0.02mm，L_c>3d，D^2/d^2≥1.5)
(c)

d	d_1	R	L_c
11.68±0.05	8.26±0.02	0.43±0.02	60
7.52±0.02	5.00±0.02	0.34±0.02	40

(K_t=3)
(d)

(d=5、8、10±0.02mm，D^2/d^2≥1.5)
(e)

[ab≥30mm²，b=(2~6)a±0.02，L_c>3b，B/b≥1.5]
(f)

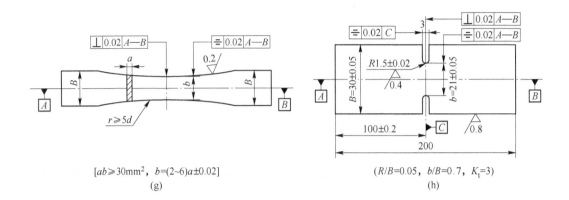

$[ab \geqslant 30mm^2,\ b=(2\sim6)a\pm0.02]$
(g)

$(R/B=0.05,\ b/B=0.7,\ K_t=3)$
(h)

附图 F-4　国家标准中推荐的几种旋转弯曲疲劳试验和轴向疲劳试验试样
（a）圆柱形光滑弯曲疲劳试样；（b）圆柱形缺口弯曲疲劳试样；
（c）圆柱形光滑轴向疲劳试样；（d）圆柱形 V 形缺口轴向疲劳试样；
（e）漏斗形光滑轴向疲劳试样；（f）矩形光滑轴向疲劳试样；
（g）漏斗形轴向疲劳试样；（h）矩形 U 形缺口轴向疲劳试样

五、悬臂梁弯曲试验装置示意图

悬臂梁弯曲试验装置示意图如附图 F-5 所示。

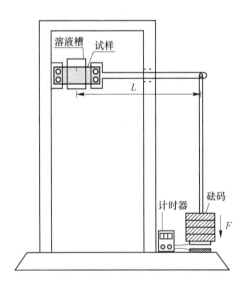

附图 F-5　悬臂梁弯曲试验装置示意图

六、蠕变试验装置示意图

蠕变试验装置示意图如附图 F-6 所示。

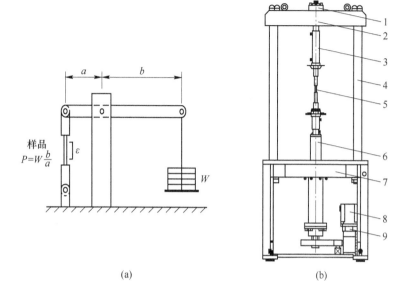

附图 F-6 蠕变试验装置示意图

（a）原理图；（b）蠕变试验机

1—测力传感器；2—上横梁；3—高温夹具；4—立柱；5—试样；

6—拉杆；7—工作台；8—伺服电机；9—减速器